Bau rationeller
Francisturbinen-Laufräder

und deren Schaufelformen für Schnell-, Normal- und Langsam-Läufer

Von

Ingenieur **Viktor Kaplan**

Dozent und Konstrukteur an der k. k. deutschen technischen Hochschule
in Brünn

Mit 91 Abbildungen und 7 Tafeln

München und **Berlin**
Druck und Verlag von R. Oldenbourg
1908

Vorwort.

Obwohl in der neueren technischen Literatur auf dem Gebiete des Turbinenbaues den Laufrad- und Schaufelkonstruktionen der Francisturbine erhöhte Aufmerksamkeit zugewendet wurde, so ist doch anderseits die Tatsache nicht zu verkennen, daß diese Abhandlungen meist von dem Bestreben geleitet waren, auf rein theoretischem Wege eine Klärung der verwickelten Vorgänge der Wasserbewegung in den Turbinenlaufrädern zu ermöglichen.

Der in der Praxis stehende Turbineningenieur kann und darf sich jedoch nicht damit begnügen, über die verschiedenartigen theoretisch möglichen Vorgänge der Strömungserscheinungen unterrichtet zu sein, sondern es tritt vielmehr an ihn die schwierige Aufgabe heran, die auf rechnerischem Wege gewonnenen Ergebnisse in die praktische Tat umzusetzen. Dazu reichen jedoch die in den theoretischen Abhandlungen angegebenen Fingerzeige nicht aus; ja sie führen ihn vielfach auf Irrwege, insbesondere dann, wenn bei Ableitung derselben auf die Bedürfnisse und Forderungen der Praxis keine Rücksicht genommen wurde.

Soll daher eine Schaufelkonstruktion wirklich ihren Zweck erfüllen, so genügt es nicht, die Richtung anzugeben, welche der Schaufelkonstrukteur einzuschlagen hat, sondern es muß der Weg Schritt für Schritt begangen, auf Schwierigkeiten und Unsicherheiten hingewiesen und die erhaltenen Ergebnisse auf ihre praktische Brauchbarkeit geprüft werden.

Der fühlbare Mangel eines in obigem Sinne durchgebildeten Konstruktionsverfahrens, sowie die beifällige Aufnahme, welche des Verfassers Aufsätze über „Rationelle Schaufelformen der Schnellläufer" in der Zeitschr. f. d. gesamte Turbinenwesen gefunden haben, ließen bei demselben den Entschluß zur Reife bringen, das ganze Gebiet der Francisturbinenschaufelung — in ähnlicher Weise, wie dies bei den Schnelläufern in der erwähnten Veröffentlichung geschehen — auf neue praktisch brauchbare Grundlagen zu stellen.

So konnten daher auch in dieser Abhandlung nur jene grundlegenden Ergebnisse Berücksichtigung finden, welche durch einwandfreie Versuche als richtig erkannt wurden. Der weitere Weg mußte erst gebahnt werden.

Zu diesem Behufe waren einige theoretische Vorarbeiten erforderlich, deren praktische Brauchbarkeit jedoch, durch Versuche an mehreren Laufrädern, deren Ausführungsformen mit den in dieser Abhandlung niedergelegten Grundlagen übereinstimmen, hinlänglich nachgewiesen erscheint.

Dem Bestreben des Verfassers, mit vorliegender Abhandlung nicht nur den Bedürfnissen der Praxis entgegen zu kommen, sondern auch den Studierenden zu weiterer wissenschaftlicher Forschung anzuregen, konnte nur dadurch entsprochen werden, daß auch die theoretischen Untersuchungen in vollem Umfange aufgenommmen wurden; doch ist die Einteilung des Stoffes so getroffen, daß der Praktiker dieselben ohne wesentliche Nachteile überschlagen kann.

Der Verlagsbuchhandlung R. Oldenbourg sei schließlich für die vorzügliche Ausstattung — und nicht minder den vielen Turbinenfirmen für die freundliche Überlassung zahlreicher Abbildungen und sonstiger wertvoller Angaben aus der Praxis, der herzlichste Dank des Verfassers ausgesprochen.

Möge dieses Buch in der Fachwelt freundliche Aufnahme finden und sowohl dem Studierenden als auch dem in der Praxis stehenden Turbineningenieur ein zuverlässiger Berater werden.

Brünn, im Jänner 1908.

Viktor Kaplan

Inhaltsverzeichnis.

Inhaltsverzeichnis.

Druckfehlerberichtigung.

Seite 17 (Formel 3) lies: $w_e = \dfrac{\sin \alpha}{\sin (\alpha - \beta)} \sqrt{\varepsilon g H \dfrac{\sin (\alpha + \beta)}{\sin \beta \cos \alpha}}$

statt: $w = \dfrac{\sin \alpha}{\sin (\alpha - \beta)} \sqrt{\varepsilon g H \dfrac{\sin (\alpha + \beta)}{\sin \alpha \cos \beta}}$.

Seite 28, Zeile 3 von unten, lies: $\mu = {}^1/_{14}$ statt: $\mu = {}^1/_6$.

A. Einleitung.

In Amerika war schon in den 70er Jahren des vorigen Jahrhunderts die Francisturbine[1]) ziemlich verbreitet. In den 80er Jahren ging man auch auf dem europäischen Festlande zum Baue der Francisturbine über. Hier war es zuerst die Firma Voith in Heidenheim, welche sich um die Ausbildung des Francisturbinenlaufrades unter der damaligen Leitung des Oberingenieurs Pfarr (derzeit Professor an der Technischen Hochschule in Darmstadt) verdient gemacht hat.

Durch die im Jahre 1899 erfolgte Veröffentlichung der Ingenieure Speidel und Wagenbach[2]) über „Francisturbinenschaufelung" wurden die Grundlagen einer Schaufelkonstruktion auch in weiteren Kreisen bekannt gemacht und viele Turbinenfirmen, welche sich vorher ausschließlich mit dem Baue von Jonval-

---

[1]) Prof. Dr. R. Camerer teilt in einer Zuschrift an die Zeitschr. f. d. ges. Turbinenwesen (Heft 1, Jahrg. 1906) mit, daß Francis nicht als der Erfinder der nach ihm benannten Francisturbine anzusehen ist, sondern vielmehr Samuel Howd, welcher schon im Jahre 1838 auf eine von außen beaufschlagte Radialturbine ein Patent erhielt, welches dem Wesen nach mit den sog. Francisturbinenlaufrädern übereinstimmt. Später hat A. N. Swain eine von außen beaufschlagte Radialturbine dem Ingenieur Francis zur Prüfung angeboten, an welcher der letztere allerdings auch einige Verbesserungen angebracht haben soll, wodurch sie auch in weitere Kreise bekannt wurde.

[2]) Z. d. V. d. Ing., Jahrgang 1899, Seite 581.

und Girard-Turbinen befaßt hatten, gingen um diese Zeit ebenfalls zum Baue von Francisturbinen über.

Durch die vorteilhaften Eigenschaften der Francis-turbine begünstigt, vollzog sich dieser Übergang in erstaunlich kurzer Zeit und heute dürfte es wohl kaum eine größere Turbinenfirma geben, welche sich noch ernstlich mit dem Baue von Jonval- und Girard-Turbinen beschäftigt.

Die Ursache ihrer vielseitigen Anwendung ist neben der noch näher zu besprechenden Anpassungs-fähigkeit und Wirtschaftlichkeit hauptsächlich auch in dem Umstand zu suchen, daß ihr Bau mit dem raschen Aufblühen der Elektrotechnik zusammenfiel. Da das Problem der Energieübertragung auf weite Strecken mit Hilfe der Elektrizität als gelöst ange-sehen werden kann, so übte die letztere zunächst auf den Wasserturbinenbau im allgemeinen einen äußerst befruchtenden Einfluß aus.

Die bisher gebauten Typen von Frei- und Preßstrahlturbinen konnten nur mit wenigen Aus-nahmen den Anforderungen der Elektrotechnik in vollem Maße genügen und den heftigen Wettbe-werb der Francisturbine überdauern, so daß diese, obwohl inzwischen erst ein Jahrzehnt verflossen ist, als der Geschichte angehörend betrachtet werden können.

Die guten Erfahrungen, welche mit den ersten Francisturbinen gewonnen wurden, im Vereine mit der in immer weitere Kreise dringenden Erkenntnis von der Wirtschaftlichkeit hoher Geschwindigkeiten, stellten nicht nur den Elektrotechniker, sondern auch den Turbineningenieur vor die Notwendigkeit, auf eine Erhöhung der Drehzahl von Kraft- und Arbeits-maschinen hinzuwirken.

Während es aber dem Elektrotechniker ohne große Mühe gelang, Generatoren mit hohen Umlaufzahlen zu bauen, trat an den Turbineningenieur die schwierige Aufgabe heran, auch für solche Laufräder, welche bei geringer Gefällshöhe eine große Wassermenge verbrauchen, eine Erhöhung der bisher gebräuchlichen Drehzahlen anzustreben.

Auch hier waren es wieder amerikanische Ausführungen, welche für die Lösung dieser Aufgabe auch am europäischen Kontinent zum Vorbilde dienten. Allerdings kann der Entwicklungsgang dieser „amerikanischen Laufräder" oder „Schnelläufer", welche in Deutschland besonders durch die Turbinenfirmen Voith und Briegleb Hansen weiter ausgebildet wurden, noch lange nicht als abgeschlossen betrachtet werden.[1]) Vielmehr zeigen die von einzelnen Firmen auf den Markt gebrachten „Schnelläufer" so mannigfache Ausführungsformen, daß schon aus diesen auf die Verschiedenartigkeit der Behandlung des zu lösenden Problems geschlossen werden muß. Den Grund hierfür bildet augenscheinlich die Tatsache, daß die über die Schaufelkonstruktion der Schnelläufer veröffentlichten Mitteilungen kaum nennenswert, daher die Anhaltspunkte so gering und teilweise auch irrig sind, daß dem Abschnitt „Schnelläufer" eine ausführliche Darstellung aller dabei in Betracht kommenden Rücksichten eingeräumt werden muß.

Aber nicht nur bei großen Wassermengen und kleinen Gefällshöhen tritt immer mehr und mehr das Bestreben zutage, das Laufrad mit der wirtschaftlich günstigsten Drehzahl auszustatten, sondern auch in

---

[1]) Z. d. V. d. Ing. Jahrg. 1902, S. 845 und Jahrg. 1903, S. 841.

allen jenen Fällen, wo die Ausnutzung einer großen
Gefällshöhe bei geringen Wassermengen in Frage
kommt. In solchen, durch örtliche Verhältnisse bedingten Fällen ist die wirtschaftlich günstigste Drehzahl der Turbinenwelle nicht selten kleiner, als sich
dieselbe durch unmittelbaren Einbau eines gewöhnlichen Francisturbinenlaufrades ergeben würde, doch
läßt sich auch in diesen Fällen durch eine entsprechende
Ausbildung desselben als „Langsamläufer" jene
für vorliegende Zwecke als vorteilhaft erkannte Drehzahl erreichen.

Allerdings tritt hier auch das Peltonrad in
heftigem Wettbewerb und Sache der konstruktiven
Durchbildung der Schaufelfläche ist es nun, auch in
diesen Fällen die wirtschaftliche Überlegenheit des
Francisturbinenlaufrades durch geeignete Wahl der
Bestimmungsgrößen desselben zu sichern. Auch hier
fehlen nähere Anhaltspunkte in der Literatur vollständig, weshalb im Abschnitt „Langsamläufer" eine
eingehende Darstellung derselben notwendig erschien.

Wenn auch die mit den Francisturbinen gemachten Erfahrungen in Europa nicht viel über ein
Jahrzehnt zurückreichen, so sind doch die Erfolge
in jeder Hinsicht als zufriedenstellend zu bezeichnen.
Die stetig sich mehrende Energieausnutzung des
Wassers gibt hierfür einen treffenden Beweis. Anlagen von einigen 100 PS, welche noch vor wenigen
Jahren Gegenstand eingehender Untersuchungen und
ernstlicher Erwägungen waren, sind durch neue Anlagen von einigen 1000 PS längst überholt.[1]

---

[1] Die Firma Voith in Heidenheim lieferte z. B. im Jahre 1905 für
die Niagara-Fälle eine Zwillingsspiralturbine von 11400 PS. „Allis Chal-
mers Co." in Milwaukee U.S.A. projektierte im Jahre 1906 eine 30000 PS-
Spiralturbine mit einem Laufrad!!

Was nun die Vorteile anbelangt, welche die Francisturbine vor allen anderen Turbinentypen besonders auszeichnen, so lassen sich dieselben kurz, wie folgt, ausdrücken:

1. Weites Verwendungsgebiet durch Anpassungsfähigkeit an verschiedene Gefällshöhen und Wassermengen.

2. In weiten Grenzen zulässige Wahl der Drehzahl.

3. Die Möglichkeit, den Aufstellungsort des Laufrades ohne Wirkungsgradverluste in beträchtlicher Höhe vom Unterwasserspiegel anzuordnen. (Praktische Ausführungen bis zu 7 m.)

4. Horizontale Lagerung der Turbinenwelle, welche bei entsprechend gewählter Drehzahl eine direkte Kuppelung mit dem Generator zuläßt.

5. Gute Regulierfähigkeit, bei einfacher Ausführung der Regulierorgane und gutem Nutzeffekt, auch bei geringer Beaufschlagung.

Die im modernen Turbinenbau gebotene Möglichkeit, jene vom Standpunkt der Elektrotechnik zum Betriebe der Generatoren als vorteilhaft erkannten Drehzahlen auch ohne Einschaltung von Zwischentriebwerken zu erreichen, führt zu leichten und relativ billigen Anlagen, welche nicht nur eine gute Energieausnutzung des strömenden Wassers ermöglichen, sondern auch eine größere Lebensdauer der ganzen Anlage gewährleisten.

Erweist sich schon bei kleinen Anlagen eine unmittelbare Kuppelung der Kraft- und Arbeitsmaschine als vorteilhaft, so wird diese bei großen Anlagen, wo die Energieausnutzung von einigen 1000 PS in Frage kommt, zur zwingenden Notwendigkeit. Die

Zwischentriebwerke, welche ohnehin den Nutzeffekt der Anlage nicht unbeträchtlich verringern, müßten zu ungeheuerlichen Dimensionen anwachsen, was, von allen sonstigen Nachteilen abgesehen, auch in wirtschaftlicher Hinsicht als vollkommen unzulässig bezeichnet werden muß.

Bei dem heftigen Wettbewerb, welcher in neuerer Zeit unter den einzelnen Turbinenfabriken herrscht, sind gerade die letzt angeführten Gründe von solch hoher Bedeutung, daß das Bestreben einzelner Firmen, das Verwendungsgebiet der Francisturbine zu erweitern, und durch Ausbildung rationeller Schaufelformen die Erzeugungs- und Betriebskosten zu verringern, wohl leicht erklärlich erscheint. Bevor aber jene Grundlagen besprochen werden können, welche zur Ausbildung rationeller Schaufelformen führen, muß noch eine entsprechende Einteilung der Francisturbinenlaufräder vorgenommen werden.

B. Einteilung der Francisturbinen.

Obwohl es auf den ersten Blick scheinbar keinen Schwierigkeiten begegnet, je nach dem Verwendungszweck eine Einteilung der Laufräder vorzunehmen, so lehrt doch eine aufmerksame Verfolgung der Geschwindigkeitsverhältnisse und des Wasserverbrauches, daß die letzteren das Verwendungsgebiet des Laufrades derart beeinflussen, daß nur bei gleichzeitiger Berücksichtigung beider Bestimmungsgrößen eine den modernen Anforderungen befriedigende Einteilung der Laufräder festgelegt werden kann.

Die bisher gebräuchliche Einteilung in Normal-schnell- und Langsamläufer wurde im wesentlichen auch in diesem Buche beibehalten und nur der Wirkungsbereich der einzelnen Laufradgruppen schärfer abzugrenzen versucht.

Zu diesem Behufe wurde der Begriff der Einheitsdrehzahl eingeführt (vgl. S. 108 u. f.), welcher mit den schon von Prof. Dr. R. Camerer abgeleiteten Werte der spezifischen Drehzahl in einfachem Zusammenhange steht.[1] Allerdings ist sowohl die spezifische als auch die Einheitsdrehzahl in erheb-

[1] Darunter ist die Drehzahl jenes Laufrades zu verstehen, welches bei 1 m Gefälle 1 PSeff. leistet. (Siehe auch Prof. Dr. Camerers Ausführungen in Wilh. Müller „Die Francisturbine", 2. Aufl., Seite 176, sowie Seite 113 u. f. dieses Buches.)

lichem Maße von der gewählten Wassergeschwindigkeit im Saugrohre abhängig, so daß eine scharfe
Abgrenzung der einzelnen Laufradgruppen durch
Einführung dieser Begriffe nicht möglich ist, doch
gibt die Größe der Umlaufgeschwindigkeit, sowie jene
des Wasserverbrauches weitere Anhaltspunkte, um
eine rationelle Einteilung der Lauträder festzulegen.

Was nun die Größe der ersteren anbelangt, so
werden die späteren Darlegungen zeigen, daß dieselbe von den Winkelbeziehungen des Laufrades in
hohem Maße abhängig ist. Kleine Laufradeintrittswinkel verlangen große Umlaufgeschwindigkeiten
und umgekehrt. Die Größe der Saugrohrgeschwindigkeit hat auf jene der Umlaufgeschwindigkeit nur
einen untergeordneten Einfluß. Diese Eigenschaft der
letzteren gestattet es nun, eine Einteilung der Laufräder, wie folgt, vorzunehmen.

Setzt man einen Laufradeintrittswinkel von
$\beta = 90^0$ voraus, so ergeben sich mithin mittlere Umlaufgeschwindigkeiten[1] ($v_e \sim 2,8$ m) und derart ausgebildete Lauträder sollen in Hinkunft als „Normalläufer" bezeichnet werden.

Verringert man den Eintrittswinkel (also $\beta < 90^0$),
was, wie erwähnt, eine Erhöhung der Umlaufgeschwindigkeit zur Folge hat, so sollen derart ausgebildete Lauträder in die Gruppe der „Schnellläufer" einbezogen werden.

Anderseits bedingt ein über 90^0 erhöhter Laufradwinkel eine Abnahme der Umlaufgeschwindigkeit
und mithin die Zugehörigkeit des Laufrades in die
Gruppe der „Langsamläufer". Damit ist allerdings eine Scheidung der Laufradgruppen auf Grund

---

[1] Hier und in der Folge sind, falls nicht das Gegenteil bemerkt, alle
Geschwindigkeiten auf $H = 1$ m bezogen.

theoretischer Erwägungen vollzogen, doch verlangen rein praktische Forderungen eine weitere
Unterteilung derselben, welche aus folgender Betrachtung gewonnen werden kann.

Die beim tatsächlichen Betriebe von dem strömenden Wasser benetzten Laufrad- und Saugrohrwan-
dungen rufen Bewegungswiderstände hervor, welche
mit der Größe der Wassergeschwindigkeit in ganz
beträchtlichem Maße wachsen. Es ist daher einleuchtend, daß dieselbe nicht beliebig gesteigert
werden darf, um den Wirkungsgrad der Anlage nicht
zu verschlechtern. Dies führt notgedrungen — falls
die Verarbeitung großer Wassermengen verlangt
wird, — zu großen Laufrad- und Saugrohrabmes-
sungen, und, bei der weiteren Bedingung der Einhaltung einer bestimmten Drehzahl, zu einer dem
Verwendungszweck entsprechenden Ausgestaltung
der äußeren Profilbegrenzung des Laufrades.

Steht daher die Umlaufgeschwindigkeit des Laufrades in engem Zusammenhang mit dem Laufradeintrittswinkel, so ist anderseits die Ausbildung der
äußeren Laufradbegrenzung auf den Wasserverbrauch
und die Drehzahl von entscheidendem Einfluß.

So wäre beispielsweise das bekannte Profil eines
Normalläufers mit kleinem Wasserverbrauch vgl.
Fig. 36, S. 226), wie aus den obigen Darlegungen
hervorgeht, zur rationellen Verarbeitung großer Wassermengen ganz ungeeignet, da die erforderlichen
großen Wassergeschwindigkeiten ganz erhebliche
Effektverluste zur Folge hätten, welche auch durch
eine nachträgliche Saugrohrerweiterung (vgl. S. 119
u. f.) nicht mehr zurückgenommen werden können.

Anders gestalten sich jedoch die Verhältnisse,
wenn etwa die in Fig. 23 (Tafel V) dargestellte Pro-

filform verwendet wird. Durch die in Fig. 23 I dargestellte Erweiterung der äußeren Laufradbegrenzung wurde gewissermaßen die Saugrohrerweiterung schon in das Laufrad gelegt. Das aus dem letzteren strömende Wasser muß daher das Saugrohr mit erheblich verringerter Geschwindigkeit durchfließen und kann durch eine neuerliche Erweiterung desselben gezwungen werden, mit entsprechend verkleinerter Geschwindigkeit aus dem Saugrohre abzufließen. Daß derartig ausgebildete Laufräder tatsächlich die höchstmöglichsten Nutzeffekte aufweisen, ist durch Bremsproben genügend bekannt.

Aus der bei kleinem bzw. großem Wasserverbrauch erforderlichen Einschnürung bzw. Erweiterung der äußeren Laufradbegrenzung ergibt sich nun zwangslos die weitere Unterteilung der Laufräder. Es sollen daher in Hinkunft alle jene Laufräder, deren obere Saugrohrdurchmesser k l e i n e r als der Laufraddurchmesser sind, als Normal-, Schnell- bzw. Langsamläufer mit k l e i n e m W a s s e r v e r b r a u c h und umgekehrt alle jene Laufräder, deren Saugrohrdurchmesser g r ö ß e r sind als der Laufraddurchmesser als Normal-, Schnell- bzw. Langsamläufer mit g r o ß e m W a s s e r v e r b r a u c h bezeichnet werden.

Man könnte noch in einer dritten Gruppe alle jene Laufräder einfügen, deren Saugrohrdurchmesser, den Laufraddurchmesser um ein festgesetztes Maß über - oder unterschreitet und diese mit „Laufräder mit mittlerem Wasserverbrauch" bezeichnen, doch hätte eine solche Unterteilung für den praktischen Gebrauch nur einen untergeordneten Wert.

Es unterliegt nun mit Rücksicht auf das Gesagte keinen Schwierigkeiten, diese Unterteilung der drei Hauptgruppen, wie folgt, vorzunehmen:

I. Normalläufer ($\beta = 90^0$)
   a) mit kleinem Wasserverbrauch ($D_1 > D_s$),
   b) mit großem Wasserverbrauch ($D_1 < D_s$),

II. Schnelläufer ($\beta < 90^0$)
   a) mit kleinem Wasserverbrauch ($D_1 > D_s$),
   b) mit großem Wasserverbrauch ($D_1 < D_s$)

III. Langsamläufer ($\beta > 90^0$)
   a) mit kleinem Wasserverbrauch ($D_1 > D_s$),
   b) mit großem Wasserverbrauch ($D_1 < D_s$).

Durch diese Einteilung scheiden jene Laufradtypen, deren Laufradeintrittswinkel mit $\beta = 90^0$ und deren Saugrohrdurchmesser größer als der Laufraddurchmesser gewählt wurde, aus der Gruppe der Schnelläufer und rücken in jene der Normalläufer mit großem Wasserverbrauch. Diese Verschiebung ist, wie aus den späteren Darlegungen ersichtlich, schon deshalb begründet, weil die Eigenschaften dieser Laufradgruppe sich ganz wesentlich von jener der eigentlichen Schnelläufer unterscheiden.

Ohne vorderhand auf weitere theoretische Erörterungen einzugehen, ist wohl schon aus der erwähnten Abhängigkeit des Wasserverbrauches vom Laufrad- bzw. Saugrohrdurchmesser verständlich, daß bei gleichgewählter Wassermenge die Drehzahl eines Schnelläufers mit kleinem Wasserverbrauch unter jener eines Normalläufers mit großem Wasserverbrauch liegen kann. Ebenso ist auch einleuchtend, daß unter den gleichen Voraussetzungen, die Drehzahl eines Normalläufers mit kleinem Wasserverbrauch geringer sein kann als jene eines Langsamläufers mit großem Wasserverbrauch.

Diese Tatsache im Vereine mit dem Umstand, daß der Aufbau der Schaufelfläche eines Schnell-

bzw. Langsamläufers ungleich verwickelter ist als jener eines Normalläufers, sowie auch die bessere Regulierfähigkeit des letzteren, bringen es mit sich, daß den Gruppen II a und III b für den praktischen Turbinenbau eine ganz untergeordnete Bedeutung zukommt, weshalb eine eingehendere Besprechung derselben entfallen kann.

Ordnet man die Laufradgruppen nach der Größe der Drehzahlen, so ergibt sich schließlich mit Rücksicht auf das Gesagte folgende Einteilung:

III a. Langsamläufer mit kleinem Wasserverbrauch.
I a. Normalläufer mit kleinem Wasserverbrauch.
I b. Normalläufer mit großem Wasserverbrauch.
II b. Schnelläufer mit großem Wasserverbrauch.

Im Hochdruckkreiselbau liegen die Verhältnisse allerdings anders. Hier zwingt nicht selten die vorgeschriebene Drehzahl, Wassermenge und Förderhöhe die Ausbildung des Kreiselradprofiles nach der Gruppe II a. Es muß daher der Versuch der einheitlichen Durchbildung der Schaufelfläche für beide Betriebe als verfehlt bezeichnet werden. Ein Turbinenlaufrad mit hohem Nutzeffekt wird als Kreiselrad immer ungünstig arbeiten, und umgekehrt, weil eben der verschiedene Strömungsverlauf auch verschiedene praktische Maßnahmen erheischt, welche durch theoretische Formeln nicht ausgedrückt werden können. Aus dem Gesagten läßt sich schließlich der Schluß ziehen, daß die bisherige Einteilung der Laufräder in die drei Hauptgruppen „Schnell-" „Normal-" und „Langsam"läufer auch hier ohne wesentliche Änderungen durchgeführt werden kann, nur erweist sich für die praktischen Bedürfnisse eine Unterteilung der Normalläufer als zweckmäßig.

C. Allgemeine Grundlagen zur rationellen Ermittlung des Schaufelplanes.

Allen drei im vorherigen Abschnitt besprochenen Gruppen von Laufrädern haftet das gemeinsame Merkmal des möglichst stoßfreien Wassereintrittes in das Laufrad, sowie die Tatsache an, daß sämtliche Leit- und Laufradkanäle während des geregelten Ganges der Turbine mit strömendem Wasser erfüllt sein müssen. Letztere Eigenschaft kommt bekanntlich allen Überdruck- oder Preßstrahlturbinen zu, und ist bei Francisturbinen schon aus dem Grunde notwendig, weil der Einbau des Laufrades meist in ganz beträchtlicher Höhe über dem Unterwasserspiegel erfolgt. Die Anwendung eines Saugrohres gestattet auch in diesem Falle eine Energieausnützung der ganzen Gefällshöhe, falls, wie leicht einzusehen, sowohl die Leit- als auch die Laufradquerschnitte vom strömenden Wasser erfüllt sind.

Ebenso ist bei allen drei Typen der Forderung einer stetig und sanft gekrümmten Schaufelfläche Genüge zu leisten. Daraus folgt unmittelbar, daß es vorteilhaft erscheint, die diesen Gruppen gemeinsamen Merkmale herauszugreifen und einer näheren Untersuchung zu unterziehen.

Wie schon erwähnt ist es vor allem die Umlaufgeschwindigkeit des Laufrades bzw. dessen Drehzahl, welche die weitere Zugehörigkeit zu einer der
drei Gruppen bedingen und es wird sich daher vorerst darum handeln müssen, jene Bedingungen aufzustellen, welche zur Erlangung einer für vorliegende
Zwecke als vorteilhaft erkannten Umlaufgeschwindigkeit bzw. Drehzahl führen.

Damit ist in kurzen Strichen der Weg angedeutet,
welcher begangen werden muß, um zu rationellen
Schaufelformen zu gelangen.

Allerdings muß schon von vornherein darauf hingewiesen werden, daß die bei der Konstruktion der
gewöhnlichen Francisturbinenschaufeln zu bewälti-
genden Schwierigkeiten sich noch in erheblichem
Maße steigern, wenn auf besonders hohe Umdrehungs-
zahlen bei großen Wassermengen Gewicht gelegt
wird. Es werden aber die späteren Untersuchungen
die Möglichkeit zeigen, die Resultate theoretischer
Betrachtungen für die Bedürfnisse der Praxis in
solcher Weise umzuformen, daß das Aufzeichnen
von Laufrädern, deren Umlaufzahlen und Wassermengen jene der bisher gebräuchlichen in beträchtlichem Maße übertreffen, ohne große Mühe und Zeitaufwand bewerkstelligt werden kann. Immerhin ist,
wie schon erwähnt, der Weg bis zur Erreichung
dieses Zieles ein schwieriger. Diese Erscheinung
ist dadurch begründet, daß sich die Lösung des
Schaufelproblems in den Grenzgebieten der theoretischen Wissenschaften, nämlich der Mathematik,
Hydraulik und Geometrie einerseits und den praktischen Bedürfnissen der Industrie anderseits be-
wegt, daher eine in dem einen oder anderen Sinne
einseitige Lösung als ungeeignet verworfen werden

muß. Man ist vielmehr gezwungen, einen Mittelweg einzuschlagen, der einerseits den Anforderungen der wissenschaftlichen Erkenntnis im Hinblick auf die rein praktische Bedeutung des zu lösenden Problems Genüge leistet, anderseits auch dem ausübenden Turbinenkonstrukteur hierdurch die Mittel und Wege an die Hand gibt, in relativ einfacher Weise Schaufelformen zu entwerfen, welche den an diese gestellten Anforderungen genügen.

Schreitet man nun auf Grund der gemachten Voraussetzungen zur Ausführung einer rationellen Schaufelform, so sind zuerst die erforderlichen theoretischen Grundlagen zu schaffen, um an Hand derselben jene unumgänglich notwendigen konstruktiven Vereinfachungen vorzunehmen, welche die zeichnerische und technische Herstellung der Schaufel bedingt. Damit zerfällt das Schaufelproblem von selbst in zwei Teile.

Was nun die im ersten Teile zu behandelnden theoretischen Grundlagen anbelangt, die sich wieder in solche mathematisch-hydraulischen und mathematisch-geometrischen Inhaltes trennen lassen, so erscheint es wegen der Neuheit der Darlegung angezeigt, dieselben hier ihrem vollen Umfange nach aufzunehmen, um das Verständnis für die im zweiten Teile vorzunehmenden Vereinfachungen zu erleichtern.

I. Theoretische Grundlagen.

a) Mathematisch-hydraulische Grundlagen.

Vor allem muß darauf hingewiesen werden, daß die derzeit in der Literatur zur Berechnung der Bestimmungsgrößen von Laufrädern angeführten

Formeln keineswegs geeignet sind, eine Berechnung
von rationellen Schaufelformen zu ermöglichen, da
in diesen nicht nur der Austrittswinkel α aus dem
Leitrad, sondern auch der Eintrittswinkel β ins Laufrad (Fig. 1) willkürlich gewählt werden muß. Da
nun erst die vollständige Durchführung der Berechnung erkennen läßt, ob die vorher getroffene Wahl

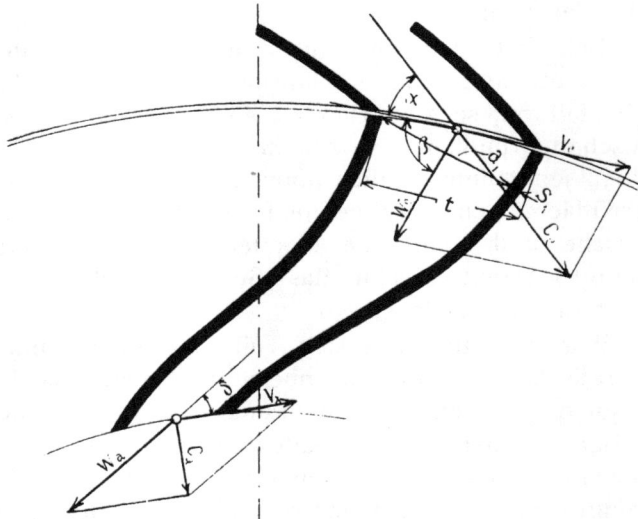

Fig. 1. Schaufelschnitt.

dieser Winkel den tatsächlichen Verhältnissen entspricht, ist diese Methode schon bei gewöhnlichen
Francisturbinen ziemlich zeitraubend und unsicher
und sie wird es noch mehr, wenn man sie auf die
Schnell- und Langsamläufer anwenden wollte. Diese
Unsicherheit läßt sich aber in höchst einfacher Weise
dadurch umgehen, daß schon bei Ableitung der für

Preßstrahl- (Reaktions-) Turbinen im allgemeinen erforderlichen Grundgleichungen auf die in jedem Querschnitt des Leit- und Laufrades notwendige Kontinuitätsbedingung der durchfließenden Wassermassen entsprechende Rücksicht genommen wird.

Den Ausgangspunkt der nun folgenden Untersuchungen bilden die in der Turbinentheorie abgeleiteten Grundgleichungen, welche die Bedingungen des stoßfreien Wassereintrittes ins Laufrad ausdrücken. Unter Zugrundelegung des in Fig. 1 dargestellten Schaufelschnittes, sowie des üblichen Bezeichnungsvorganges, nach welchem w_e bzw. w_a die relative Wassergeschwindigkeit beim Eintritt in das Laufrad bzw. Austritt aus demselben, ferner c_e bzw. c_a die absolute Eintrittsgeschwindigkeit in das Laufrad bzw. die absolute Austrittsgeschwindigkeit aus demselben und v_e die Umlaufgeschwindigkeit des Laufrades bedeutet, erhält man für dieselben folgende Werte:

$$c_e = \sqrt{\varepsilon\, g\, H\, \frac{\sin \beta}{\sin (\alpha + \beta)\cos \alpha}} \quad \cdots \cdots \quad 1.$$

$$v_e = \sqrt{\varepsilon\, g\, H\, \frac{\sin (\alpha + \beta)}{\sin \beta \cos \alpha}} \quad \cdots \cdots \quad 2.$$

$$w_e = \frac{\sin \alpha}{\sin (\alpha + \beta)} \sqrt{\varepsilon\, g\, H\, \frac{\sin (\alpha + \beta)}{\sin \alpha \cos \beta}} \quad \cdots \quad 3.$$

In diesen Formeln bedeutet ferner noch:

H das Gesamtgefälle,

ε den hydraulischen Wirkungsgrad,

α den Austrittswinkel aus dem Leitrad,

β den Eintrittswinkel in das Laufrad.

Diesen bisher zur Bestimmung der Laufraddimensionen durchwegs angewandten Formeln, welche durch Einführung der Bedingung des stoßfreien Wasser-

eintrittes in das Laufrad entstanden sind, haftet nun
der schon eingangs erwähnte Mangel an, daß die
Genauigkeit der Laufradberechnung nur von der
richtig getroffenen Wahl der Winkel α und β abhängt.
Da nun sowohl α als auch β im allgemeinen zwischen
sehr weiten Grenzen veränderbar ist, so sieht man
wohl auf den ersten Blick, daß das Auffinden zweier
zusammengehöriger Winkelwerte mehr einem zufälligen Erraten als einem zielbewußten Vorgehen
gleichkommt.

Ferner darf nicht übersehen werden, daß in
obigen Formeln wohl der Größe der Reibungs- und
Austrittsverluste des durch das Laufrad fließenden
Wassers, nicht aber der Verengung durch die Schaufelstärke Rechnung getragen wurde. Es wird daher
selbst dann noch eine Korrektur der Winkelwerte
sich als notwendig erweisen, wenn sich die Winkelverhältnisse in guter Übereinstimmung mit den angegebenen Formeln befinden.

Um nun die Schwierigkeit der Wahl zweier
Winkel zu verringern, pflegt man bei gewöhnlichen
Normalläufern den Schaufelwinkel β mit 90^0 anzunehmen. Setzt man in Formel 1 und 2 $\beta = 90^0$ so
erhält man die bekannten Ausdrücke für:

$$c_e = \frac{1}{\cos \alpha} \sqrt{\varepsilon\, g\, H} \quad . \quad . \quad . \quad . \quad 4.$$

$$v_e = \sqrt{\varepsilon\, g\, H} \quad . \quad . \quad . \quad . \quad . \quad 5.$$

Wie man sieht, ist in diesem Falle die Umlaufgeschwindigkeit vollkommen unabhängig von den
Winkelverhältnissen α und β. Es bleibt aber immer
noch die Unsicherheit in der Wahl des Winkels α,
welche schließlich zur Bestimmung der absoluten
Eintrittsgeschwindigkeit c_e führt, bestehen, dessen

Größe sich aber mit der Schaufelstärke, der Einlaufbreite und dem Saugrohrdurchmesser nicht unbeträchtlich ändert.

Da aber, wie später gezeigt werden wird, eine
in weiten Grenzen veränderbare Umlaufgeschwindig-

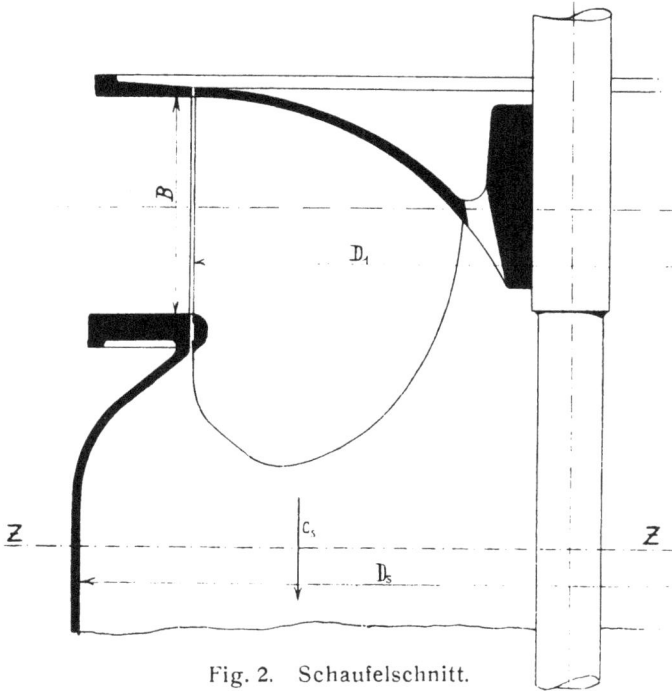

Fig. 2.   Schaufelschnitt.

keit des Laufrades sich hauptsächlich durch eine
zweckmäßige Winkelstellung der Schaufeln desselben
erzielen läßt, erscheint es daher vor allem notwendig,
die Unsicherheit der in den Formeln 1, 2 und 3 enthaltenen Winkelgrößen durch Einführung einer zweiten
Bedingungsgleichung zu beseitigen.

Zu diesem Zwecke werde von der schon eingangs erwähnten für Preßstrahlturbinen allgemein gültigen Kontinuitätsbedingung Gebrauch gemacht, welche besagt, daß die durch zwei beliebige Querschnitte hindurchströmende Flüssigkeitsmenge für jeden Querschnitt die gleiche ist. — Bezeichnet nun Q die in der Sekunde dem Laufrad zugeführte Wassermenge, so muß daher $Q = z_1\, a_1\, B\, w_e$ sein.

Unter

a_1 die senkrechte lichte Weite der Laufradschaufeln beim Eintritt des Wassers in dieselben,

z_1 die Schaufelzahl des Laufrades und

B die Laufradhöhe (Einlaufbreite)

verstanden (Fig. 2).

Nach Fig. 1 (Seite 16) ist:

$$a_1 = t_1 \sin \beta - s_1$$

wenn, wie üblich, mit t_1 bzw. s_1 die Teilung des Laufrades bzw. die Schaufelstärke desselben bezeichnet wird. Daher ist auch:

$$Q = B\, z_1\, a_1\, w_e =$$

$$= B\, z_1\, (t_1 \sin \beta - s_1)\, \frac{\sin \alpha}{\sin (\alpha + \beta)} \sqrt{\varepsilon\, g\, H\, \frac{\sin (\alpha + \beta)}{\sin \beta \cos \alpha}}$$

oder:

$$\frac{Q^2}{B^2\, z_1^2\, \varepsilon\, g\, H} = (t_1 \sin \beta - s_1)^2\, \frac{\sin^2 \alpha}{\sin^2 (\alpha + \beta)} \cdot \frac{\sin (\alpha + \beta)}{\sin \beta \cos \alpha}$$

Setzt man der Einfachheit halber:

$$\frac{Q^2}{B^2\, z_1^2\, \varepsilon\, g\, H} = k \quad \ldots \ldots \ldots \text{6.}$$

so wird:

$$k = (t_1 \sin \beta - s_1)^2\, \frac{\sin^2 \alpha}{\sin (\alpha + \beta) \sin \beta \cos \alpha} =$$

$$= \frac{\sin^2 \alpha\, (t_1 \sin \beta - s_1)^2}{(\sin \alpha \cos \beta + \cos \alpha \sin \beta) \sin \beta \cos \alpha}$$

oder:

$$k = \frac{\sin^2 \alpha \, (t_1 \sin \beta - s_1)^2}{\sin \alpha \cos \beta \cdot \cos \alpha \sin \beta + \cos^2 \alpha \sin^2 \beta}$$

Dividiert man Zähler und Nenner durch $\cos^2\alpha$ so erhält man nach entsprechender Reduktion:

$$k = \frac{\operatorname{tg}^2 \alpha \, (t_1 \sin \beta - s_1)^2}{\operatorname{tg} \alpha \dfrac{\sin 2\beta}{2} + \sin^2 \beta}$$

und schließlich zur Bestimmung von $\operatorname{tg} \alpha$ folgenden Ausdruck:

$$\operatorname{tg}^2 \alpha - \frac{k \sin 2\beta}{2 (t_1 \sin \beta - s_1)^2} \operatorname{tg} \alpha - \frac{k \sin^2 \beta}{(t_1 \sin \beta - s_1)^2} = 0$$

Aus dieser Gleichung folgt nun unmittelbar[1]):

$$\operatorname{tg} \alpha = \frac{k \sin 2\beta}{4 (t_1 \sin \beta - s_1)^2} \pm$$

$$\pm \sqrt{\frac{k^2 \sin^2 2\beta}{16 (t_1 \sin \beta - s_1)^4} + \frac{k \sin^2 \beta}{(t_1 \sin \beta - s_1)^2}} \cdot \cdot \cdot \cdot \; 7.$$

Würde man in diese Gleichung den Wert für k aus Gleichung 6 substituieren, so wäre es durch Gleichung 7 dann möglich für eine gegebene Wassermenge Q bei gewähltem Winkel β, die Größe des zugehörigen Laufradschaufelwinkels α zu bestimmen. Es erscheint aber wegen der größeren Übersicht zweckmäßiger, Formel 7 noch einer weiteren Umformung zu unterziehen. Durch Herausheben des in jedem Klammerausdruck des Nenners der rechten Gleichungshälfte vorhandenen Faktors t_1 nimmt Gleichung 7 folgende Form an:

---

[1]) Es sei hier nur kurz darauf hingewiesen, daß die Ableitung dieser Formeln auch durch Einführung des Begriffes der Niveauflächen durchgeführt werden kann. Letztere ist für den Wassereintritt ins Laufrad ein Zylindermantel von der Höhe B. Die dortselbst herrschende Normalgeschwindigkeit ist von der Winkelstellung der Laufradschaufeln unabhängig und kann zur Aufstellung der Kontinuitätsbedingung benutzt werden.

$$\operatorname{tg} \alpha = \frac{k \sin 2\beta}{4\, t_1^{\,2}\left(\sin \beta - \dfrac{s_1}{t_1}\right)^2} \pm$$

$$\pm \sqrt{-\frac{k^2 \sin^2 2\beta}{16\, t_1^{\,4}\left(\sin \beta - \dfrac{s_1}{t_1}\right)^4} + \frac{k \sin^2 \beta}{t_1^{\,2}\left(\sin \beta - \dfrac{s_1}{t_1}\right)^2}} \quad .. \; 8.$$

Betrachtet man nun die in Gleichung 8 vorhandenen Klammerausdrücke: $\left(\sin \beta - \dfrac{s_1}{t_1}\right)$, welche auch in der Form geschrieben werden können:

$$\sin \beta \left(1 - \frac{s_1}{t_1 \sin \beta}\right) = \sin \beta \left(1 - \frac{s_1}{a_1 + s_1}\right) = \sin \beta \frac{a_1}{a_1 + s_1}$$

so drückt $\dfrac{a_1}{a_1 + s_1}$ das durch die endliche Schaufeldicke hervorgerufene Verengungsverhältnis aus. Bezeichnet man dasselbe mit ϱ so ist auch:

$$\sin \beta - \frac{s_1}{t_1} = \sin \beta \cdot \varrho$$

Bei Berücksichtigung dieses Wertes schreibt sich dann Formel 8:

$$\operatorname{tg} \alpha = \frac{k \sin 2\beta}{4\, t_1^{\,2} \sin^2 \beta\, \varrho^2} \pm$$

$$\pm \sqrt{\frac{k^2 \sin^2 2\beta}{16\, t_1^{\,4} \sin^4 \beta\, \varrho^4} + \frac{k \sin^2 \beta}{t_1^{\,2} \sin^2 \beta\, \varrho^2}}$$

Setzt man statt $\sin 2\beta = 2 \sin \beta \cos \beta$, so wird

$$\operatorname{tg} \alpha = \frac{k}{2\, t_1^{\,2} \varrho^2 \operatorname{tg} \beta} \pm \sqrt{\left[\frac{k}{2\, t_1^{\,2} \varrho^2 \operatorname{tg} \beta}\right]^2 + \frac{k}{t_1^{\,2} \varrho^2}}$$

Bezeichnet man der Einfachheit halber

$$\frac{k}{2\, t_1^{\,2} \varrho^2} = C$$

so erhält man für $\operatorname{tg} \alpha$ folgenden einfachen Ausdruck:

$$\operatorname{tg} \alpha = \frac{C}{\operatorname{tg} \beta} \pm \sqrt{\left[\frac{C}{\operatorname{tg} \beta}\right]^2 + 2\,C} \quad . \quad . \quad . \quad . \; 9.$$

Formel 9, welche die Grundgleichung für alle Preßstrahlturbinen bildet[1]), gestattet nun ohne weitere Versuchsrechnungen den Eintrittswinkel α des Leitrades für jeden beliebigen Laufradwinkel β mit voller Schärfe zu bestimmen. Die volle Genauigkeit wird deshalb erzielt, weil in ihr neben der notwendigen Kontinuitätsbedingung auch die endliche Schaufeldicke berücksichtigt erscheint. Sie gilt für alle Gattungen von Preßstrahlturbinen (Jonval, Francisturbinen usw.), weil die Ausgangsgleichungen 1, 2 und 3 für diese gültig sind.

Aus Gleichung 9 ist vor allem zu ersehen, daß sich, entsprechend dem doppelten Wurzelzeichen, auch zwei verschiedene Werte von α bestimmen lassen. Da nun aber gleichzeitig auch tg β zweier verschiedener Werte fähig ist, so folgt unmittelbar, daß sich im allgemeinen vier Winkelwerte ermitteln lassen, welche nicht nur der Forderung eines stoßfreien Wassereintrittes, sondern auch der Kontinuitätsbedingung Genüge leisten. Es ist aber leicht einzusehen, daß je zwei derselben den verschiedenen Drehungssinn des Laufrades und die beiden anderen den größten bzw. den kleinsten Winkelwert des Leitradwinkels zum Ausdrucke bringen.

Damit erscheinen aber auch sämtliche Bestimmungsgrößen des Laufrades gegeben. Es ist nur

---

[1]) Man könnte natürlich auch umgekehrt aus Formel 9 den Wert für tg β bestimmen. Es wäre dann:

$$\text{tg } \beta = \frac{2\,C\,\text{tg }\alpha}{\text{tg}^2\alpha - 2\,C} \quad \ldots \ldots \ldots \ 9\text{b}$$

Die Winkelberechnung wird dadurch allerdings etwas vereinfacht, doch ist dieser Vorgang nicht zu empfehlen, weil eine vorherige Festsetzung des Leitradwinkels zu unbequemen und unrationellen Laufradeintrittswinkeln führen kann.

notwendig, in die angeführten Ausgangsgleichungen
1, 2 und 3 den aus Formel 9 erhaltenen Wert für
α zu substituieren. So erscheint insbesonders auch
die Größe der Umlaufgeschwindigkeit des Laufrades,
für welche die Ausgangsgleichung 2 gültig ist, eindeutig bestimmt. Man findet daher:

$$v_e = \sqrt{\varepsilon\, g\, H \frac{\sin (\alpha + \beta)}{\sin \beta \cos \alpha}} \quad \ldots \ldots \quad 2.$$

Der Unterschied in der Bauart der einzelnen Preßstrahlturbinen erscheint durch die verschiedene Form
der Konstanten C ausgedrückt. Da aber in vor-
liegendem Buche nur die Francisturbinenlaufräder
einer näheren Untersuchung unterzogen werden
sollen, wird es sich vor allem darum handeln, den
für diese Bauart charakteristischen Wert der Konstanten C festzusetzen. Nach früherem ist:

$$C = \frac{k}{2\, t_1^2\, \varrho^2} \text{ ebenso } k = \frac{Q^2}{B^2\, z_1^2\, \varepsilon\, g\, H}$$

daher auch: $C = \dfrac{Q^2}{2\, t_1^2\, \varrho^2\, B^2\, z_1^2\, g\, \varepsilon\, H} \quad \ldots \quad 10.$

Unter Zugrundelegung der in Fig. 2 gewählten
Bezeichnungen kann man nun wieder von der Kontinuitätsbedingung Gebrauch machen, da die Wassermenge Q auch durch den Saugrohrquerschnitt $z\, z$
hindurchfließen muß. Bezeichnet man mit c_s die
dortselbst herrschende Wassergeschwindigkeit, so
wird diese — zum Unterschiede von dem bisher
gebräuchlichem Vorgange — vorteilhaft in Hundertsteln
der ganzen Gefällshöhe ausgedrückt. Ist also $\varDelta H$
die zur Erzielung der Geschwindigkeit c_s erforderliche Druckhöhe[1]), so ist

$$c_s = \sqrt{\varDelta\, 2g\, H}.$$

---

[1]) Wie nämlich später gezeigt werden wird, ist besonders bei den
amerikanischen Laufrädern der bisher üblichen Ausführung die absolute Aus-

Da nun der Querschnitt $z\,z$ im allgemeinen durch die Turbinenwelle und durch eine entsprechende Lagerung derselben verringert wird, ist daher die dem Wasser zum Durchfluß gebotene Querschnittsfläche F_w gegeben durch:

$$F_w = \frac{\psi\, D_s^2\, \pi}{4}, \text{ wobei } \psi < 1$$

Bei Benutzung dieser Werte folgt nun, daß

$$Q = c_s \cdot F_w = \frac{\psi\, D_s^2\, \pi}{4} \sqrt{\Delta\, 2\, g\, H}$$

Ferner empfiehlt es sich, die Einlaufbreite B als Funktion des Laufraddurchmessers D_1 und letzteren wieder als Funktion des Saugrohrdurchmessers auszudrücken, also allgemein zu schreiben:

$$B = \mu\, D_1$$
$$D_1 = \gamma\, D_s$$

Daher ist auch: $B = \mu\,\gamma\, D_s$

Durch diese Art der Abhängigkeit der Laufraddimensionen vom Saugrohrdurchmesser, werden für einzelne Laufradgrößen proportionale Abstufungen erzielt, was, wie später noch näher erörtert werden wird, besonders für die Praxis von Wichtigkeit ist.

Führt man diese Werte in Gleichung 10 ein und berücksichtigt man ferner noch, daß: $z_1\, t_1 = D_1 \cdot \pi$ ist, so erhält man schließlich nach entsprechender Reduktion:

$$C = \frac{\psi^2\,\Delta}{16\,\gamma^4\,\mu^2\,\varepsilon\,\varrho^2} \quad\quad . \quad . \quad . \quad . \quad 11.$$

Führt man den aus 11 erhaltenen Wert für C in Gleichung 9 ein, so ergibt sich schließlich:

---

trittsgeschwindigkeit c_a für verschiedene Punkte der Austrittskante von solch bedeutendem Größenunterschied, daß es hier angezeigt erscheint, die oben erwähnte D u r c h f l u ß g e s c h w i n d i g k e i t c_a des Wassers an der erwähnten Stelle des Saugrohrquerschnittes in Hundertsteln der Gefällshöhe auszudrücken.

$$\operatorname{tg} \alpha = \frac{\psi^2 \varDelta}{16\,\gamma^4\,\mu^2\,\varepsilon\,\varrho^2}\operatorname{tg}\beta \pm \frac{\psi}{4\,\gamma^2\,\mu\,\varrho}\sqrt{\frac{\psi^2\,\varDelta^2}{16\,\gamma^4\,\mu^2\,\varrho^2\,\varepsilon^2\operatorname{tg}^2\beta} + \frac{2\,\varDelta}{\varepsilon}} \quad (9a)$$

Gleichung 9a stellt die zur Ermittlung der Bestimmungsgrößen von Francisturbinenlaufrädern gewonnene Grundformel in ihrer allgemeinsten Fassung vor. Sie gilt sowohl für Normal- als auch für Schnell- und Langsamläufer. Im Vereine mit Gleichung 2 gibt dieselbe den Weg an, welcher einzuschlagen ist, um die für jede dieser Gruppen maßgebende Umlaufgeschwindigkeit zu ermitteln. Wie unmittelbar aus Gleichung 2 folgt, ist die letztere außer von dem gewählten Laufradeintrittswinkel β nur noch vom Leitradwinkel α und vom hydraulischen Wirkungsgrad abhängig.[1]) Da nun, wie später gezeigt wird, die in Gleichung 9a enthaltenen Werte für $\varDelta$ γ und μ nach Gutdünken des Konstrukteurs in ziemlich weiten Grenzen wählbar sind, so ist ohne weiteres aus Formel 9a ersichtlich, daß sich auch der Leitradwinkel — und mithin auch die Umlaufgeschwindigkeit — in erheblichem Maße ändern kann. Da die dabei zu beachtenden Rücksichten in jeder der drei Gruppen verschieden sind, so soll eine getrennte Behandlung derselben, erst bei der eingehenden Besprechung jeder dieser Gruppen durchgeführt werden.

Es erübrigt jetzt noch, die auf der rechten Seite der Gleichung 9a vorkommenden Größen einer näheren Untersuchung zu unterziehen. Da nun die Wassergeschwindigkeit c_s im Saugrohr der mittleren absoluten Austrittsgeschwindigkeit aus dem Laufrade gleich sein soll, so drückt daher der Wert von $\varDelta$ auch die Größe des mittleren Austrittsverlustes des

---

[1]) Die Beeinflußung der Umlaufgeschwindigkeit bzw. der Drehzahl durch eine Änderung der Gefällshöhe kommt hier natürlich nicht in Betracht.

Wassers aus dem Laufrade aus. Man pflegt diesen mittleren Austrittsverlust je nach dem Verwendungsgebiet des Laufrades zwischen den Grenzen 0,04 bis 0,12 anzunehmen, so daß auch

$$\varDelta = 0,04 \text{ bis } 0,12^1)$$

wird.

Dabei muß aber gleich der vielfach verbreiteten irrigen Ansicht entgegengetreten werden, daß die Annahme eines großen Austrittsverlustes allgemein eine Erhöhung der Umlaufzahl des Laufrades zur Folge hätte. Für ein und denselben Laufraddurchmesser und einem Eintrittswinkel, der sich wenig von $\beta = 90^0$ unterscheidet, ist aber gerade das Gegenteil der Fall, wie sich leicht durch Formel 2 zeigen läßt:

$$v_e = \sqrt{\varepsilon\, g\, H \frac{\sin(\alpha + \beta)}{\sin\beta\,\cos\alpha}}. \quad \ldots \quad 2.$$

oder nach entsprechender Umformung auch

$$v_e = \sqrt{\varepsilon\, g\, H\, [\operatorname{ctg}\beta\,\operatorname{tg}\alpha + 1]} \quad \ldots 2a.$$

Setzt man $\beta = 90^0$, so ist in diesem Spezialfalle die Umlaufgeschwindigkeit v_e nur von H und ε abhängig, da $v_e = \sqrt{\varepsilon\, g\, H}$ wird. Da aber der hydraulische Wirkungsgrad ε auch in der Form geschrieben werden kann:

$$\varepsilon = (1 - \varDelta)(1 - \lambda)$$

unter λ den durch Wasserreibung und den unvermeidlichen Stoß des Wassers gegen die Schaufelkanten und Schaufelflächen bedingten Gefällsverlust verstanden, so sieht man, daß eine Vergrößerung von $\varDelta$ (also größere absolute Austrittsgeschwindig-

¹) Nach neuen vom Verfasser aus Amerika zugekommenen Mitteilungen wird dortselbst bei den neuesten Laufradausführungen sogar ein Austrittsverlust von
$$\varDelta = 0,18 \text{ bis } 0,2$$
zugelassen.

keit) eine Verkleinerung von ε, also eine Verringerung
der Umlaufgeschwindigkeit bzw. der Drehzahl zur
Folge hat.

Allerdings kehren sich die Verhältnisse dann um,
wenn sich der Laufradeintrittswinkel um einen größeren
Betrag von dem eines rechten Winkels unterscheidet
(ungefähr 20—30⁰). Es wird in den späteren Ausführungen noch mehrfach Gelegenheit sein, auf diese
interessante Tatsache zurückzukommen.

Es braucht wohl nicht besonders darauf hingewiesen zu werden, daß, falls den entsprechend
größer gewählten Austrittsverlusten gleichzeitig eine
Verkleinerung des Laufraddurchmessers vorgenommen
wird, die Umlaufzahl der Turbine tatsächlich gesteigert
werden kann, natürlich nur auf Kosten des Wirkungs-
grades.

Was nun die Einlaufbreite B anbelangt, so ist für
die Wahl derselben dem Konstrukteur ein weiter
Spielraum gelassen, doch hängt aber von dieser, wie
später gezeigt werden wird, die Größe der Umlaufgeschwindigkeit des Laufrades in beträchtlichem Maße
ab. Um eine für die Praxis wünschenswerte Gesetz-
mäßigkeit in der Aufstellung einer Serie von Turbinenschaufeln zu erhalten, wurde eine Abhängigkeit
der Einlaufbreite vom Laufraddurchmesser in Form
der schon erwähnten Beziehung:

$$B = \mu\, D_1$$

geschaffen, wodurch die Möglichkeit geboten ist, die
Einlaufbreite B innerhalb der praktisch brauchbaren
Grenzen (etwa $\mu = \dfrac{1}{6}$ bis $\mu = \dfrac{1}{2}$) beliebig zu va-
riieren.

Ebenso erscheint durch die erwähnte Gleichung:

$$D_1 = \gamma\, D_s$$

der Laufraddurchmesser in Abhängigkeit vom Saugrohrdurchmesser gebracht, so daß sich je nach Wahl
des Wertes für γ, dessen oberste praktisch brauchbare
Grenze etwa mit $\gamma = \dfrac{10}{15}$ und dessen unterste Grenze
mit $\gamma = \dfrac{10}{5}$ angenommen werden kann, bei gegebenem
Saugrohrdurchmesser der Laufraddurchmesser be-
stimmen läßt.

Was den Saugrohrverengungskoeffizienten ψ anbelangt, so kann dieser entweder aus dem Laufradentwurf unmittelbar bestimmt oder für Überschlags-
rechnungen je nach dem Verhältnis des Saugrohrdurchmessers zur Wellenstärke mit $\psi = 0{,}95 - 0{,}99$
gewählt werden.

Ist, was bei modernen Anlagen allerdings vermieden werden soll, das eine Wellenende in einem
mit dem Saugrohre verbundenen Armkreuz gelagert,
so ist dem Entwurf des letzteren entsprechend, der
Wert von ψ zu verkleinern.

Das schon erwähnte Schaufelverengungsverhältnis

$$\varrho = \frac{a_1}{a_1 + s_1}$$

läßt sich wie folgt bestimmen.

Aus praktischen Ausführungen findet man, daß
die Schaufelstärke s_1 bei gußeisernen Schaufeln gewählt werden kann zu:

$$s_1 = 0{,}07 \; a_1$$

Dann wird:

$$\varrho = \frac{a_1}{a_1 + 0{,}07 \; a_1} = 0{,}93$$

Für schmiedeeiserne Schaufeln kann gesetzt werden:

$$s_1 = 0{,}05 \; a_1$$

dann wird: $\quad \varrho = \dfrac{a_1}{a_1 + 0,05\, a_1} = 0,95.$

Es schwankt daher ϱ zwischen den Grenzen:

$$\varrho = 0,93 - 0,95.$$

Legt man nun für einen vorliegenden Spezialfall den angeführten Größen von v, $\varDelta$, γ, μ, ε und ϱ innerhalb der angegebenen Grenzen gelegene Werte bei, so ist durch Gleichung 9a der Leitradwinkel α bestimmt und mit ihm sämtliche Bestimmungsgrößen des Laufrades.

Da jeder der drei Gruppen eine bestimmte Umfangsgeschwindigkeit zukommt, so ist die Wahl der oben angegebenen Größen so vorzunehmen, daß die erstere auch tatsächlich erreicht werden kann. Dies verlangt nicht nur die Einhaltung der in der mathematisch-hydraulischen Grundlagen durch die Formeln 2a bzw. 9 und 9a aufgestellten Forderungen, sondern es muß vielmehr auch getrachtet werden, die räumliche Krümmung der Schaufelfläche so auszugestalten, daß große Effektverluste durch Widerstände vermieden werden.

Bevor daher jene Maßnahmen näher untersucht werden können, welche die Zugehörigkeit des Laufrades zu einer der drei Gruppen bedingen, sind jene Grundlagen zu schaffen, die sowohl für Normal- als auch für Schnell- und Langsamläufer eine rationelle Ausbildung der Schaufelfläche gestatten.

Die dazu erforderlichen Maßnahmen sollen im nächsten Abschnitt klargelegt werden.

b) Mathematisch-geometrische Grundlagen.

Da durch die Gleichungen 9 bzw. 9a für jeden beliebigen Laufradeintrittswinkel β der Leitradwinkel α eindeutig bestimmt ist und mithin auch c_e, v_e und w_e

durch die Formeln 1, 2 und 3 berechnet werden können, ist auch für jeden beliebigen Punkt X
(Fig. 3) der Laufradaustrittskante der Aus-

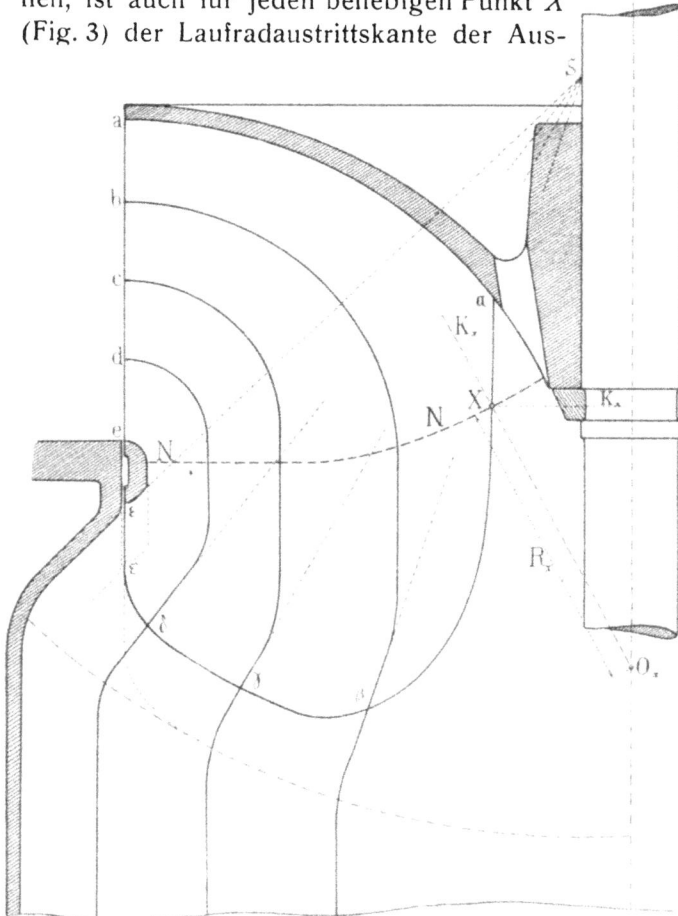

Fig. 3. Schematische Darstellung des Aufrisses
eines Schaufelplanes.

trittswinkel ϑ gegeben.   Zu diesem Behufe denkt man
sich, wie später noch näher auseinandergelegt wird,

das in Fig. 3 dargestellte Laufrad in eine Schar *(n)*
von Partiallaufrädern zerlegt, von welchen jedes die
gleiche Wassermenge $\left(\dfrac{Q}{n}\right)$ (in dem gezeichneten Sonderfall: $n = 4$) verbraucht, dann stellen die um die
geometrische Achse der Laufradwelle rotierend ge-
dachten Wasserfäden ($a\,\alpha$, $b\,\beta$, $c\,\gamma$ usw.) die Tren-
nungsflächen (Flußflächen) der einzelnen Partiallauf-
räder vor. Legt man etwa durch Punkt X (Fig. 3)
eine neue Fläche so, daß diese die gegebene Schar
von Flußflächen senkrecht durchschneidet, so erhält
man eine Niveaufläche *(NN)*. Da in dieser die Durchflußgeschwindigkeit des Wassers ($c_a{}^x$) in jedem Punkte
derselben gleich groß ist, so läßt sich aus dem Flächen-
inhalte (F_n) der Niveaufläche bei gegebener Wassermenge Q die Durchflußgeschwindigkeit des Wassers
$c_a{}^x$ berechnen. Es ist dann

$$c_a{}^x = \frac{Q}{F_n\,\varrho'} \qquad \cdot \quad \cdot \quad \cdot \quad \cdot \quad \cdot \quad 12.$$

Dabei bedeutet ϱ' wieder einen Verengungs-
koeffizienten, welcher die endliche Schaufelstärke
auch beim Ausfluß berücksichtigt. Letzterer kann
je nach Lage der Niveaufläche mit $\varrho' = 0{,}93$ bis $0{,}98$
gewählt werden.

Da nun die Größe der Umlaufgeschwindigkeit $v_a{}^x$
im Punkte X entweder durch Rechnung oder auf
zeichnerischem Wege[1]) gefunden werden kann, ist für
jeden Punkt der Schaufelaustrittskante das Austrittsgeschwindigkeitsdreieck $X_0\,A\,B$ (Fig. 4) und mithin
auch der Laufradaustrittswinkel δ eindeutig bestimmt.

Damit ist aber noch keinesfalls Lage und Krümmung der Schaufelfläche festgelegt. Vielmehr werden,

---

[1]) Siehe das Kapitel: Berechnung und Konstruktion der
Schaufelfläche mit Hilfe des Abbildes.

wie leicht einzusehen, im allgemeinen unendlich viele
Schaufelflächen der Forderung eines bestimmten Lauf-
rad-Ein- und -Austrittwinkels genügen. Es sind also
zur eindeutigen Bestimmung der Schaufelfläche noch
eine Reihe weiterer Bedingungen aufzustellen, deren
Tendenz darin zu gipfeln hat, auf eine möglichst
vollkommene Ausnutzung der dem Wasser inne-
wohnenden Energie hinzuarbeiten. Diese erwähnten

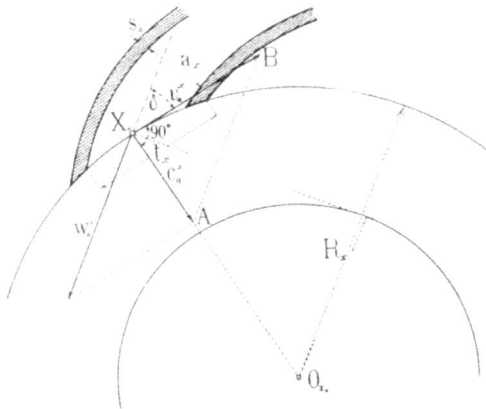

Fig. 4.   Abgewickelter Kegelschnitt durch das Schaufelende.

Anforderungen lassen sich kurz, wie folgt, zusammen-
fassen:

1. Um den Krümmungswiderstand möglichst zu verringern, soll das Wasser während des Durchflusses durch das Laufrad
eine stetige Richtungsänderung in der Weise
erfahren, daß dasselbe in der Richtung des
Laufradwinkels β eintretend in sanft verlaufenden Kurven in die durch den Austrittswinkel gegebene Richtung übergeführt
wird.

Kaplan, Schaufelformen.   3

2. Die Schaufel soll kurz sein, um die zur Überwindung der Wasserreibung erforderlichen Energieverluste herabzudrücken.

3. Um Effektsverluste durch Kontraktion möglichst zu vermeiden, soll die Schaufelfläche in der Nähe der Austrittskante und, wenn erforderlich, auch bei jener der Eintrittskante eine äquidistante Fläche sein.

Wie man sofort sieht, widersprechen die ersten zwei Bedingungen einander, da flachgekrümmte Kurven große Bogenlängen erfordern, und umgekehrt. Es muß daher auch hier ein Mittelweg eingeschlagen werden. Bevor dieser aber näher erörtert wird, soll eine Erklärung der mathematisch-geometrischen Darstellung der Schaufelfläche eingefügt werden.

Denkt man sich aus den in Fig. 3 durch die Erzeugenden ($a\,\alpha$, $b\,\beta$, $c\,\gamma$ usw.) und deren Rotationsachse bestimmten Rotations- (Fluß-) flächen Flächenstücke R_1, R_2 bis R_4 herausgenommen, welche durch Fig. 5 perspektivisch dargestellt sind, so ist auf jeder derselben eine nach obigen Bedingungen konstruierte Wasser- oder Flußlinie ($a\,a'$, $b\,b'$ bis $d\,d'$) einzuzeichnen. Dann stellt die Einhüllende ($a\,b\,c\,d\,d'\,c'\,b'\,a'$) aller dieser Wasserlinien, deren gegenseitige Entfernung e durch eine entsprechende Vermehrung der in Betracht gezogenen Rotationsflächen beliebig verkleinert werden kann, eine nach obigen Anforderungen ausgebildete Schaufelfläche vor.

Wie man aber sieht, ist die Einhüllende, d. i. die Schaufelfläche, selbst bei Einhaltung der angegebenen drei Bedingungen noch nicht eindeutig bestimmt, da die gegenseitige Lage der Wasserlinien in bezug auf

ihre zugehörigen Flußflächen noch keiner Beschrän-
kung unterworfen wurde.   So wären, wie aus Fig. 5
ersichtlich, die aufgestellten Bedingungen auch dann
noch erfüllt, wenn etwa die Wasserlinie $d\,d'$ auf ihrer
zugehörigen Flußfläche R_1 nach $d_1\,d_1'$ verdreht würde.

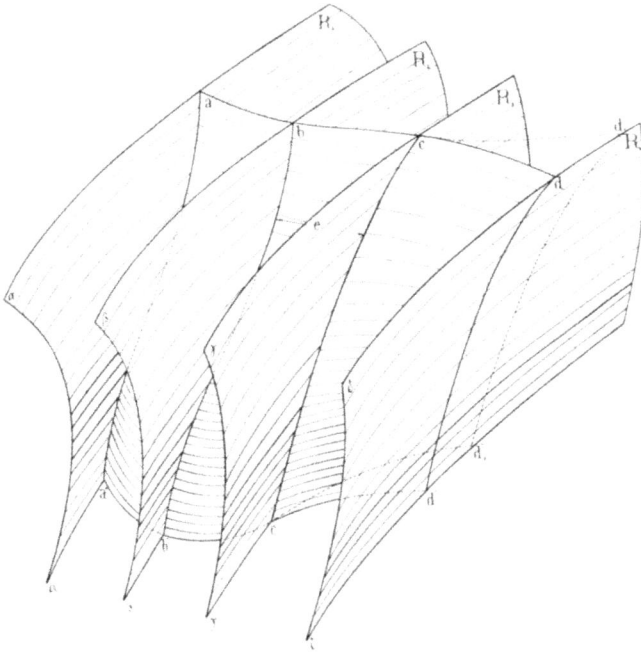

Fig. 5. Perspektivische Skizze zur Erklärung des
Entstehungsgesetzes der Schaufelfläche.

Es ist daher erforderlich, noch eine vierte Bedingung
zur endgültigen Festlegung der Schaufelfläche aufzustellen, welche, mehr praktischen Rücksichten ent-
springend, wie folgt ausgedrückt werden kann:

    4. Um einerseits die technische Herstel-
lung des Schaufelklotzes zu erleichtern,

3*

anderseits eine stetig gekrümmte Ausbildung
der Schaufelfläche auch in radialer Richtung
zu ermöglichen, sollen die durch Schnitte
von beliebigen Ebenen (insbesondere Horizontalebenen) mit der Schaufelfläche entstehenden Schnittkurven einen regelmäßigen
und sanften Verlauf zeigen und bei geringer
Entfernung zweier paralleler Schnittebenen
auch nur eine geringe Änderung in Form
und Charakter der beiden zugehörigen
Schnittkurven eintreten.

In welcher Weise dieser letzteren Anforderung
genügt werden kann, wird später gezeigt werden.

Was nun die einzelnen Rotations- oder Flußflächen
anbelangt ($a\,\alpha$, $b\,\beta$, $c\,\gamma$ usw.), Fig. 3, so können
diese im allgemeinsten Falle aus einzelnen Wulst-,
Kegel- und Zylinderflächen zusammengesetzt gedacht
werden, und die vorderhand zu lösende Aufgabe
besteht nun darin, auf den vorerwähnten Flächen
räumliche Kurven so einzuzeichnen, daß diese den
aufgestellten Forderungen genügen. Die erwähnte
Bedingung der Äquidistanz erfüllen auf Zylinder-
und Kegelflächen nur die sog. isogonalen Trajektorien oder Zuglinien, und da diese auch noch der
Anforderung eines sanften Verlaufes auf den Flußflächen selbst in ausgezeichneter Weise nachkommen,
so erscheint ihre ausschließliche Eignung zur Bestimmung der Schaufelfläche ohne weiteres nachgewiesen.
Was nun die auf den Wulstflächen einzuzeichnenden
Kurven anbelangt, so wäre es beispielsweise möglich,
diese unter der Bedingung zu bestimmen, daß ihre
räumliche Krümmung ein Minimum sein soll. Bei
Beschreitung dieses Weges zeigt sich aber bald, daß
die Schaufelfläche dann eine solche Länge besitzen

müßte, daß die Vorteile geringster Krümmung durch
den Nachteil langer Wasserwege und daher auch
größerer Reibungsverluste mehr als aufgewogen werden würden. Unterzieht man aber die auf Wulstflächen
beschriebenen isogonalen Trajektorien einer näheren
Untersuchung, so zeigt sich, daß diese nicht nur
relativ kurze Wasserwege ermöglichen, sondern auch
auf ihren zugehörigen Wulstflächen einen äußerst
sanften Verlauf nehmen, der ja ohne weitere theoretische Erörterungen schon aus dem Entstehungsgesetze derselben hervorgeht. Durch ihre bekannte
Eigenschaft, sämtliche Parallelkreise bzw. Meridiane
unter dem gleichen Winkel zu durchschneiden, erscheint nicht nur von selbst ein möglichst sanfter
Verlauf der isogonalen Trajektorien gesichert, sondern, wie später noch näher dargelegt wird, auch
die Möglichkeit gegeben, durch jeden beliebigen
Punkt der Flußfläche unter einem gegebenen Schnittwinkel eine isogonale Trajektorie zu legen. Diese
Eigenschaft der letzteren ist von solch weit-
tragender praktischer Bedeutung, daß schon
aus diesem Grunde die isogonale Trajektorie
mit Rücksicht auf die aufgestellten Forderungen als einzig brauchbare Erzeugungskurve für eine rationelle Schaufelform aufgefaßt werden muß. Aus diesem Grunde ist es
notwendig, dieselben einer näheren Untersuchung zu
unterziehen.

1. Isogonale Trajektorien auf Wulstflächen.

Zu diesem Behufe wird es sich vor allem darum
handeln, die Gleichung der Wulstfläche aufzustellen,
um auf dieser die schon erwähnten isogonalen Trajektorien bestimmen zu können. Da die dazu erfor-

derlichen Erörterungen und Ableitungen einen rein
mathematischen Charakter tragen, so kann im Hinblick auf den praktischen Zweck der vorliegenden
Abhandlung auf eine vollständige Wiedergabe derselben verzichtet werden.

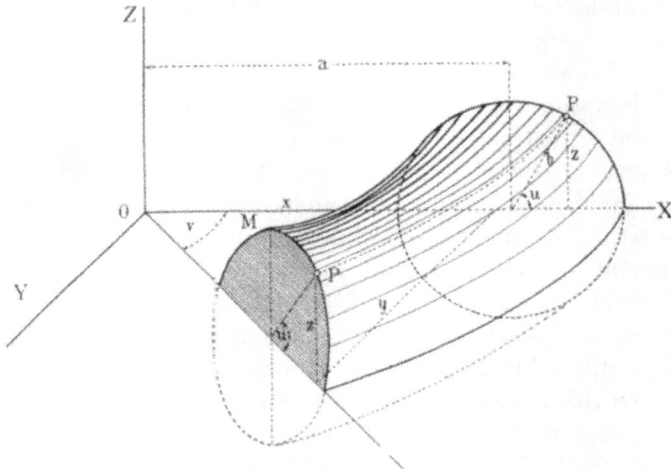

Fig. 6.

Unter Zugrundelegung von semipolaren Koordinaten und bei Berücksichtigung der in Fig. 6 eingetragenen Bezeichnungen stellt:

$$
\left.\begin{aligned}
x &= (b \cos u + a) \cos v \\
y &= (b \cos u + a) \sin v \\
z &= b \sin u \ . \ . \ . \ .
\end{aligned}\right\} \quad . \ . \ . \ . \ \text{I.}
$$

bei konstantem v und variablem u die Gleichung des
durch v bestimmten Meridianes M und bei variablem
v die Gleichung jedes beliebigen Meridianes, also die
Gleichung der Wulstfläche, vor. Umgekehrt geben die
Gleichungen I bei konstantem u und variablem v
einen durch u bestimmten Parallelkreis an. Drückt

man nun die Tatsache, daß die Parallelkreise der
Wulstfläche von der isogonalen Trajektorie unter dem
gleichen Winkel δ geschnitten werden, analytisch aus,
so erhält man die in semipolaren Koordinaten dargestellte Gleichung der isogonalen Trajektorie, welche
sich in folgender Form darstellt:

$$\left.\begin{aligned}
x &= (a + b \cos u) \cos \left[m \operatorname{arctg} \left(n \operatorname{tang} \frac{u}{2}\right)\right] \\
y &= (a + b \cos u) \sin \left[m \operatorname{arctg} \left(n \operatorname{tang} \frac{u}{2}\right)\right] \\
z &= b \sin u \ \ . \ \ . \ \ . \ \ . \ \ . \ \ . \ \ . \ \ . \ \ .
\end{aligned}\right\} \quad \text{II.}$$

unter n und m Konstante von der Form:

$$n = \sqrt{\frac{a - b}{a + b}}$$

$$m = -\frac{2\,b}{\operatorname{tg} \delta \sqrt{a^2 - b^2}}$$

verstanden.

Da für zeichnerische Zwecke nur die Projektionen
der durch II dargestellten isogonalen Trajektorie brauchbar sind, ist zu diesem Behufe nur notwendig, in den
Gleichungen II $z = o$ zu setzen, um die für vorliegende
Zwecke besonders wichtige Horizontalprojektion der
räumlichen isogonalen Trajektorie zu erhalten.

Die Horizontalprojektion der letzteren ergibt sich
daher zu:

$$\left.\begin{aligned}
x &= (a + b \cos u) \cos \left[m \operatorname{arctg} \left(n \operatorname{tg} \frac{u}{2}\right)\right] \\
y &= (a + b \cos u) \sin \left[m \operatorname{arctg} \left(n \operatorname{tg} \frac{u}{2}\right)\right]
\end{aligned}\right\} \quad \text{III.}$$

Geht man nun auf ebene Polarkoordinaten über,
so folgt, da nach Fig. 7

$$x^2 + y^2 = \varrho^2$$

und

$$\frac{y}{x} = \operatorname{tg} \varphi \quad \text{ist:}$$

$$\varrho = \sqrt{x^2 + y^2} = a + b \cos u \ . \quad . \quad . \quad . \quad \text{a.}$$

$$\frac{y}{x} = \text{tang} \left[m \ \text{arctg} \left(n \ \text{tg} \frac{u}{2} \right) \right] = \text{tang} \ \varphi$$

Daher ist auch:

$$\varphi = m \ \text{arctg} \left(n \ \text{tg} \frac{u}{2} \right) \quad \text{und} \quad \text{tg} \frac{\varphi}{m} = n \ \text{tg} \frac{u}{2}$$

woraus: $\quad \text{tg} \dfrac{u}{2} = \dfrac{\text{tg} \dfrac{\varphi}{m}}{n} \ \text{folgt.}$

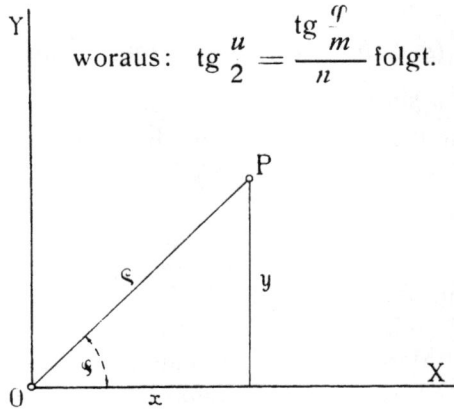

Fig. 7.

Schreibt man Gleichung a in der Form

$$\cos u = \frac{\varrho - a}{b}$$

so läßt sich aus den beiden letzten Gleichungen der Parameter u nach bekannten Lehrsätzen der Trigonometrie eliminieren. Es ist nämlich:

$$\frac{\varrho - a}{b} = \cos^2 \frac{u}{2} - \sin^2 \frac{u}{2} \quad \text{oder durch} \ \cos^2 \frac{u}{2} \ \text{dividiert:}$$

$$\frac{\varrho - a}{b \cos^2 \dfrac{u}{2}} = 1 - \text{tg}^2 \frac{u}{2} = 1 - \frac{\text{tg}^2 \dfrac{\varphi}{m}}{n^2}$$

weil aber $\cos^2\dfrac{u}{2} = \dfrac{1}{1 + \mathrm{tg}^2\dfrac{u}{2}} = \dfrac{1}{1 + \dfrac{\mathrm{tg}^2\dfrac{\varphi}{m}}{n^2}}$

wird schließlich:

$$\frac{\varrho - a}{b} = \frac{n^2 - \mathrm{tg}^2\dfrac{\varphi}{m}}{n^2 + \mathrm{tg}^2\dfrac{\varphi}{m}}$$

Aus dieser Gleichung folgt nun unmittelbar die Polargleichung der Horizontalprojektion der auf Wulstflächen liegenden isogonalen Trajektorie zu:

$$\varrho = a + b\,\frac{n^2 - \mathrm{tg}^2\left(\dfrac{\varphi}{m}\right)}{n^2 + \mathrm{tg}^2\left(\dfrac{\varphi}{m}\right)} \quad \ldots\ldots \text{ IV.}$$

unter m und n Konstante von der Form:

$$\left.\begin{aligned} n &= \sqrt{\frac{a - b}{a + b}} \\ m &= \frac{2\,b}{\mathrm{tg}\,\delta\mid a^2 - b^2} \end{aligned}\right\} \quad \ldots \text{ IVa.}$$

verstanden. Dabei bedeutet δ jenen konstanten Winkelwert, welchen jeder beliebige Schnittpunkt der isogonalen Trajektorie mit dem zugehörigen Parallelkreis einschließt. Gleichung IV gestattet nun im Vereine mit den Gleichungen IVa ohne weiteres die Horizontalprojektion jeder beliebigen Trajektorie zeichnerisch darzustellen. Sie nimmt, wie wohl nicht anders zu erwarten war, einen sinusoïdenähnlichen Verlauf, doch soll eine nähere Besprechung sowie die zeichnerische Wiedergabe derselben einem späteren Abschnitt vorbehalten bleiben.

2. Isogonale Trajektorien auf Kegelflächen.

Da die Kegelflächen durch ihre bekannte Eigenschaft als abwickelbare Flächen in eine Ebene ausgebreitet werden können, ohne dabei die für vorliegende Zwecke wertvolle Eigenschaft der Äquidistanz
einer gegebenen Kurvenschar zu verlieren, so genügt
es, auf dem abgewickelten Kegelmantel die für vorliegende Zwecke als vorteilhaft erkannten isogonalen Trajektorien zu bestimmen. Ist daher durch $c\,d$ (Fig. 8)
ein Stück der Erzeugenden des durch Rotation um
die Achse $z\,z$ entstandenen Kegelmantels dargestellt
und denkt man sich diesen in die Zeichenebene abgewickelt (Fig. 8b), so kann die schon erwähnte Eigenschaft der isogonalen Trajektorie, sämtliche Parallelkreise unter dem gleichen Winkel δ zu durchschneiden,
unmittelbar dazu benützt werden, die Gleichung derselben abzuleiten.

Aus Fig. 8b folgt unter Berücksichtigung der
eingetragenen Bezeichnungen, daß

$$d\varrho = \varrho\,d\varphi\,\operatorname{tg}\delta$$

daher:

$$\frac{d\varrho}{\varrho} = \operatorname{tg}\delta\,d\varphi$$

oder durch Integration:

$$\int_{r_1}^{\varrho}\frac{d\varrho}{\varrho} = \operatorname{tg}\delta\int_{0}^{\varphi}d\varphi$$

$$\operatorname{g\,nat}\frac{\varrho}{r_1} = \operatorname{tg}\delta\,\varphi$$

und daraus:

$$\varrho = r_1\,e^{\operatorname{tg}\delta\,\varphi} \quad . \quad . \quad . \quad . \quad . \quad \text{V.}$$

Gleichung V stellt eine logarithmische Spirale
vor, und da diesen Kurven, wie bekannt, noch die
für vorliegende Zwecke besonders wert-

Fig. 8.

Fig. 8 a.

Fig. 8 b.

log. Spirale

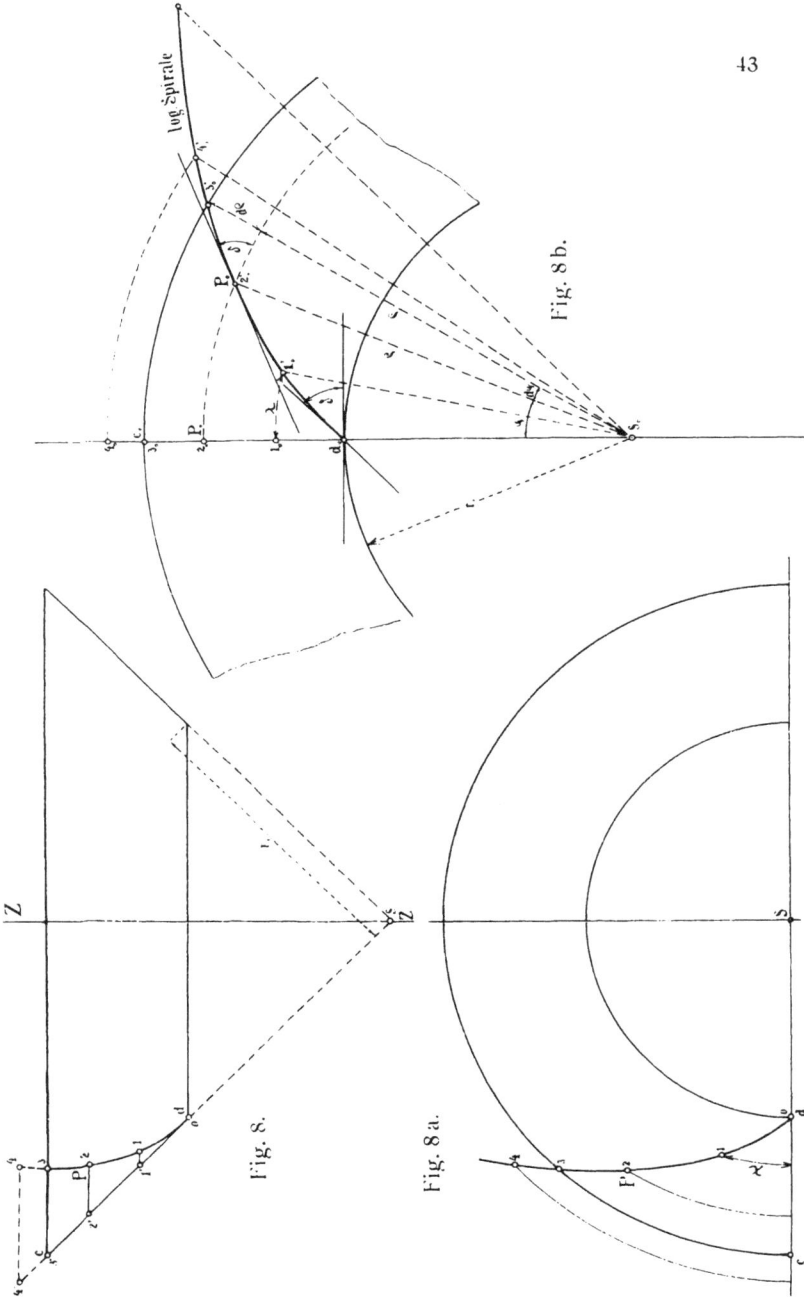

Fig. 8. Darstellung der isogonalen Trajektorie auf einer Kegelfläche.

volle Eigenschaft der Äquidistanz zukommt,
so sind sie a s die einzig richtigen Erzeugungskurven für jedes rationell ausgebildete, auf Kegelflächen liegende Schaufel-
profil anzusehen. In den Figuren 8, 8a und
8b ist im Grund- und Aufriß bzw. in der Abwicklung eine isogonale Trajektorie eingetragen, welche
sämtliche Parallelkreise unter dem konstanten Winkel
$\delta = 45^0$ durchschneidet.

3. Isogonale Trajektorien auf Zylinder-
flächen.

Da auch hier die Möglichkeit gegeben ist, die
Zylinderfläche in die Ebene abzuwickeln, genügt es,
die isogonalen Trajektorien auf dem abgewickelten
Zylindermantel zu bestimmen. In diesem Sonderfall ist es aber ohne weiteres klar, daß jede die abgewickelten Paralelkreise unter dem verlangten Winkel
δ schneidende Gerade eine isogonale Trajektorie sein
muß. Da ferner allen zu dieser parallel gezogenen
Geraden auch die Eigenschaft der Äquidistanz zukommen muß, ist ihre ausschließliche Verwendbarkeit zur Bestimmung des
auf Zylinderflächen liegenden Schaufelprofiles ohne weiteres nachgewiesen. Im
aufgewickelten Zustand geht natürlich die gerade
Linie in eine zylindrische Schraubenlinie über.

Da nun, wie schon eingangs erwähnt, jede beliebige Flußfläche aus Wulst-Kegel und Zylinderflächen
zusammengesetzt gedacht werden kann und die
Schaufelfläche als die Einhüllende der auf den erwähnten Flächen gezeichneten isogonalen Trajektorien
definiert wurde, kann mithin das Schaufelproblem in
rein theoretischem Sinne als gelöst angesehen werden.

Dennoch würde man auch jetzt noch bei der zeichnerischen Darstellung auf kaum zu bewältigende Schwierigkeiten stoßen, die einesteils darin liegen, daß die genaue geometrische Darstellung der isogonalen Trajektorien umständlich und zeitraubend ist, anderseits der gegenseitigen Lage derselben auf den zugehörigen Wulstflächen, wie schon erwähnt, eine solche praktische Bedeutung zukommt, daß eine ohne Rücksicht auf die letztere konstruierte Schaufel als ungeeignet bezeichnet werden muß.

Es tritt daher nun vor allem die Notwendigkeit heran, die gewonnenen theoretischen Resultate einer solchen Umformung zu unterziehen, daß sie für die Bedürfnisse der Praxis zum unmittelbaren Gebrauch geeignet erscheinen. Die dazu erforderlichen Erörterungen sollen in dem nun folgenden Abschnitt behandelt werden.

II. Praktische Grundlagen.

Ähnlich wie bei den theoretischen Untersuchungen, läßt sich auch hier eine Trennung in zwei Unterabteilungen vornehmen, wovon in der ersten jene Vereinfachungen besprochen werden sollen, welche sich auf die mathematisch-geometrische Darstellung der isogonalen Trajektorien beziehen, wogegen in der zweiten die Darstellung jener Konstruktionen besprochen werden soll, welche zur Ermittelung rationeller Schaufelformen führen.

a) Mathematisch-geometrische Vereinfachungen behufs Darstellung der isogonalen Trajektorien.

Dem im theoretischen Teile eingehaltenen Vorgang entsprechend, soll auch hier eine getrennte Be-

handlung aller jener Näherungskonstruktionen vorgeführt werden, welche eine rationelle Darstellung
der auf Wulst-, Kegel- und Zylinderflächen liegenden
isogonalen Trajektorien ermöglichen.

1. Näherungsverfahren zur Bestimmung der auf Wulstflächen liegenden isogonalen Trajektorien und die Anwendung des sog. Fehlerdreieckes.

Die in semipolaren Koordinaten analytisch dargestellte Gleichung der isogonalen Trajektorie, welche
bei Berücksichtigung der für m und n angegebenen
Werte (IVa) auch in der Form geschrieben werden kann:

$$x = (a \, b \cos u) \cos \left[\frac{2b}{\operatorname{tg} \delta \sqrt{a^2 - b^2}} \operatorname{arctg} \left(\sqrt{\frac{a-b}{a-b}} \operatorname{tg} \frac{u}{2} \right) \right]$$

$$y \, (a \, b \cos u) \sin \left[\frac{2b}{\operatorname{tg} \delta \sqrt{a^2 - b^2}} \operatorname{arctg} \left(\sqrt{\frac{a-b}{a-b}} \operatorname{tg} \frac{u}{2} \right) \right] \quad \text{IIa[1]}$$

$$z \; b \sin u \; . \; . \; . \; . \; . \; . \; . \; . \; . \; . \; . \; . \; .$$

läßt sich nun vor allem dadurch einer Vereinfachung
unterziehen, daß das Verhältnis des Halbmessers b
des die Wulstfläche erzeugenden Kreises zu jenem,
welchen der Mittelpunkt des erzeugenden Kreises
beschreibt (a), verschwindend klein gesetzt wird.
Praktisch tritt d es bei allen jenen Wulstflächen auf,
welche bei entsprechend großer Entfernung von der
Laufradachse eine starke Krümmung aufweisen; das
sind also die dem unteren Ende des Laufradkranzes
zunächst liegenden Flußflächen.

---

[1] Da es meist üblich ist, den Grundriß des Schaufelplanes der linken
Laufradhälfte zu entwerfen, und diese sich in bezug auf die Laufradachse als
Koordinatenachse im dritten Quadranten befindet, so drückt sich diese vor-
genommene Verdrehung n obigen Gleichungen durch eine entsprechend vor-
genommene Vertauschung der Vorzeichen aus.

In diesem Falle wird sich aber auch der in den Gleichungen II a vorkommende Wurzelausdruck:

$$\sqrt{a^2 - b^2}$$

welcher in Fig. 9 durch die Strecke K geometrisch dargestellt ist, wenig von a, mithin auch von ϱ unterscheiden, so daß unter der Voraussetzung:

$$a \gg b; \qquad \sqrt{a^2 - b^2} \backsim \varrho = a - b \cos u$$

gesetzt werden darf. Ebenso wird sich der Wurzelausdruck $\sqrt{\dfrac{a-b}{a+b}}$ unter der gleichen Voraussetzung wenig von der Einheit unterscheiden, weshalb mit großer Annäherung geschrieben werden kann:

$$\sqrt{\frac{a-b}{a+b}} \backsim 1$$

Berücksichtigt man die hier vorgenommenen Vereinfachungen, so nimmt Gleichung II a folgende Form an:

$$
\left.
\begin{aligned}
x &= (a - b \cos u) \cos \left[\frac{b\,u}{\operatorname{tg} \delta\,(a - b \cos u)} \right] \\
y &= (a - b \cos u) \sin \left[\frac{b\,u}{\operatorname{tg} \delta\,(a - b \cos u)} \right] \\
z &= b \sin u \;\; . \; . \; . \; . \; . \; . \; .
\end{aligned}
\right\} \quad \text{II b.}
$$

Die durch diese Gleichung dargestellte Kurve, welche von nun an kurzweg als die „erste Näherungskurve" bezeichnet werden soll, hat ein höchst einfaches Entstehungsgesetz, welches nun durch die Fig. 9 bzw. Fig. 9a, welche den Auf- und Grundriß einer Wulstfläche zeigen, näher auseinandergelegt werden soll. Trägt man, wie aus Fig. 9b ersichtlich ist, den verlangten Schnittwinkel δ der isogonalen Trajektorie mit den Parallelkreisen in der gezeichneten Weise auf und errichtet im Scheitel desselben die Senk-

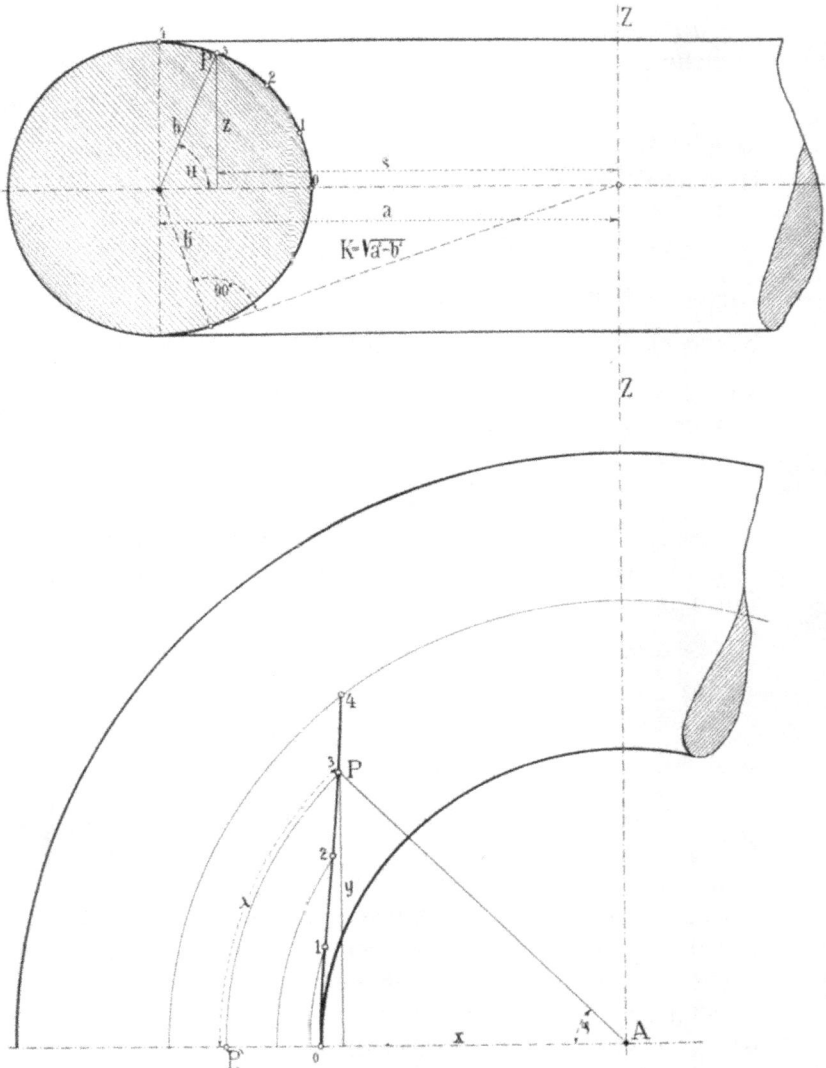

Fig. 9 u. 9 a. Projektivische Darstellung der
ersten Näherungskurve auf Wulstflächen.

rechte $0_0 4_0$, so hat man, um einen beliebigen Punkt P der ersten Näherungskurve zu bestimmen, den im Aufriß von einem beliebig gewählten Anfangspunkt der Kurve gezählten Bogen $\widehat{0P} = b\,u$ im abgewickelten Zustand von 0_0 aus auf der erwähnten Senkrechten aufzutragen und von dem dadurch erhaltenen Endpunkt P_0 einen zur letzteren normalen Strahl zu ziehen. Trägt man nun den dadurch erhaltenen Abschnitt $\overline{P_0 P_1} = \lambda$ im Grundriß (Fig. 9a) auf den

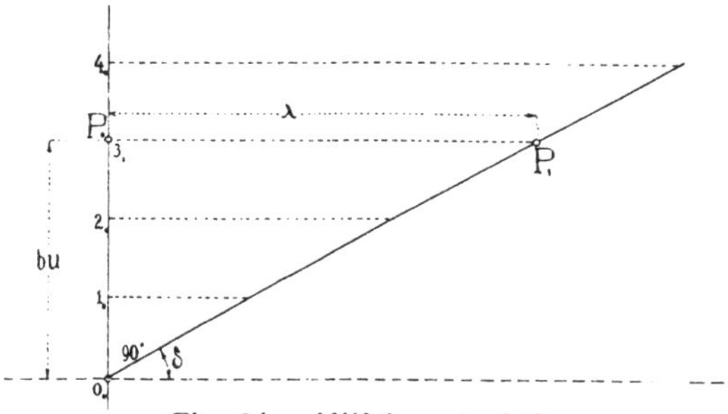

Fig. 9 b.   Hilfskonstruktion.

durch P bzw. ϱ bestimmten Kreis (Fig. 9a) von jenem Schnittpunkt aus auf, welcher durch Ziehen des Strahles AP_0' durch den gewählten Anfangspunkt (0) der Kurve erhalten wird, so gibt P (Fig. 9) den gesuchten Punkt der ersten Näherungskurve an.

Wie man sieht, ist das Entstehungsgesetz ganz ähnlich mit jenem einer zylindrischen Schraubenlinie. Der Unterschied besteht nur darin, daß die erwähnten Abschnitte λ nicht wie dort auf den g e r a d e n Erzeugenden der Zylinderfläche, sondern hier, entsprechend dem Charakter der Wulstfläche, auf den g e k r ü m m t e n Erzeugenden derselben — also auf den Parallelkreisen aufzutragen sind. Da nun die

Kaplan, Schaufelformen.   4

zylindrische Schraubenlinie auf ihrer zugehörigen
Zylinderfläche, wie ja sofort aus der Abwicklung
verständlich, eine isogonale Trajektorie derselben
vorstellen muß, so folgt ohne weiteres, daß sich die
erste Näherungskurve mit um so größerer Genauigkeit an eine isogonale Trajektorie anschmiegen wird,
je mehr sich die Parallelkreise der Wulstfläche den
geraden Erzeugenden der Zylinderfläche nähern; oder
mit anderen Worten — je größer der Halbmesser *a*
der Wulstfläche wird. — Es erübrigt aber noch, das
angegebene Entstehungsgesetz der ersten Näherungskurve auch analytisch nachzuweisen.

Ist *u* der variable Drehwinkel, den ein beliebiger
Punkt der ersten Näherungskurve mit dem Anfangspunkt der letzteren einschließt, und bezeichnet man
ferner noch mit ϱ den variablen Halbmesser des dem
Punkte *P* angehörigen Parallelkreises und mit φ den
Polwinkel des ersteren, so ist unter Zugrundelegung
der in den Fig. 9, 9a und 9b gewählten Bezeichnungen:

$$z = b \sin u$$
$$\varrho = a - b \cos u$$
$$x = \varrho \cos \varphi$$

daher auch:

$$x = (a - b \cos u) \cos \varphi$$

Da wie aus Fig. 9a ersichtlich:

$$\varphi = \frac{\lambda}{\varrho} = \frac{\lambda}{a - b \cos u}$$

ebenso aber λ aus Fig. 9b:

$$\lambda = b\, u \operatorname{ctg} \delta$$

so folgt unter Berücksichtigung dieser angegebenen
Werte:

$$x = (a - b \cos u) \cos \left[\frac{b\,u}{\operatorname{tg} \delta\, (a - b \cos u)} \right]$$

und weil schließlich aus Fig. 9a folgt, daß

$$y = \varrho \sin q$$

so ist:

$$y = (a - b \cos u) \sin \left[\frac{b\,u}{\mathrm{tg}\,\delta\,(a - b \cos u)} \right]$$

Ein Vergleich der aus dem erörterten Entstehungsgesetze abgeleiteten Werte für x, y und z mit jenen, welche aus den angegebenen Vereinfachungen der isogonalen Trajektorie auf analytischem Wege gefunden wurden (Gleichungen II b) zeigt sofort, daß beide Kurven identisch sind und sich daher unter den gemachten Voraussetzungen ohne weiteres zur Schaufelkonstruktion benutzen lassen.

Ein Blick auf die in Fig. 3 dargestellten Flußflächen ($a\,\alpha$, $b\,\beta$ ... $e\,\varepsilon$) zeigt aber, daß die gewählte Annahme $a > b$ um so weniger zutrifft, je näher sich die einzelnen Flußflächen um die Turbinenachse konzentrieren, so daß schon aus diesem Grunde geschlossen werden muß, daß die Unterschiede zwischen dem Verlauf der isogonalen Trajektorie und der ersten Näherungskurve gegen die Laufradachse hin so groß werden, daß ihre unmittelbare Verwendbarkeit als Erzeugungskurve dieses inneren Teiles der Schaufelfläche ausgeschlossen erscheint.

Der Übersichtlichkeit und des besseren Vergleiches halber wurden auf den durch Fig. 10, 11 (Tafel I) und 12 (Seite 54) dargestellten Wulstflächen isogonale Trajektorien nach den durch die Gleichungen IV und IV a dargestellten Ausdrücken berechnet und diese in den beiden ersten Figuren sowohl im Aufriß als auch im Grundriß, in der letzten dagegen nur im Grundriß eingetragen und mit den römischen Ziffern (I, II, III usw.) bezeichnet. Die mit den arabischen Ziffern (1, 2, 3 usw.) bezeichneten Kurven stellen dann die auf den gleichen

Anfangspunkt 0 bezogenen durch die Gleichung II b
definierten ersten Näherungskurven vor, deren Verlauf aus der erwähnten Hilfskonstruktion bestimmt
wurde (siehe F g. 10b, 11b und 12a). Wie aus dem
Grundriß (10a und 11a) der beiden ersten Figuren
ersichtlich, ist wohl der Anschluß der ersten Näherungskurve an die isogonale Trajektorie anfänglich ein ganz
befriedigender, doch nimmt dieser im weiteren Verlaufe ganz erheblich ab.

Allerdings ist, wie ein Blick auf die Form der
durch Fig. 3 dargestellten Flußflächen zeigt, der
weitere Verlauf der ersten Näherungskurve über ihren
höchsten Punkt hinaus (Punkt 4 in Fig. 10a bzw.
Punkt 6 in Fig. 11a) für praktische Zwecke nicht
mehr maßgebend, doch deutet schon, wie aus dem
Grundriß zu ersehen ist, der steil verlaufende Kurvenast 3 4 bzw. 4 6 darauf hin, daß die Schnittwinkel
der ersten Näherungskurve mit den zugehörigen
Parallelkreisen immer mehr und mehr zunehmen,
um schließlich im höchsten Punkte derselben eine
Größe (ε) zu erreichen, welche mit Rücksicht auf den
verlangten Schnittwinkel (in Fig. 10, $\delta = 30°$; in
Fig. 11, $\delta = 45°$) den Verlauf der ersten Näherungskurve gegen das Ende hin für praktische Zwecke als
ungeeignet erscheinen läßt. Bei Berücksichtigung
des in den beiden ersten Figuren gewählten Radien-
verhältnisses der Wulstfläche ($a = 36$, $b = 12$), welches keinesfalls der aufgestellten Bedingung $a \gg b$
entspricht, konnte natürlich auch kein anderes Resultat
erwartet werden. Ändert man aber das Radienverhält-
nis der erwähnten Bedingung entsprechend, wie dies in
Fig. 12 (Seite 54) durchgeführt wurde ($a = 50$, $b = 5$,
$\delta = 45°$), so ersieht man sofort aus dem Grundriß,
daß sich die erste Näherungskurve nicht nur zu Be-

Fig. 10 u. 10 a.   Projektivische Darstellung der isogonalen
Trajektorie und deren Näherungskurven auf Wulstflächen.

Fig.

Druck und Verla

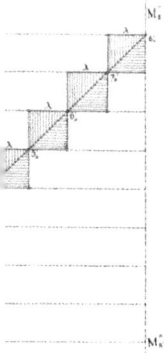

onstruktion.

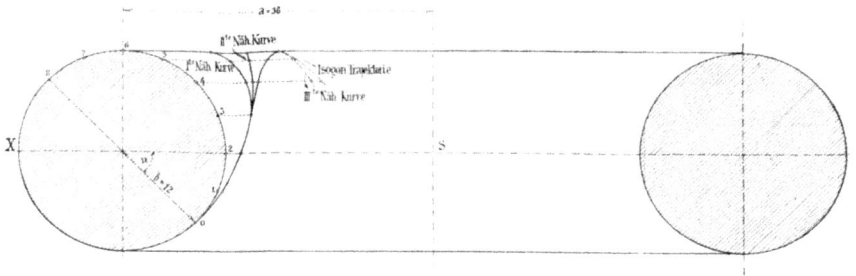

uktion.

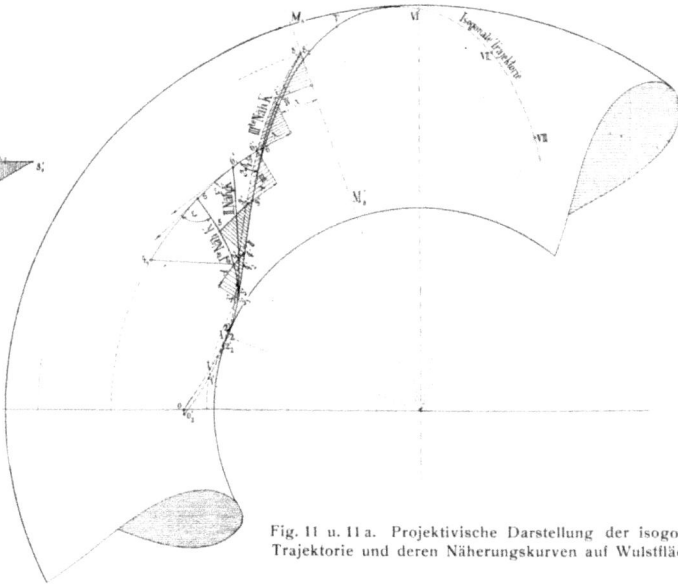

Fig. 11 u. 11 a. Projektivische Darstellung der isogonalen
Trajektorie und deren Näherungskurven auf Wulstflächen.

, München u. Berlin.

ginn, sondern auch bis zu ihrem höchsten Punkte
(Punkt 4) in befriedigender Weise an die isogonale
Trajektorie anschließt, was daher auch eine relativ
geringe Änderung des Winkels δ zur Folge hat. In
Fig. 12 ist der Schnittwinkel im höchsten Punkte
mit ε bezeichnet und seine geringe Vergrößerung
gegenüber dem verlangten Winkel ($\delta = 45^\circ$) wahr-
zunehmen.

Es ist nun vor allem die Aufgabe zu lösen, auch
auf jenen Flußflächen, welche sich in der Nähe der
Laufradachse befinden, und für welche die erste
Näherungskurve kein befriedigendes Resultat ergab,
ein Verfahren anzugeben, welches in einfacher Weise
die Konstruktion von Näherungskurven ermöglicht,
die sich auch in ihrem weiteren Verlaufe mit genügender Genauigkeit an die isogonale Trajektorie an-
schließen.

Zu diesem Zwecke werde folgende Überlegung
angestellt.

Der anfänglich befriedigende Anschluß der ersten
Näherungskurve an die isogonale Trajektorie rührt
offenbar davon her, daß beide in der Umgebung ihres
Anfangspunktes auf jenem Zylinderstück $0\,C_1\,C_2\,C_3$
(Fig. 10a, Tafel I) aufgewickelt gedacht werden können,
welches den durch den Anfangspunkt (0) bestimmten
Meridian zur Basis hat. Da nun, wie bekannt, die
isogonale Trajektorie einer Zylinderfläche eine Schraubenlinie, und das Entstehungsgesetz der ersten Näherungskurve mit dieser analog ist, so ist auch die anfänglich gute Übereinstimmung beider Kurven leicht
einzusehen. Je mehr sich aber die Parallelkreise der
Wulstfläche von den geraden Erzeugenden der ins
Auge gefaßten Zylinderfläche entfernen, desto größer
müssen natürlich auch die Abweichungen von der

isogonalen Trajektorie und mithin auch die Winkelverzerrungen werden.

Diese Überlegung gibt aber gleichzeitig den Weg
an, welcher zu beschreiten ist, um auch in dem

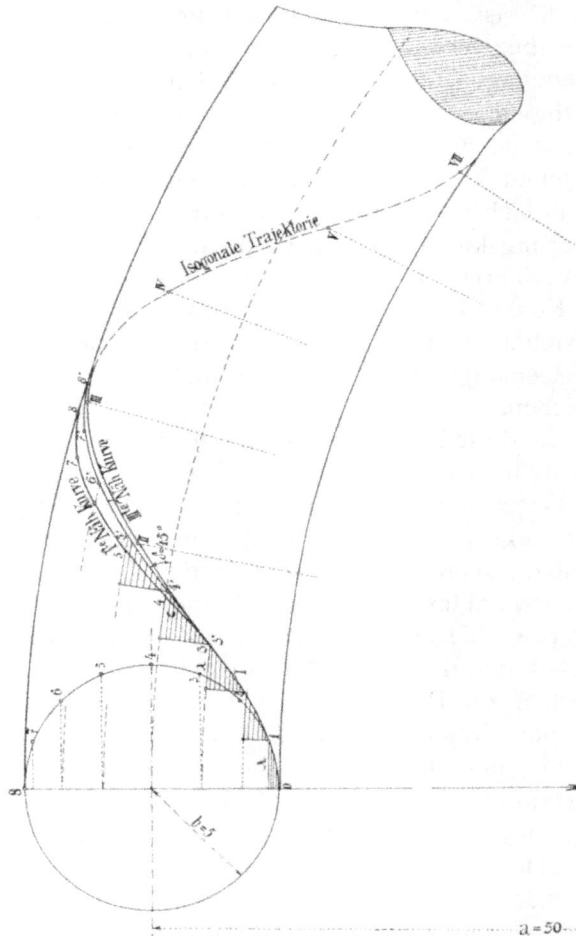

Fig. 12. Projektivische Darstellung der isogonalen
Trajektorien und deren Ersatzkurven auf Wulstflächen.

weiteren Verlauf der ersten Näherungskurve eine
bessere Übereinstimmung mit der isogonalen Trajektorie zu erzielen. Legt man daher einen neuen
Zylinder $(C_1' C_2' C_3' C_4')$ so, daß dessen Basisfläche
mit dem Meridian jenes Punktes der ersten Näherungskurve zusammenfällt, von welchem an die Abweichungen von der isogonalen Trajektorie so groß
werden, daß ihre Verwendbarkeit als Schaufelerzeugende unstatthaft erscheint (etwa Punkt 2, Fig. 10a),
so ist leicht ein-
zusehen, daß, falls
von dieser neuen
Basisfläche $(C_3' C_4')$
an jene durch
Fig. 10 b mit λ_2
und s_1 bezeichneten
Stücke auf den zu-
gehörigen Parallel-
kreisen in Fig. 10a
übertragen werden,
ein neuer Kurven-
ast $(2\ 3_1'\ 4_1')$ ge-
wonnen wird, wel-
cher sich aus den
gleichen Gründen wie früher erörtert, in besserer
Übereinstimmung mit der isogonalen Trajektorie
befinden muß. Diese gewonnene neue Kurve, welche
bis zum Punkte 2 mit der ersten Näherungskurve
übereinstimmt, von dort aber den eingetragenen Verlauf $(2\ 3_1'\ 4_1')$ nimmt, soll von nun an kurzweg mit dem
Ausdruck „zweite Näherungskurve" bezeichnet
werden. Da dem Dreiecke $(F\ 2_0'\ 4_0')$ (Fig. 10b), welches
die Strecken λ_2 und s_1 enthält, im weiteren Verlaufe
der Untersuchungen noch eine wichtige Rolle zu-

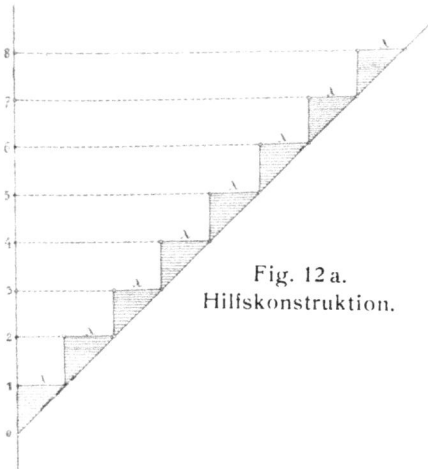

Fig. 12 a.
Hilfskonstruktion.

gewiesen wird, so soll es von nun an der Einfachheit halber als „Fehlerdreieck" bezeichnet werden.

Für einige Fälle der Praxis erscheint es manchmal
wünschenswert, das Entstehungsgesetz der zweiten
Näherungskurve auf jenes der ersten zurückzuführen,
weshalb noch folgende Überlegung angefügt werden
soll. Trägt man, entsprechend dem Vorgange der
zeichnerischen Darstellung der ersten Näherungskurve, das in Fig. 10 b mit l bezeichnete Stück $2_0 \, 2_0{'}$
von c aus auf jenen Parallelkreis auf, welcher dem
Punkte 2 angehört (siehe Aufriß, Fig. 10), so erhält
man, wie schon erwähnt, den gesuchten Punkt 2 der
ersten Näherungskurve. Das gleiche Stück l auf den
den Punkten 3 bzw. 4 zugehörigen Parallelkreisen aufgetragen, führt zu den Punkten d_1 und e_1, welche
aber, wie auf Fig. 10 a ersichtlich, um die Strecke
z_1 bzw. z von der Basisfläche ($C_3{'} \, C_4{'}$) des gewählten
Zylinders entfernt sind. Da nun, wie schon erwähnt,
die letztere der Konstruktion der zweiten Näherungskurve zugrunde gelegt wurde, so stellen z bzw. z_1
die Verkürzungen vor, welche die erste Näherungskurve dadurch erlitten hat, daß das in
Fig. 10 b dargestellte Stück l auf Kreisen von
verschiedenen Halbmessern aufgewickelt
wurde.

Schneidet man in der geschilderten Weise auf
jedem der zwischen e und c liegenden Parallelkreise die gleiche Strecke l ab, so wird man finden,
daß die Endpunkte derselben mit großer Annäherung
in die Gerade $2 \, e_1$ (Fig. 10 a) fallen.[1]) Es gibt daher

---

[1]) Mit voller Schärfe ausgedrückt liegen diese auf dem Ast einer hyperbolischen Spirale, welche zur Achse $S \, X$ (Fig. 10 a) asymptotisch verläuft.
Es sind nämlich unter ϱ und q die in Fig. 10 a eingetragenen Polarkoordinaten
verstanden :
$$\varrho \, q = l = C.$$

die von dem Kreisbogen $\overset{\frown}{f\,e_1}$ und den beiden Geraden
$\overline{f\,2}$ und $\overline{e_1\,2}$ eingeschlossene Fläche ($2\,f\,e_1$) das Maß
aller jener Verkürzungen an, welche die erste Nähe-
rungskurve auf dem Wege von 2 bis 4 erleidet.
Überträgt man daher diese Strecken z, z_1 usw. derart
in die durch Fig. 10b angegebene Hilfskonstruktion,
daß die dem Punkte 3 bzw. 4 entsprechenden Ver-
kürzungen z_1 bzw. z_2 dem Strahle $3_0\,3_0{}'$ bzw. $4_0\,4_0{}'$
in der gezeichneten Weise angefügt werden, so geben,
da Punkt 2 keine Verkürzungen aufweist, die zur
Geraden $2_0\,2_0{}'$ gezogenen Parallelstrahlen bis zum
Schnittpunkt mit der Verbindungslinie $4_0{}''\,3_0{}''\,2_0$ verlängert die korrigierten Bogenlängen L an. Überträgt
man diese in gleicher Weise wie früher in den
Grundriß, indem man z. B. L von d (Fig. 10a) aus
aufträgt, so ergeben die Endpunkte dieser Strecken
L (z. B. $3_1{}'$) verbunden ebenfalls die verlangte zweite
Näherungskurve. In dieser Weise ist also tatsächlich
die Möglichkeit gegeben, das zur Bestimmung der
ersten Näherungskurve benutzte zeichnerische Verfahren mit jenem der zweiten Näherungskurve in
Übereinstimmung zu bringen.

Was nun den Verlauf der zweiten Näherungs-
kurve ($1\ 2\ 3_1{}'\ 4_1{}'$) anbelangt, so zeigt diese sowohl
im Grundriß als auch im Aufriß (Fig. 10 und 10a)
schon einen erheblich besseren Anschluß an die
isogonale Trajektorie. Allerdings lehrt ein Blick auf
die Fig. 11 und 11a, welche den Verlauf einer
isogonalen Trajektorie wohl für dasselbe Radienver-
hältnis, aber für einen anderen Schnittwinkel ($\vartheta = 45^0$)
darstellt, daß auch der letztere einen nicht unbedeu-

Unter C die konstante Länge der Strecke l verstanden. Dieser Ausdruck
stellt aber die Polargleichung einer hyperbolischen Spirale vor. Für diese
läßt sich nun zeigen, daß für große Werte von ϱ auch der Krümmungshalb-
messer rasch zunimmt.

tenden Einfluß auf den Anschluß der zweiten Näherungskurve an die isogonale Trajektorie nimmt. Wie
aus dem Grundriß (Fig. 11a) ersichtlich, weicht der
im höchsten Punkte $6_1'$ erhaltene Schnittwinkel (ε_1)
der zweiten Näherungskurve mit dem zugehörigen
Parallelkreise in solch beträchtlichem Maße von dem
verlangten Winkel ($\delta = 45^0$) ab, daß das für die Praxis
zulässige Maß der Fehlergrenze als erheblich überschritten angesehen werden muß. Diese Erkenntnis
im Vereine mit der Tatsache, daß die Übertragung
langer Strecken auf Kreisbögen nicht nur mit Um-
ständlichkeiten sondern erfahrungsgemäß auch mit
oft nicht unbedeutenden Fehlern verknüpft ist, läßt
die Behauptung gerechtfertigt erscheinen, daß auch
die zweite Näherungskurve noch solche Mängel aufweist, daß ihre unmittelbare Verwendbarkeit besonders
für steile Winkel und der Laufradachse sehr nahe an-
geordnete Flußflächen unstatthaft erscheint.

Auf Grund des über die Benutzung eines Fehlerdreieckes Gesagten unterliegt es nun aber keinen
Schwierigkeiten, die zeichnerische Darstellung einer
neuen Kurvenschar aufzufinden, welche infolge ihres
einfachen Entstehungsgesetzes nicht nur das zeitraubende Übertragen langer Strecken auf Kreisbögen
überflüssig macht, sondern auch infolge ihrer beliebig
genauen Annäherung an die isogonale Trajektorie
einen für alle praktisch vorkommenden Fälle
vollständig genauen Ersatz der letzteren bietet.

Versieht man zu diesem Behufe den im Aufriß
(Fig. 10) dargestellten Meridian von dem in die
Bildebene gedrehten Anfangspunkt der isogonalen
Trajektorie (Punkt 0) an mit einer gleichen Teilung
(0, 1, 2, 3 usw.) und trägt dieselbe auf den zu dem
einen Schenkel ($\overline{0_0 X_0}$) des verlangten Winkels δ

normal stehenden Strahl von 0_0 (Fig. 10 b) aus auf
(1_0, 2_0, 3_0 usw.), so ist nur erforderlich die zu 0_0 X_0^-
parallelen Strahlen (1_0 $1_0'$, $\overline{2_0\,2_0'}$ usw.) zu ziehen, um
sowohl im Grundriß als auch im Aufriß Form und
Lage dieser neuen Kurve, welche als die „d r i t t e
N ä h e r u n g s k u r v e" bezeichnet werden soll, bestimmen zu können.

Da Punkt 1 auf den im Aufriß mit r_1 bezeichneten Parallelkreishalbmesser liegen muß, so ist zu
diesem Behufe das in Fig. 10 b durch 1_0 $1_0'$ dargestellte Stück λ im Bogenmaße auf den im Grundriß durch r_1 bestimmten Parallelkreis von dem durch
0 gelegten Anfangsmeridian $0\,C_3$ zu übertragen, um
den ersten Punkt der dritten Näherungskurve (Punkt 1)
zu erhalten. Wie ersichtlich, ist der bisher eingehaltene
Vorgang mit jenem zur Bestimmung der ersten Näherungskurve vollkommen identisch. Erst von diesem
Punkte an findet eine Abweichung des früher eingehaltenen Vorganges statt, welcher nun darin besteht,
daß nicht wie vordem die Länge l (Fig. 10 b) auf
dem durch r_2 im Grundriß bestimmten Parallelkreise
vom Anfangsmeridian $0\,C_3$, sondern vielmehr das
Stück λ_1 (Fig. 10 b) vom Schnittpunkt a_1 des durch
1 im Grundriß gelegten neuen Meridianes $M_1\,M_1'$ aus
mit dem dem Punkte 2 zugehörigen Parallelkreise (r_2)
auf diesem aufgetragen wird. Der Endpunkt von λ_1
gibt dann den gesuchten Punkt 2' der dritten Näherungskurve an. Was nun die Größe von λ_1 anbelangt,
so ergibt sich diese, wie aus Fig. 10 b ersichtlich ist,
in der Weise, daß durch Punkt $1_0'$ eine Parallele zu
$0_0\,8_0$ gezogen wird. In gleicher Weise findet man
auch die Strecken λ_2, λ_3 . . . λ_7. Da entsprechend
dem Entstehungsgesetze der isogonalen Trajektorie
der Winkel ϑ seine Größe nicht ändert, so sind auch

bei gleichgewählter Meridianteilung die in der Hilfs-
konstruktion durch λ, λ_1, λ_2 . . . λ_7 dargestellten
Strecken einander gleich, so daß:

$$\lambda = \lambda_1 = \lambda_3 = \ldots = \lambda_7$$

gesetzt werden kann.

Wiederholt man den angeführten Vorgang, indem
man, wie früher, den durch Punkt 2' bestimmten
Meridian $M_2 M_2'$ zieht und vom Schnittpunkt α_2 desselben mit dem durch r_3 (Fig. 10 u. 10a) bestimmten
Parallelkreis auf diesem die Strecke $\lambda_2 = \lambda$ überträgt,
so erhält man den Punkt 3' der dritten Näherungs-
kurve. Schließlich gibt bei oftmaliger Anwendung
des geschilderten Verfahrens die Verbindungslinie der
Endpunkte der erwähnten Strecken λ eine Kurve
(0 1 2' 3' . . bis 8') (Fig. 10a), welche wie auch aus
Fig. 11 a und 12 ersichtlich ist, einen in jeder Hinsicht
für die Praxis genügend genauen Anschluß an die
isogonale Trajektorie gewährleistet.

Was aber die dritte Näherungskurve für
ihre praktische Benutzung als Erzeugende
des Schaufelprofils besonders wertvoll macht,
ist der Umstand, daß nicht nur ihr Entstehungsgesetz ein höchst einfaches ist, sondern sich
auch ihre Horizontalprojektion ohne große
Mühe und Zeitaufwand bestimmen läßt. Das
Aufzeichnen derselben erfordert nur die Kenntnis der Strecken λ, weshalb sich auch die Hilfskonstruktion nur auf die Ermittlung dieser
Größen zu beschränken hat. Das schon eingangs erwähnte zeitraubende Übertragen
großer Strecken auf Kreisbögen, welches sowohl bei der ersten, als auch der zweiten
Näherungskurve erforderlich war und meist

Ursache von Fehlern ist, entfällt hier vollständig, da λ durch eine entsprechend kleine
Teilung des Meridians beliebig verkleinert
werden kann. Da aber, wie leicht einzusehen,
die Annäherung der dritten Näherungskurve
an die isogonale Trajektorie um so vollkommener wird, je kleiner die Teilstücke 1 2, 2 3
usw. gewählt werden, so hat man dadurch ein
Mittel an der Hand, beide Kurvenäste in beliebig genauen Anschluß zu bringen, so daß
in diesem Falle die beiden Kurvengattungen
für die Praxis genügend genau als identisch
angesehen werden können.

Es erübrigt jetzt noch, das Entstehungsgesetz
der dritten Näherungskurve auch geometrisch zu er-
klären.

Trägt man den zur Bestimmung des Punktes 1
erforderlichen Bogen λ (Fig. 10a und 10b) vom
Anfangsmeridian 0 C_3 auf den durch die Punkte 2,
3 usw. bestimmten Kreisbögen im Grundriß (Fig. 10a)
auf, so liegen, wie schon früher erwähnt, die Endpunkte desselben mit großer Annäherung auf der
Geraden 1 g.   Legt man anderseits durch Punkt 1
der dritten Näherungskurve den Meridianschnitt $M_1 M_1'$
so schneidet 1 g und $M_1 \bar{M_1'}$ auf dem durch Punkt 2'
gelegten Parallelkreis ein kleines Stück μ (Fig. 10a)
ab.   Dieses drückt nun jenen Zuwachs des Bogens λ
aus, welcher erforderlich ist, um die Unterschiede
der mit verschiedenen Durchmessern gezogenen
Parallelkreise derart auszugleichen, daß, ähnlich wie
bei der Konstruktion der zweiten Näherungskurve
auseinander gesetzt, die Meridianfläche $M_1 M_1'$ wieder
als Basis eines entsprechend niedrig gedachten Zylinders aufgefaßt werden darf.   Da nun in der Um-

gebung eines solchen die Annäherung an die isogonale Trajektorie, wie schon gezeigt, eine sehr befriedigende ist, so ist daher nur notwendig, von der
Basisfläche $M_1 M_1'$ dieses Zylinders die Strecke $\lambda' = \lambda$
aufzutragen, um den Punkt 2' der dritten Näherungs-
kurve zu erhalten. Da sich, wie früher angegeben,
das für einen Punkt geschilderte Verfahren immer
wiederholt, so läßt sich die geometrische Deutung
desselben auch in der Weise formulieren, daß die in
Betracht gezogene Wulstfläche durch Meridianschnitte
$\overline{M_1 M_1'}$ $\overline{M_2 M_2'}$ usw. (Fig. 10a) in einzelne **Wulstsektoren** ($0 \overline{C_3 M_1 M_1'}$ usw.) geteilt wird. **Letztere
können bei genügend naher Aufeinanderfolge
der Meridianschnitte als Zylinder von der
Höhe λ aufgefaßt werden.** Da nun jeder Zylinder
abwickelbar ist, und auf den abgewickelten Zylinderflächen die isogonalen Trajektorien als gerade Linien
erscheinen, so ist auch die Hilfskonstruktion (Fig. 10b)
ohne weiteres verständlich.[1]) Die Dreiecke $0_0 1_0 \overline{1_0'}$;
$\overline{f_1 2_0'} 1_0'$; $f_2 3_0' 2_0'$ usw. treten nun an die Stelle des
bei der Konstruktion der zweiten Näherungskurve
erwähnten **einen** Fehlerdreiecks ($F 2_0' 4_0'$) und erscheinen in der Horizontalprojektion (Fig. 10a) auf
ihren zugehörigen Wulstsektoren bzw. Zylinderabschnitten in der durch konzentrische Schraffierung
gekennzeichneten Lage ($0 \alpha 1$, $0 \alpha_1 2'$, $2' \alpha_2 3'$ usw.);
und da die dem rechten Winkel gegenüberliegenden
Ecken derselben Kurvenpunkte der dritten Näherungs-

---

[1]) Daraus folgt auch unmittelbar, daß zur Konstruktion der dritten
Näherungskurve statt der Fehlerdreiecke $0_0 1_0 1_0'$, $1_0' F_1 2_0$ usw. auch die Er-
gänzungsfehlerdreiecke benützt werden können, wie diese in Fig. 11b (Tafel I)
durch horizontale Schraffierung gekennzeichnet wurden. In diesem Falle erscheint die Lage der Fehlerdreiecke im Grundriß gegenüber dem ersterwähnten Falle um 180^0 verdreht. Im weiteren Verlaufe der Untersuchungen wird
diese Tatsache und deren Bedeutung noch eingehender besprochen werden.

kurve vorstellen, so kann die Konstruktion derselben in rein graphischem Sinne auch aufgefaßt werden als die Horizontalprojektion einer
Schar von Fehlerdreiecken ($0_0\,1_0\,1_0{}'$ usw.), welche
in der gezeichneten Reihenfolge auf entsprechend klein gewählten Wulstsektoren bzw.
Zylinderabschnitten aufgewickelt wurden.[1])

Es ist jetzt noch zu untersuchen, ob die angegebenen Näherungskurven auch im Raume einen befriedigenden Anschluß an die isogonale Trajektorie
gewährleisten. Zu diesem Zwecke wurden sowohl
die ersteren als auch die letztere im Aufriß (Fig. 10
und 11) der Wulstfläche eingetragen. Wie nicht
anders zu erwarten, zeigt auch hier wieder die erste
Näherungskurve einen von der isogonalen Trajektorie
erheblich abweichenden Verlauf, während, wie ersichtlich, die zweite schon einen besseren Anschluß gestattet. Am vollkommensten ist dieser bei der dritten
Näherungskurve. Dort findet im ganzen zur Konstruktion des Schaufelprofiles erforderlichen Kurvenast
ein solch enger Anschluß statt, daß die Unterschiede zwischen der isogonalen Trajektorie
und der dritten Näherungskurve mit den zeichnerischen Hilfsmitteln überhaupt nicht mehr
in klarer Form darzustellen sind.

Da bei Konstruktion des Schaufelprofiles für
Schnelläufer häufig der Fall eintritt, daß der Anfangs-
punkt der dritten Näherungskurve bzw. der isogonalen
Trajektorie nicht mit dem kleinsten Parallelkreis $0\,S$
(Fig. 10) der Wulstfläche zusammenfällt, wurde in
Fig. 11 die Anordnung so gewählt, daß der erwähnte

---

[1]) Selbstverständlich ist diese Aufwickelung auf Wulstflächen nicht
dem analytischem Sinne nach zu verstehen, da ja die betrachteten Wulstflächen zu den nicht developablen Flächen zu zählen sind.

Anfangspunkt 0 um den Winkel u (Fig. 11) gegen den
kleinsten Parallelkreisdurchmesser verdreht erscheint.
Dies hat, wie aus dem Grundriß (Fig. 11a) ersichtlich, zur Folge, daß auf dem unteren Teile der Wulstfläche die Lage der Fehlerdreiecke in bezug auf die
dritte Näherungskurve um 180^0 gegenüber jener auf
der oberen Hälfte verdreht erscheint. Im Verlaufe
der weiteren Untersuchungen wird Gelegenheit sein,
eingehender darauf zurückzukommen.

In gleicher Weise wie bisher der Anfangspunkt 0
der isogonalen Trajektorie mit jenem der dritten
Näherungskurve zur Deckung gebracht wurde, könnte
nun auch ein beliebiger Punkt der ersteren dazu benutzt werden; so beispielsweise Punkt E (Fig. 10a).
Wollte man daher umgekehrt vom Punkte E der
isogonalen Trajektorie, den entgegengesetzten Weg
einschlagend, zum Anfangspunkt 0 der letzteren gelangen, so ist nach den gleichen Regeln, wie früher
angegeben, die Horizontalprojektion ($E E'_{,6}$ usw.) der
in Fig. 10b dargestellten Fehlerdreiecke zu bestimmen. Mithin ergibt sich in E' der gesuchte Punkt
der dritten Näherungskurve, der auch hier wieder
zeichnerisch vollkommen mit jenem der isogonalen
Trajektorie zusammenfällt. Bemerkenswert aber ist
es, daß sich bei Beschreitung des verkehrten Weges
auch hier die Lage der Fehlerdreiecke um 180^0 verdreht hat. Dies hat aber zur Folge, daß auch die
Abweichungen der dritten Näherungskurve von der
isogonalen Trajektorie im entgegengesetzten Sinne
erfolgen müssen. War also im früheren Falle die
erstere gegenüber der zweiten verkürzt, so ist hier
das Umgekehrte der Fall.

Daraus ist aber weiter der Schluß zu ziehen,
daß sich bei symmetrischer Anordnung der dritten

Näherungskurve in bezug auf die Achse SX (Fig. 10 und 11) Verkürzungen und Verlängerungen gegenseitig aufheben.

In Fig. 11a ist schließlich der Endpunkt 8′ der dritten Näherungskurve (0 1 2′ 3′ bis 8′) als Anfangspunkt einer neuen angesehen worden, deren Ausgangsrichtung ($8_2′ 7_2′$ bis $0_2′$) bei gleichem Schnittwinkel ($\vartheta = 45^0$) der früheren entgegengesetzt gewählt wurde. Wären beide Kurven isogonale Trajektorien, so müßten sie sich nicht nur vollkommen decken, sondern auch der frühere Anfangspunkt derselben (Punkt 0) mit dem neuen Endpunkt $0_2′$ zusammenfallen. Der Charakter der beiden Kurven als Näherungskurven macht es nun wohl leicht erklärlich, daß diese Bedingung nur annäherungsweise erfüllt sein kann. Ein Blick auf den Grundriß (Fig. 11a) zeigt aber eine so geringe Abweichung des Kurvenanfanges vom Kurvenende ($\overline{0\,0_2′}$), daß für praktische Zwecke der Ausgangspunkt der dritten Näherungskurve als vollkommen belanglos anzusehen ist.

Diese bemerkenswerte Tatsache gibt aber einen neuen Beweis von der vielseitigen Verwendbarkeit der dritten Näherungskurve, da durch sie das für praktische Zwecke äußerst wichtige Problem gelöst erscheint, das Entwerfen der Schaufelfläche entweder von der Ein- oder Austrittskante aus beginnen zu können, ohne die Genauigkeit des Schaufelprofiles dadurch zu beeinträchtigen.

Im Verlaufe der weiteren Untersuchungen wird von dieser wichtigen Eigenschaft noch mehrfach Gebrauch gemacht werden.

Fig. 12 (Seite 54), welche einer Wulstfläche mit den Bestimmungsgrößen $a = 50$, $b = 10$ — also eine von der Laufradachse entfernt liegenden Flußfläche darstellt, zeigt nebst der schon besprochenen ersten Näherungskurve (0 1 2 3 bis 8), welche aus den schon erwähnten Gründen einen besseren Anschluß an die isogonale Trajektorie (I, II, III bis VI) gewährleisten muß, noch die dritte Näherungskurve 1′, 2′, 3′ bis 8′), deren Verlauf mit Hilfe der durch Schraffierung gekennzeichneten Fehlerdreiecke aus Fig. 12 a bestimmt wurde.

Auch diese zeigt innerhalb ihres Geltungsbereiches (Punkt 0 bis Punkt 4′) einen so vollkommenen Anschluß an die isogonale Trajektorie, daß die geforderte Winkelgleichheit ($\delta = 45^0$) selbst in theoretischer Hinsicht fast vollkommen erhalten bleibt.

Wenn daher schließlich noch berücksichtigt wird, daß von der vollendeten Laufradzeichnung bis zum fertig gegossenen und appretierten Laufrade noch ein weiter Weg zurückzulegen ist, und auf jeder Strecke desselben mit menschlichen Hilfsmitteln gerechnet werden muß, die in ihrer Unvollkommenkeit, Ausführungsfehler, auch bei peinlichster Genauigkeit, unvermeidlich machen, so ist es wohl erklärlich, daß die durch die angegebene Konstruktion erhaltenen Unterschiede gegenüber den erwähnten unvermeidlichen Ausführungsfehlern als verschwindend klein nicht weiter in Betracht kommen können.

Ferner darf nicht übersehen werden, daß die Laufrad-Ein- und Austrittswinkel im allgemeinen voneinander verschieden sind.

Daraus folgt daher anderseits, daß jede Wasserlinie im allgemeinen aus zwei ver-

schiedenen isogonalen Trajektorien bestehen
muß, die sich auf ihrer zugehörigen Flußfläche in einem Punkte schneiden. Es ist daher selbstverständlich, daß an dieser Stelle
eine Übergangskurve so eingeschaltet werden
muß, daß das Wasser längs der einen isogonalen Trajektorie fließend, durch einen
sanften Übergangsbogen in die andere übergeführt wird. Schon aus diesem Grunde wäre
— abgesehen von allen sonstigen zeichnerischen Nachteilen — die Konstruktion der genauen isogonalen Trajektorie für praktische
Bedürfnisse vollkommen zwecklos.

Es wird sich jetzt noch vor allem darum handeln,
auch auf Kegelflächen die Konstruktion von Näherungskurven zu ermitteln, welche bei entsprechender
Genauigkeit eine für die Praxis befriedigende Übereinstimmung mit der isogonalen Trajektorie ergeben.

2. Näherungsverfahren zur Bestimmung der
auf Kegelflächen liegenden isogonalen Trajektorien und die Anwendung des sog. Fehlerdreieckes.

Nach den im mathematisch-geometrischen Teile
dieser Abhandlung aufgestellten Untersuchungen wurde
die Gleichung der auf der abgewickelten Kegelfläche
befindlichen isogonalen Trajektorien gefunden zu:

$$\varrho = r_1 e^{\operatorname{tg} \delta \cdot \varphi} \quad \ldots \ldots V.$$

Formel V stellt, wie erwähnt, die Gleichung einer
logarithmischen Spirale vor. Da es aber für vorliegende Zwecke nicht nur höchst umständlich, sondern auch in Hinblick auf die für Wulstflächen angegebene Näherungskonstruktion sehr unzweckmäßig

5*

wäre, Gleichung V der Konstruktion des Schaufelprofiles zugrunde zu legen, so muß vielmehr getrachtet werden, eine Näherungskonstruktion zu er-
sinnen, welche sich mit jener für die auf Wulstflächen
zur Bestimmung der dritten Näherungskurve angegebenen in guter Übereinstimmung befindet.

Zu diesem Behufe werde nach den Grundsätzen
der Analysis der Ausdruck $e^{\,\mathrm{tg}\,\delta\,\cdot\,\varphi}$ unter der Voraussetzung, daß δ den konstanten Schnittwinkel der
logarithmischen Spirale mit den Parallelkreisen der
Kegelfläche und φ den variablen Polwinkel bedeutet,
in eine Reihe entwickelt. Dann ist:

$$e^{\,\mathrm{tg}\,\delta\,\cdot\,\varphi} = 1 + \frac{\mathrm{tg}\,\delta\cdot\varphi}{1} + \frac{\mathrm{tg}^2\,\delta\cdot\varphi^2}{1\cdot 2} + \frac{\mathrm{tg}^3\,\delta\cdot\varphi^3}{1\cdot 2\cdot 3} + \cdots$$

Vernachlässigt man jene Glieder, welche φ in
höherer als der ersten Potenz enthalten und führt
den dadurch erhaltenen Näherungswert in Gleichung V
ein, so ergibt sich:

$$\varrho = r_1\,(1 + \mathrm{tg}\,\delta\cdot\varphi)\;.\;\;.\;\;.\;\;.\;\;.\;\;\mathrm{V\,a}$$

Die dadurch gewonnene Näherungsgleichung Va
stellt aber eine archimedische Spirale vor, deren
Anfangspunkt sich auf einem Kreise vom Halbmesser r_1
befindet und da, wie gleich gezeigt werden soll, derselben ein Entstehungsgesetz zugrunde gelegt werden kann, welches mit jenem für die dritte Näherungskurve abgeleiteten in Übereinstimmung zu bringen
ist, so gibt dieselbe auch den Weg an, welcher eingeschlagen werden muß, um zu genauen Näherungskurven zu gelangen.

Zu diesem Behufe wurde in den Fig. 13, 13a u.
13b (Seite 69) sowohl im Auf- und Grundriß, als auch
in der Abwicklung ein Kegelstumpf (c d e f) dargestellt,

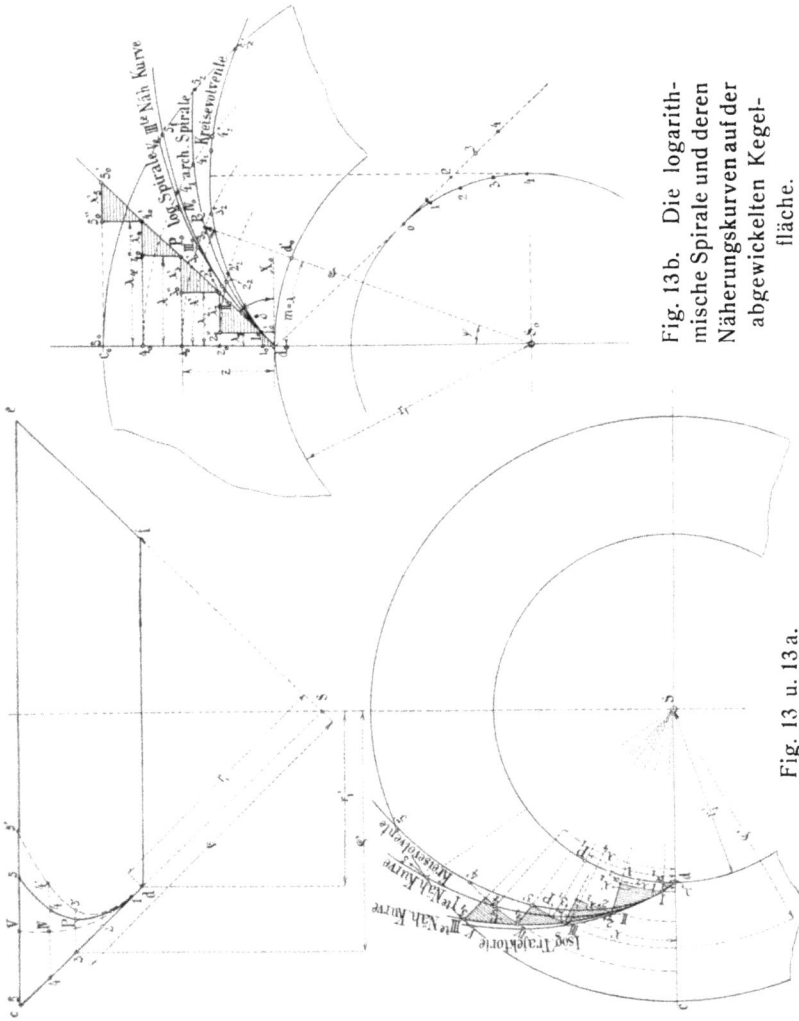

Fig. 13b. Die logarith-
mische Spirale und deren
Näherungskurven auf der
abgewickelten Kegel-
fläche.

Fig. 13 u. 13a.

Projektivische Darstellung der isogonalen Trajektorie
und deren Näherungskurven auf Kegelflächen.

auf welchem in der Abwicklung (Fig. 13 b) eine logarithmische Spirale ($d_0\,I_0\,II_0$ bis V_0) nach Gleichung V
berechnet und gezeichnet und hernach auf dem Kegelstumpf im Auf- und Grundriß übertragen wurde
($d\,I\,II$ bis V).

Überträgt man sinngemäß das auf Wulstflächen
angewendete Verfahren auch auf Kegelflächen, d. h.
zieht man also wieder durch den Schnittpunkt d_0
des verlangten Schnittwinkels δ einen Normal-
strahl $S_0\,c_0$ (Fig. 13 b) und trägt von d_0 aus
die im Aufriß ersichtlich gemachten Teilstrecken
($d\,1$, 12, 23 usw.) in gleicher Größe auf ($d_0\,1_0$, $1_0\,2_0$
$2_0\,3_0$ usw., so sind dem früheren Vorgange entsprechend die zu $d_0\,X_0$ parallelen Strahlen $1_0\,1_0'$,
$2_0\,2_0'$ bis $5_0\,5_0'$) zu ziehen. Überträgt man nun beispielsweise das dem Punkte P_0 entsprechende Stück
(λ) (Fig. 13 b) im Grundriß in der Weise, daß, wie
aus Fig. 13 a ersichtlich, die Strecke λ auf jenem
Kreisbogen (r_1') aufgetragen erscheint, welcher dem
gewählten Anfangspunkt der Näherungskurve entspricht und der hier der Übersichtlichkeit halber mit
jenem der isogonalen Trajektorie in Übereinstimmung
gebracht wurde, so gibt der durch S gezogene Radius
bis zum Schnitte mit jenem Kreisbogen (ϱ'), auf
welchem sich der gewählte Punkt P im Aufriß befindet, verlängert, einen Punkt der gesuchten Näherungskurve an, welch letztere entsprechend dem bei
Wulstflächen eingehaltenen Vorgange als die e r s t e
N ä h e r u n g s k u r v e bezeichnet werden soll.

Wiederholt man das angegebene Verfahren für
die Punkte 1_0, 2_0 bis 5_0 (Fig. 13 b), indem man im
Grundriß die diesen Punkten entsprechenden Strecken
λ_1, λ_2 bis λ_5 von d aus auf den durch r_1' bestimmten
Kreisbogen überträgt, so ergeben die Schnitte der

den Punkten 1, 2, 3 bis 5 zugehörigen Kreisbögen
mit den entsprechenden aus S gezogenen Radialstrahlen weitere Punkte (1, 2 bis 5) der ersten Näherungskurve.

Es läßt sich nun sehr leicht zeigen, daß diese
nach dem angegebenen Verfahren erhaltene erste
Näherungskurve in ihrer Abwicklung eine archimedische Spirale von der durch Gleichung Va
definierten Form darstellt.

Zu diesem Behufe ist vor allem die Näherungskurve (1 2 bis 5) (Fig. 13 und 13 a) in die Kegel-
abwicklung (Fig. 13 b) zu übertragen. Dies kann
nun in der Weise geschehen, daß eine der Kegelerzeugenden — etwa $c\,S$ in der durch Fig. 13 b
dargestellten Weise ($c_0\,S_0$) in die Zeichenebene um-
gelegt wird. Um beispielsweise die Lage des
Punktes P in der Abwicklung zu finden, ist nur
erforderlich, den im Grundriß mit λ' bezeichneten
Kreisbogen, welcher den Abstand der durch P gelegten Erzeugenden von $c\,S$ angibt, in abgewickeltem Zustande darzustellen. Beschreibt man
daher mit der wahren Länge (ϱ) der Erzeugenden $P\,S$,
welche sich ohne weiteres aus dem Aufriß ergibt,
als Halbmesser durch S_0 einen Kreisbogen, und überträgt auf diesem von 3_0 aus das Stück λ' (Fig. 13 b),
so gibt das Ende desselben (Punkt P_2) einen Punkt
der abgewickelten ersten Näherungskurve an. Wiederholt man das angegebene Verfahren für die übrigen
Punkte (1 2 bis 5), so erhält man dadurch die in die
Ebene abgewickelte erste Näherungskurve ($d_0\,2_2\,3_2$
bis 5_2). Werden nun dem Punkte P die veränderlichen Koordinaten ϱ und φ beigelegt und außerdem
das in Fig. 13 b durch die Punkte d_0 und d_0' bestimmte Bogenstück mit m bezeichnet, so folgt unter

Zugrundelegung der in diesen Figuren noch eingetragenen Bezeichnungen:

$$\lambda' : m = \varrho : r_1$$
$$\varrho : r_1 = \varrho' : r_1' = \lambda' : \lambda$$

daher auch:

$$\lambda' : m = \lambda' : \lambda$$

folglich:

$$m = \lambda.$$

Da aber nach Fig. 13 b

$$\lambda = r_1 \, \varphi = z \, \text{ctg} \, \delta = (\varrho - r_1) \, \text{ctg} \, \delta,$$

so folgt unmittelbar:

$$\varrho = r_1 \, (1 + \text{tg} \, \delta \, \varphi).$$

Diese Gleichung besagt aber, daß unter Zugrundelegung des geschilderten Entstehungsgesetzes
als erste Näherungskurve tatsächlich eine archimedische Spirale von genau der gleichen Form
hervorgeht, wie diese unmittelbar aus der Gleichung der logarithmischen Spirale (V) durch
Reihenentwicklung gewonnen wurde (Va). Im
Auf- und Grundriß ist diese durch (d 1 2 bis 5)
(Fig. 13 u. 13a) und in Fig. 13b in der Abwick-
lung durch (d_0 2_2 3_2 bis 5_2) dargestellt. Ebenso wurde
des Vergleiches halber außer der genauen isogo-
nalen Trajektorie auch die bisher zur Ausbildung der
Schaufelenden benutzte Kreisevolvente (d 2' 3' bis 5')
im Auf- und Grundriß eingetragen und in der Ab-
wicklung mit (d_0 $2_2'$ $3_2'$ bis $5_2'$) bezeichnet. Ein kurzer
Vergleich dieser Kurvengattungen zeigt, daß schon
die als erste Näherungskurve bezeichnete archimedische Spirale an die theoretisch geforderte logarithmische Spirale einen besseren Anschluß gewährleistet als die bishere benutzt Kreisevolvente. Im
weiteren Verlaufe dieser Untersuchungen wird sich

noch Gelegenheit ergeben, eingehender darauf zurückzukommen.

Da die Einführung des sog. Fehlerdreieckes bei
Bestimmung von Näherungskurven der auf Wulstflächen liegenden isogonalen Trajektorien ein äußerst
fruchtbringendes Ergebnis lieferte, so liegt der Gedanke nahe, diesen Vorgang auch auf Kegelflächen
zu übertragen.

Zieht man daher, entsprechend dem früher eingehaltenen Vorgange, durch die auf dem einen Schenkel
des Winkels δ befindlichen Punkte ($1_0'$ $2_0'$ $3_0'$ usw.)
die zum Strahle S_0 c_0 parallelen Strahlen ($1_0'$ $2_0''$,
$2_0'$ $3_0''$ usw.) (Fig. 13b, so entstehen wie früher die
Fehlerdreiecke (d_0 1_0 $1_0'$, $1_0'$ $2_0''$ $2_0'$ bis $4_0'$ $5_0''$ $5_0'$).

Überträgt man diese durch Schraffierung an-
gedeuteten Dreiecke in den Grundriß derart, daß man
auf den durch den Anfangspunkt der isogonalen
Trajektorie (Punkt d) gelegten Kreis (r_1') das Stück λ_1
aus der Hilfskonstruktion (Fig. 13b) entnimmt und
von d aus auf diesem aufträgt ($d\,\alpha_1$), so gibt der
Schnittpunkt des durch α_1 gezogenen Radialstrahles,
bis zu den dem Punkte 1 angehörigen Kreise verlängert, den Endpunkt (1) der Horizontalprojektion
einer archimedischen Spirale an.

Betrachtet man — zum Unterschiede von dem
bisher erläuterten Vorgang — Punkt 1 als Ausgangspunkt einer neuen archimedischen Spirale, so hat
man nur auf den dem Punkte 1 zugehörigen Kreisbogen, von diesem aus, das in Fig. 13b mit λ_2' bezeichnete Stück im Grundriß zu übertragen (1 α_2).
Verlängert man, wie früher, den durch α_2 gezogenen
Radius bis zum Schnitte mit dem durch Punkt 2
bestimmten Kreisbogen, so ergibt sich im Schnittpunkt 2_1 der Endpunkt der Horizontalprojektion einer

neuen archimedischen Spirale. Wiederholt man das
angegebene Verfahren für die Punkte 3 bis 5, so
reduziert sich, in rein graphischem Sinne aufgefaßt, die Ermittlung der neuen Kurve ($d\,1\,2_1$
3_1 bis 5_1) auf eine entsprechende Übertragung
und Aneinanderreihung der in der Abwicklung (Fig. 13b) dargestellten Fehlerdreiecke
in den Grund- bzw. Aufriß. Die auf Grund dieser
Überlegung erhaltene Kurve, welche entsprechend
dem bei Wulstflächen eingehaltenen Vorgange als
die dritte Näherungskurve bezeichnet werden soll,
zeigt auch hier eine solch befriedigende Übereinstimmung mit der geforderten logarithmischen Spirale,
daß ihre ausschließliche Verwendbarkeit als
Erzeugende des Schaufelprofils ohne weiteres
einzusehen ist.

Aus dem Entstehungsgesetze folgt weiters
noch, daß die dritte Näherungskurve als die
Einhüllende aller jener archimedischen Spiralen anzusehen ist, welche auf den einzelnen
Teilkegelstumpfen (1 2, 2 3, 3 4 usw.) so gelegt
wurden, daß der auf dem einen Basiskreis des
Kegelstumpfes liegende Endpunkt der archimedischen Spirale gleichzeitig den Anfangspunkt einer neuen bildet, welche mit diesem
Basiskreis den verlangten Schnittwinkel δ einschließt.

Dieses für die praktische Schaufelkonstruktion äußerst wichtige Ergebnis läßt
sich nun unmittelbar bei der Konstruktion
der dritten Näherungskurve auf Wulstflächen
wie folgt verwerten:

Das dortselbst benutzte Verfahren stützte sich,
wie bekannt, auf die Annahme, daß die in ent-

sprechend geringen Abständen durch die Wulstfläche geführten Meridianschnitte $M_1\,M_1'$, $M_2\,M_2'$ usw. (Fig. 10a) Wulstsektoren ($0\,C_3\,M_1\,M_1'$) bilden, welche mit Zylinder- bzw. Wulstabschnitten ($0\,1\,g\,C_3$) vertauscht werden können. Die auf Grund dieser Erwägung bestimmte dritte Näherungskurve wurde durch den Kurvenzug ($0\,1\,2'\,3'$ bis $8'$) dargestellt.

In ähnlicher Weise, wie nun vom Verfasser in Heft 8 u. 9 der Zeitschrift f. d. ges. Turbinenwesen vom Jahre 1905 ausführlich dargelegt wurde[1]), könnte die etwa durch Fig. 10 (Tafel I) dargestellte Wulstfläche auch definiert werden, als die einhüllende Fläche aller jener Kreiskegelflächen, welche diese Wulstflächen in ihren Parallelkreisen tangieren und deren Spitzen sich daher in der Rotationsachse ($S_5\,S_3$) befinden. In gleicher Weise, wie es nun in dem erwähnten Aufsatz[1]) geschehen ist, muß auch hier, um eine zeichnerische Wiedergabe der Flußlinien zu ermöglichen, auf die Darstellung einer unendlich großen Schar von Kegelflächen verzichtet werden. Denkt man sich aber in dem durch Fig. 10 dargestellten Meridiankreis der Wulstfläche ein Polygon derart eingezeichnet, daß dessen Ecken mit den Punkten (1 2 3 bis 8) zusammenfallen, so beschreibt dasselbe durch Rotation um die Achse ($S_5\,S_3$) ein **Wulsteck**, dessen Umrisse sich der Wulstfläche bei zunehmender Seitenzahl des Polygons stetig nähern. Da nun aber, wie aus Fig. 10 ersichtlich, die Seiten des letzteren auf den Kegelflächen $K_1\,K_2$ bis K_8 liegen, deren Spitzen sich in der Rotationsachse befinden müssen, so ist ohne weiteres klar, daß die für Kegelflächen angegebene Näherungskonstruktion auch hier zur

---

[1]) Siehe auch das Kapitel: Berechnung und Konstruktion der Schaufelfläche mit Hilfe des Abbildes.

Anwendung gelangen kann. Das in Fig. 10b mit $(0_0\ 1_0\ 1_0')$ bezeichnete Fehlerdreieck muß nun nach den vorausgegangenen Erörterungen auf der räumlichen Kegelfläche derart zu liegen kommen, daß die eine Kathete desselben $(0_0\ 1_0)$ in die Kegelerzeugende $\beta_1\ S$ (Fig. 10 u. 10a) fällt, während sich die zweite mit λ bezeichnete Kathete auf dem dem Punkte 0 entsprechenden Parallelkreise befinden muß. Projiziert man daher dasselbe in den Grundriß, so ist nur erforderlich, die aus Fig. 10b abgemessene Kathete λ auf den durch Punkt 0 gelegten Parallelkreis von 0 aus aufzutragen $(\overset{\frown}{0\ \beta_1} = \lambda)$ und durch den erhaltenen Punkt β_1 die Kegelerzeugende $S\ \beta_1$ (Fig. 10a) zu ziehen. Der Schnittpunkt dieser Erzeugenden mit dem durch Punkt 1 gelegten Parallelkreis gibt in 1 einen Punkt der auf Grund des neuen Entstehungsgesetzes der Wulstfläche gewonnenen Näherungskurve an. Wird das angegebene Verfahren wiederholt, so ist nur notwendig, die in Fig. 10b mit $(1_0'\ f_1\ 2_0')$, $(2_0'\ f_2\ 3_0')$ usw. bezeichneten Fehlerdreiecke in den Grundriß zu projizieren $(1\ \beta_2\ 2_2')$, $(2_2'\ \beta_3\ 3_2')$ usw. (dieselben sind durch radiale Schraffierung hervorgehoben). Die diesem Entstehungsgesetze entsprechende Näherungskurve ist durch die Punkte $(0\ 1\ 2_2'\ 3_2'$ bis $8_2')$ (Fig. 10a) dargestellt.

Vergleicht man nun jene durch Aneinanderreihung von Zylinder- bzw. Wulstsektoren erhaltene Näherungskurve $(0\ 1\ 2'\ 3'$ bis $8')$ mit der soeben gefundenen, so zeigt sich, daß sich die beiden nur durch die verschiedene Lage der Fehlerdreiecke in bezug auf deren zugehörigen Kurvenästen unterscheiden. Da aber bei Bestimmung der auf Wulstflächen liegenden dritten Näherungskurve gezeigt wurde, daß sich die Lage der Fehler-

dreiecke um 180° vertauscht, falls einerseits der Endpunkt (8′ bzw. $8_2′$) der dritten Näherungskurve als Anfangspunkt einer in entgegengesetzter Richtung laufenden Näherungskurve angesehen, andererseits das Er-
gänzungsfehler-Dreieck der Konstruktion derselben zu
Grunde gelegt wird (siehe Anmerkung Seite 62), so
ist klar, daß bei dem schon erwähnten geringen Unterschied, welchen die Lage der Fehlerdreiecke auf den
Verlauf der Näherungskurve ausübt, beide Näherungskurven als gleichberechtigt und für praktische
Zwecke genügend genau als identisch angesehen werden können.

Dies führt schließlich zu dem für die
Praxis höchst wichtigen Ergebnis, welches
dahin ausgedrückt werden kann, daß sowohl
für Wulst- als auch für Kegelflächen die Konstruktion der dritten Näherungskurve auf
vollkommen gleichen Grundlagen mit Hilfe
der Fehlerdreiecke ausgeführt werden kann.

Schließlich soll nun noch ein rechnerischer Vergleich angefügt werden, welcher die Überlegenheit
der hier abgeleiteten dritten Näherungskurve vor der
bisher gebräuchlichen Evolvente in übersichtlicher
Weise zum Ausdruck bringt.

Zu diesem Behufe ist es notwendig, die in Polarkoordinaten ausgedrückte Gleichung der Kreisevolvente, welche unter Zugrundelegung der in Fig. 14
(Seite 78) eingetragenen Bezeichnungen durch:

$$\left.\begin{array}{l} \varrho = r_0 \sqrt{1 + \bar{u}^2} \\ \operatorname{tg} \bar{\varphi} = \dfrac{\operatorname{tg} u - u}{1 + \bar{u} \operatorname{tg} \bar{u}} \end{array}\right\} \quad \cdots \cdot \text{VI}$$

dargestellt ist, einer weiteren Umformung in der Weise
zu unterziehen, daß die ursprünglich durch den An-

fangspunkt der Evolvente (P_0) gehende Polarachse so
lange gedreht wird, bis dieselbe mit den das Schaufelnde
charakterisierenden Punkt P (Fig. 14) zusammenfällt.
Bezeichnet α den dazu erforderlichen Drehwinkel und
berücksichtigt man ferner noch, daß unter den gemachten Voraussetzungen, die in dem Punkte P an die Evol-

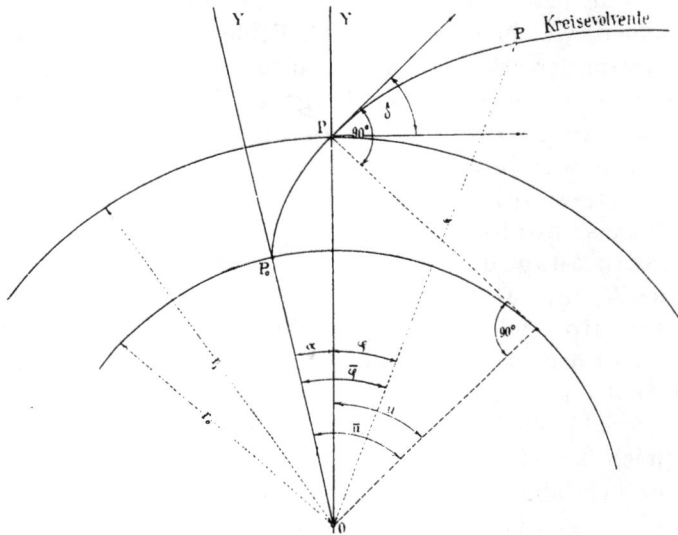

Fig. 14. Kreisevolvente.

vente und den abgewickelten Kegelkreiserrichteten
Tangenten den Laufradaustrittswinkel δ einschließen
müssen, so lauten mit Hinweglassung aller für vorliegende Zwecke unwesentlichen Rechnungsopera-
tionen die Gleichungen der transformierten Evolvente:

$$\varphi = u - \operatorname{arctg}(u + \alpha)$$
$$\varrho = r_1 \sin \delta \sqrt{1 + (u + \alpha)^2} \quad \Bigg\} \quad . \quad . \quad \text{VIa}$$
$$\alpha = \delta + \operatorname{ctg} \delta - \frac{\pi}{2}$$

Da unter Zugrundelegung der gleichen Polarachse 0 Y (Fig. 14) für die logarithmische bzw. archimedische Spirale die Gleichungen:

$$\varrho = r_1 e^{\operatorname{tg} \delta \varphi} \quad . \quad . \quad . \quad . \quad . \quad \text{V}$$

bzw. $\quad \varrho = r_1 (1 + \operatorname{tg} \delta \cdot \varphi) \quad . \quad . \quad . \quad \text{V a}$

gefunden wurden, so erhält man, falls allen drei Kurven der gleichen Schnittwinkel δ zugrunde gelegt
wird, für die dem gleichen Polwinkel φ zugehörigen
Radienvektoren folgende in der Zahlentafel angegebenen Werte:

Schnittwinkel		$\delta = 45°$	
Polwinkel	$\widehat{\varphi} = 0{,}46$ $\varphi = 26° 30'$	$\widehat{\varphi} = 0{,}848$ $\varphi = 48° 40'$	$\widehat{\varphi} = 1$ $\varphi = 58°$
Log. Spirale (isog. Trajektorie)	$\varrho = 1{,}58\, r_1$	$\varrho = 2{,}33\, r_1$	$\varrho = 2{,}72\, r_1$
Kreisevolvente (bisher gebräuch- liche Ersatzkurve)	$\varrho = 1{,}4\, r_1$	$\varrho = 1{,}71\, r_1$	$\varrho = 1{,}83\, r_1$
Archim. Spirale (erste Näherungs- kurve)	$\varrho = 1{,}46\, r_1$	$\varrho = 1{,}85\, r_1$	$\varrho = 2\, r_1$
Dritte Nähe- rungskurve (neue Ersatzkurve)	Schließt sich je nach Zahl und Größe der Fehlerdreiecke mit beliebiger Genauigkeit an die logarithmische Spirale an		

Wie aus der Zahlentafel ersichtlich, zeigt schon
die durch Reihenentwicklung aus der logarithmischen
Spirale abgeleitete archimedische Spirale eine bessere
Annäherung an die erstere als die bisher gebräuch-
liche Kreisevolvente, was übrigens schon aus dem
Umstande geschlossen werden kann, daß ja die Kreis-

evolvente nicht mehr der Gattung der Spiralen zu-
zuzählen ist.

Den vollkommensten Anschluß zeigt natürlich
die dritte Näherungskurve. Derselbe läßt sich allerdings nur durch die Wahl einer bestimmten Zahl
und Größe der Fehlerdreiecke rechnerisch angeben,
doch genügen, wie Fig. 13 lehrt, schon verhältnismäßig wenige Fehlerdreiecke, um eine solche Übereinstimmung mit der geforderten logarithmischen
Spirale zu erzielen, daß auch hier beide Kurven für praktische Zwecke als identisch angesehen werden können. Was aber die auf
Kegelflächen befindliche dritte Näherungskurve für die Bedürfnisse der Praxis besonders wertvoll macht, ist der schon bei
Wulstflächen erwähnte Umstand, daß sich
ihre Ermittlung auf die Horizontalprojektion
einiger Fehlerdreiecke beschränkt. Da sich
diese aber in höchst einfacher Weise ohne
langwierigen und zeitraubenden Hilfskonstruktionen bestimmen lassen, so ist die
Überlegenheit der dritten Näherungskurve
gegenüber der bisher gebräuchlichen Evolvente sowohl hinsichtlich ihres Genauigkeits-
grades als auch ihrer einfachen Darstellungs-
weise zur Genüge nachgewiesen.

Hier soll noch die interessante Tatsache Erwähnung finden, daß, dem Charakter der Wulstfläche
als nicht abwickelbare Fläche entsprechend, selbst
eine unendlich große Zahl von unendlich kleinen
Fehlerdreiecken keine Identität der dritten Näherungskurve mit der isogonalen Trajektorie zur Folge hat,
obwohl anderseits die Unterschiede in den einzelnen
Kurvenzweigen stetig abnehmen. Bei Kegelflächen

läßt sich dagegen rechnerisch nachweisen, daß bei
Annahme von unendlich vielen unendlich kleinen
Fehlerdreiecken die Einhüllende aller dadurch erhaltenen archimedischen Spiralen, auch dem analytischen Sinne nach, in die logarithmische Spirale
übergeht, was übrigens schon aus der Abwickelbar-
keit der Kegelflächen geschlossen werden kann.

3. Isogonale Trajektorien auf Zylinderflächen.

Im theoretischen Teile wurde darauf hingewiesen,
daß die isogonale Trajektorie auf Zylinderflächen mit
der zylindrischen Schraubenlinie identisch ist. Da
die letztere in der Abwicklung als gerade Linie erscheint, so reduziert sich die Hilfskonstruktion auf
die Darstellung der unter dem verlangten Winkel δ
gegen den abgewickelten Basiskreis gelegten Geraden.
Die Konstruktion von Näherungskurven entfällt hier
vollständig, da, wie bekannt, die zylindrische Schraubenlinie mit beliebiger Genauigkeit aus der Abwicklung in den Auf- und Grundriß der räumlichen
Zylinderfläche übertragen werden kann.

Obwohl dieser Vorgang als bekannt vorausgesetzt werden kann, so soll hier dennoch an Hand der
Fig. 15, 15 a und 15 b (Seite 82) die Bestimmung der
zylindrischen Schraubenlinie in Auf- und Grundriß vorgeführt werden, um den engen Zusammenhang der bisher besprochenen Näherungskonstruktionen mit jener zur Ermittlung der Schraubenlinie
nachzuweisen.

Zur Bestimmung der letzteren bedient man sich
bekanntermaßen der durch Fig. 15 b dargestellten
Hilfskonstruktion, in welcher $0_0\,X_0$ ein Stück des
abgewickelten Zylinderkreises und $0_0\,\bar{G}$ jene unter
dem verlangten Schnittwinkel δ gezogene Gerade

Kaplan, Schaufelformen.   6

bedeutet, welche in aufgewickeltem Zustand die zylindrische Schraubenlinie bilden soll. Versieht man eine Zylindererzeugende (etwa $0_1 E$, Fig. 15) im Aufriß mit einer gleichen Teilung ($0_1 1_1$, $1_1 2_1$, $2_1 3_1$ usw.) und trägt diese auch auf der abgewickelten Zylinderfläche auf der Erzeugenden $0_0 E_0$ von 0_0 aus auf, so

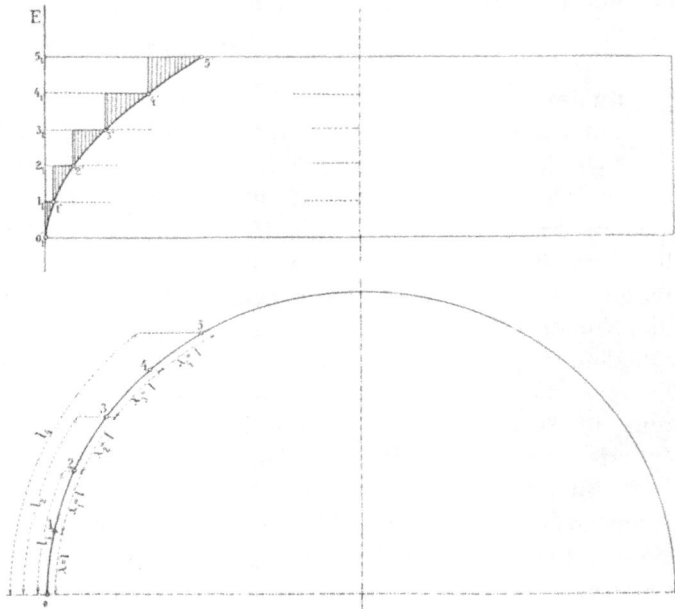

Fig. 15, 15a u. 15b. Ermittlung der zylindrischen Schraubenlinie mit Hilfe der Fehlerdreiecke.

geben die in Fig. 15b mit ($l\, l_1\, l_2$ usw.) bezeichneten Strecken im Grundriß von 0 aus auf den Basiskreis übertragen, Kurvenpunkte der Schraubenlinie (1 2 3 bis 5) an. Durch diese ist, wie bekannt, auch der Aufriß der Schraubenlinie bestimmt. Auch hier kann man, um den zeitraubenden und mit Fehlern be-

hafteten Vorgang des Übertragens langer Strecken
auf Kreisbögen zu vermeiden, von der Anwendung
der Fehlerdreiecke Gebrauch machen, was ja — wenn
auch in engerem Sinne aufgefaßt — tatsächlich in
der Weise geschieht, daß statt der Strecken $l_1\,l_2\,l_3$
usw. die Stücke $(l = \lambda = \lambda_1 = \lambda_2 = \ldots \lambda_4)$ von dem
jeweilig im Grundriß bestimmten Endpunkte der
Schraubenlinie aus aufgetragen werden. Nach den
in diesem Aufsatz zugrunde gelegten Begriffen über
das sog. Fehlerdreieck bedeutet aber der soeben geschilderte Vorgang auch hier nichts anderes als

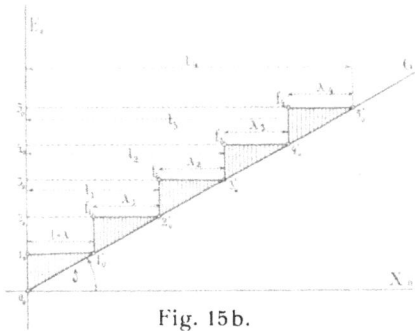

Fig. 15 b.

die Projektion einer Zahl von Fehlerdreiecken,
welche in entsprechender Aufeinanderfolge
aus der Abwicklung (Fig. 15b) auf die Zylinderfläche übertragen wurden. Da ein senk-
rechter Kreiszylinder vorausgesetzt wurde, so müssen
natürlich die in der Abwicklung durch $(0_0\,1_0\,1_0{}',$
$1_0{}'\,f_1\,2_0{}'$ usw.) bezeichneten Fehlerdreiecke in den
Basiskreis der Zylinderfläche zu liegen kommen. Die
mit $(l = \lambda = \lambda_1 = \lambda_2$ usw.) bezeichneten Katheten erscheinen auf diesem in ihrer wahren Größe aufge-
wickelt, wogegen im Aufriß die mit $(0_0\,1_0\ \ 1_0{}'\,f_1\ \ 2_0{}'\,f_2$
usw.) bezeichneten Katheten auf den entsprechenden

6*

Zylindererzeugenden unverkürzt übertragen erscheinen. Der Übersichtlichkeit halber wurden die
Fehlerdreiecke sowohl in der Abwicklung als auch
im Aufriß durch Schraffierung hervorgehoben.

Aus den bisherigen Darlegungen läßt sich
daher der für die Praxis wichtige Schluß
ziehen, daß sich durch Einführung des Begriffes des sog. Fehlerdreiecks in einfacher
Weise nicht nur auf Wulst — sondern auch
auf Kegelflächen Näherungskurven bestimmen
lassen, welche die für die Durchbildung des
Schaufelprofils als rationell erkannten isogonalen Trajektorien vollkommen zu ersetzen
imstande sind. Da nun den ersteren das
gleiche Entstehungsgesetz zugrunde gelegt
werden kann, wie jenes, welches zur Bestimmung der auf Zylinderflächen liegenden isogonalen Trajektorien (zylindrische Schrauben-
linien) führte, ergibt sich die bemerkenswerte
Folgerung, daß die Ermittlung der Flußlinien
auf ein und dieselbe Hilfskonstruktion zu-
rückgeführt werden kann. — Auf Grund der bisher gewonnenen Resultate unterliegt es nun keinen
Schwierigkeiten, auf einer aus Wulst-, Kegel- und
Zylinderflächen zusammengesetzten Rotationsfläche
unter gegebenen Winkelverhältnissen isogonale Trajektorien bzw. deren Ersatzkurven zu ermitteln.

4. Isogonale Trajektorien bzw. deren Ersatzkurven auf einer aus Wulst-, Kegel- u. Zylinderflächen zusammengesetzten Rotationsfläche.

Ein Blick auf den durch Fig. 3 (Seite 31) dargestellten Schaufelschnitt läßt erkennen, daß die dort-
selbst dargestellten Flußflächen ($a\alpha$ $b\beta$ $c\gamma$ usw.) im all-

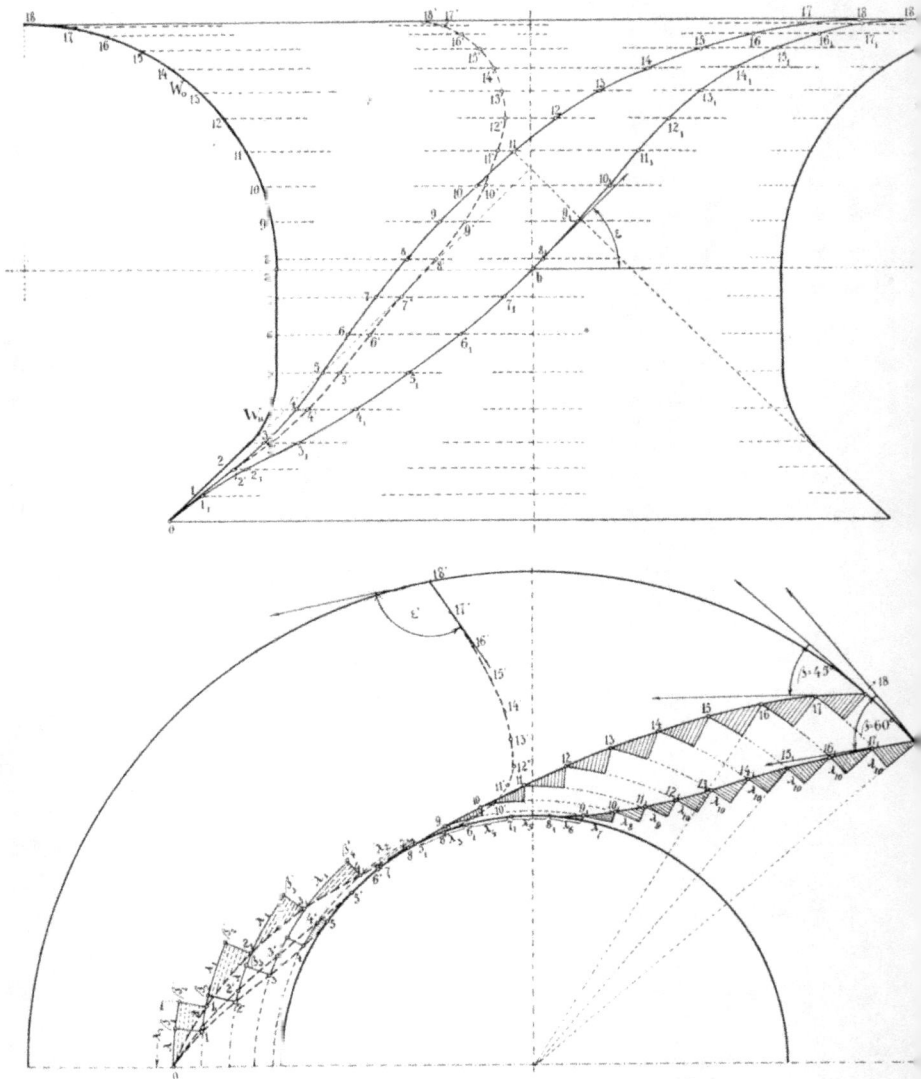

Fig. 16 u. 16a. Projektivische Darstellung der dritten Näherungskurve auf Rota

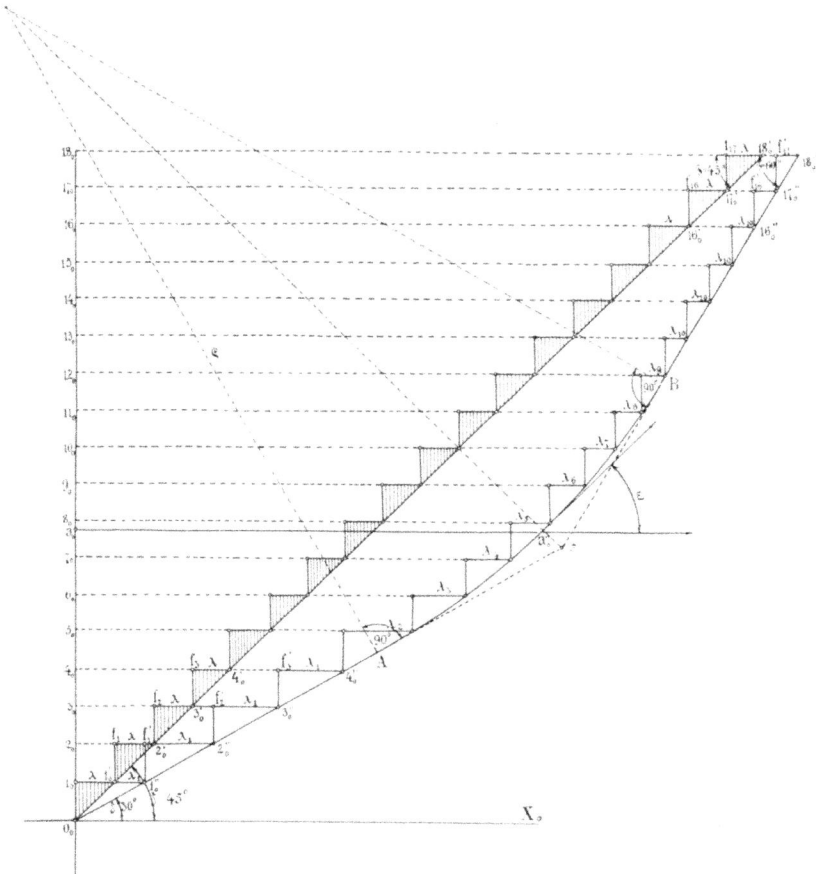

Fig. 16 b. Hilfskonstruktion.

Druck und Verlag von R. Oldenbourg, München u. Berlin.

gemeinen aus Wulst-, Kegel- und Zylinderflächen zusammengesetzt gedacht werden können.[1]) Es unterliegt nun keinen Schwierigkeiten, an Hand der bisher gefundenen Regeln auf diesen Rotationsflächen
die für praktische Zwecke taugliche Ersatzkurve der
isogonalen Trajektorie zu ermitteln.

In Fig. 16 und 16a (Tafel II) ist nun im Auf- und
Grundriß eine aus den erwähnten Flächen zusammen-
gesetzte Rotationsfläche dargestellt.

Es soll nun auf derselben eine Kurve so eingezeichnet werden, daß sämtliche Parallelkreise der
Rotationsfläche von der letzteren unter dem gleichen
Winkel geschnitten werden. Aus den vorausgegangenen Erörterungen folgt nun unmittelbar, daß die
dritte Näherungskurve auf Wulst- und Kegelflächen
diesen Anforderungen mit einer für die Praxis genügenden Genauigkeit nachkommt, wogegen die
zylindrische Schraubenlinie auch in theoretischer
Hinsicht diese Bedingung vollkommen erfüllt. Es
erscheint daher, entsprechend dem früher eingehaltenen Vorgange, nur erforderlich, die Erzeugende
(0 1 2 3 bis 18) (Fig. 16) der Rotationsfläche der Einfachheit halber mit einer gleichen Teilung (01 12
23 usw.) zu versehen und letztere auch in die Abwicklung (Fig. 16b) zu übertragen (01 = $0_0 1_0$ 12 =
$1_0 2_0$ usw.). Errichtet man im Punkte 0_0 den Normal-
strahl $0_0 X_0$ und betrachtet diesen als den einen
Schenkel des verlangten Schnittwinkels δ (in dem
gezeichneten Falle $\delta = 45^0$), so begrenzt der zweite
Schenkel $0_0 18_0'$ die Lage der Fehlerdreiecke ($0_0 1_0 1_0'$
$1_0' f_1 2_0'$ bis $17_0' f 17\ 18_0'$), welche bei angenommen
gleicher Meridianteilung untereinander kongruent sind.

---

[1]) Bei Normalläufern entfällt zumeist der kegelförmig ausgebildete Teil
der Flußfläche.

Denkt man sich dieselben in der geschilderten Weise auf die Rotationsfläche übertragen und von dieser in den Grundriß projiziert, so fallen nach früherem die mit λ bezeichneten Katheten ($1_0 1_0{}'$ $f_1 2_0{}'$ $f_2 3_0{}'$ usw.) in die den Punkten (0 1 2 3 usw.) entsprechenden Parallelkreise und erscheinen dortselbst in wahrer Größe, wogegen sich die in Fig. 16b mit $0_0 1_0$ $1_0{}' f_1$ $2_0{}' f_2$ usw.) bezeichneten Katheten auf den einzelnen Meridianen der Rotationsfläche befinden, durch deren Horizontalprojektion dieselben je nach ihrer Lage mehr oder weniger starke Verkürzungen erleiden ($\beta_1 1$ $\beta_2 2$ $\beta_3 3$ usw.). An jener Stelle, wo die untere Wulstfläche W_u (Fig. 16) in die Zylinderfläche übergeht, schrumpfen dieselben zu Punkten zusammen, um auf der oberen Wulstfläche (W_0) die entgegengesetzte Lage in bezug auf die dritte Näherungskurve anzunehmen.

Auch dieser Tatsache und deren Bedeutung wurde ebenso wie der Erkenntnis, daß die Verbindungslinie der den rechten Winkel der Fehlerdreiecke gegenüberliegenden Ecken Kurvenpunkte der dritten Näherungskurve ergeben, in ausführlicher Weise Erwähnung getan.

Es stellt daher der gewonnene Kurvenzug (0 1 2 3 bis 18) den Verlauf der dritten Näherungskurve auf der betrachteten Rotationsfläche vor. Daß derselbe sich in engstem Anschluß an die auf der letzteren berechenbaren isogonalen Trajektorie befinden muß, geht daraus hervor, daß die im Punkte 18 sowohl an den Parallelkreis als auch an die dritte Näherungskurve gezogenen Tangenten tatsächlich einen Winkel einschließen, welcher sich mit zeichnerischen Hilfsmitteln kaum meßbar von dem geforderten Schnittwinkel ($\beta = 45^0$) unterscheidet.

Auf Grund des bisher Gesagten kann nun daran geschritten werden, die projektivische Darstellung der Fluß- oder Wasserlinien zu ermitteln.

Da, wie schon erwähnt, die Laufrad-Ein- und Austrittswinkel im allgemeinen von verschiedener Größe sind, so erscheint auch dementsprechend die Wasserlinie aus zwei isogonalen Trajektorien zusammengesetzt (ist z. B. $\beta = 90^0$, so ist eine derselben die Meridianlinie), welche sich auf ihren zugehörigen Rotationsflächen in einem Punkte schneiden. Es ist nun sofort einleuchtend, daß an dieser Stelle eine Unterbrechung in der Stetigkeit der Krümmungsverhältnisse der Wasserlinien eintreten müßte, falls nicht durch einen entsprechend gewählten Übergangsbogen für einen sanften Verlauf der Wasserlinien und mithin auch der Schaufelfläche gesorgt wird. Die in Fig. 16b dargestellte Hilfskonstruktion gestattet nun in höchst einfacher Weise dieser Bedingung wie folgt Rechnung zu tragen. Sind δ bzw. β jene Winkel, welche für die Flußlinie beim Wasser-Aus- bzw. -Eintritt aus hydraulischen Rücksichten erforderlich sind (in Fig. 16b wurde $\delta = 30^0$ und $\beta = 60^0$ gewählt), so geben die Schenkel $0_0\sigma$ und $18_0\,\sigma$ aus bekannten Gründen Lage und Richtung der Hypotenusen der zur Konstruktion der Horizontalprojektion der Flußlinie erforderlichen Fehlerdreiecke ($0_0 1_0 1_0''\ 1_0'' f_1' 2_0''$ . . bis $17_0'' f_{17} 18_0''$) an. Es stellt daher der Schnittpunkt der beiden Winkelschenkel (σ) jene Stelle vor, an welcher durch den plötzlichen Übergang der beiden unter den verschiedenen Winkeln δ und β gezogenen dritten Näherungskurven eine Unterbrechung in der Stetigkeit der Krümmung eintreten muß. Letztere läßt sich aber dadurch in höchst einfacher Weise umgehen, daß an zwei passenden Stellen der in Be-

tracht gezogenen Winkelschenkel (*A* und *B*) Fig. 16b
ein Kreisbogen mit entsprechend groß gewähltem
Radius (ϱ) eingeschaltet wird.[1]) Es können daher im
Grundriß nur die in der Hilfskonstruktion mit $0_0 A$
und $B 18_0''$ bezeichneten Geraden als Äste der dritten
Näherungskurve erscheinen, was sich schon in
Fig. 16b aus der Gleichheit der innerhalb dieser Stre-
cken mit λ_1 bzw. λ_{10} bezeichneten Katheten der Fehler-
dreiecke ($0_0 \overline{1_0} 1_0''$ $1_0'' f_1' 2_0''$ usw.) bzw. ($\overline{f_{17}' 17_0''} 18_0''$
$\overline{f_{16}' 16_0''} 17_0'$ usw.) ergibt. Die Katheten $\lambda_2 \lambda_3$ bis λ_9
jener Fehlerdreiecke, welche sich innerhalb des Kreis-
bogens $\overset{\frown}{A B}$ befinden, erleiden je nach ihrer Lage
mehr oder weniger große Verkürzungen, und diese
sind es nun, welche in ihrer Übertragung in den
Grundriß den zur Erzielung eines sanften Überganges
aus der einen isogonalen Trajektorie in die andere
erforderlichen Kreisbogen $\overset{\frown}{A B}$ zum Ausdruck bringen.[1])
Im übrigen bleibt aber die Übertragung der Fehler-
dreiecke in den Grundriß mit dem bisher erläuterten
Vorgang vollkommen identisch. Bis zum Punkte 4'
(Fig. 16a) ist als Länge der einen Kathete ($0_1 \beta_1'$ $1_1 \beta_2'$
bis $3_1 \beta_4'$) das aus der Hilfskonstruktion Fig. 16b
ersichtliche Stück λ_1 aufzutragen. Von diesem Punkte
an erscheinen die Fehlerdreiecke durch Einschaltung
des Übergangsbogens verkürzt und sind daher dem-
gemäß nur die mit ($\lambda_2 \lambda_3$ bis λ_9) bezeichneten Katheten
in den Grundriß entsprechend zu übertragen. Da
vom Punkte *B* bzw. 12 an eine neue unter dem
Schnittwinkel β gezogene isogonale Trajektorie ihren
Ausgangspunkt nimmt, so sind auch die innerhalb
B bzw. 12 und $18_0''$ liegenden Fehlerdreiecke wieder
einander kongruent, und es ist daher nur erforderlich,

---

[1]) Statt des Kreisbogens kann natürlich auch eine andere Übergangskurve gewählt werden.

von dem im Grundriß mit 12_1 bezeichneten Punkte
an die in der Hilfskonstruktion mit λ_{10} bezeichnete
Strecke auf den zugehörigen Kreisbögen aufzutragen,
um schließlich in den Kurvenzug ($0\ 1_1\ 2_1\ 3_1$ bis 18_1)
die Horizontalprojektion des Verlaufes einer Wasserlinie zu erhalten, welche den in der Hilfskonstruktion
aufgestellten Bedingungen entspricht. Auch hier läßt
sich wieder durch Ziehen der Tangenten zeigen, daß
sich der im Endpunkt 18_1 der dritten Näherungskurve mit dem zugehörigen Parallelkreis vorhandene
Schnittwinkel β mit dem geforderten Winkel ($\beta = 60^0$)
in ausgezeichneter Übereinstimmung befindet. Wenn
daher noch berücksichtigt wird, daß in beiden Fällen
der Ausgangspunkt der Näherungskonstruktion in
den Punkt 0 (Fig. 16a) gelegt wurde, und daher,
wie aus den dargelegten Erörterungen unmittelbar
folgt, der andere Endpunkt (18 bzw. 18_1) der Näherungskurve das Maximum der Winkelabweichung
vorstellen muß, so ist die praktische Verwendbarkeit
der angegebenen Hilfskonstruktion auch für solche
Rotationsflächen, welche aus Wulst-, Kegel- und
Zylinderflächen zusammengesetzt sind, zur Genüge
nachgewiesen.

Des Vergleiches halber wurde schließlich in
Fig. 16a der Verlauf der ersten Näherungskurve
($0\ 1'\ 2'\ 3'$ bis $18'$) entsprechend der in der Hilfskonstruktion Fig. 16b durch ($0_0\ 1_0'\ 2_0'$ bis $18_0'$) dargestellten Geraden strichliert eingetragen. Ein Blick
auf den Grundriß zeigt aber, daß der schon anfangs
ziemlich mangelhafte Anschluß an die dritte Näherungskurve im weiteren Verlaufe des Kurvenastes
immer ungünstiger wird, um schließlich vom Punkte
$10'$ an jeden Zusammenhang mit der letzteren zu
verlieren. Daher ist es auch erklärlich, daß der bei

18' vorhandene Schnittwinkel ε' eine Größe erreicht, welche die verlangte ($\delta = 45^0$) um mehr als das Doppelte übertrifft. Aus diesem Grunde ist auch hier die Konstruktion der ersten Näherungskurve als vollkommen ungeeignet zu verwerfen.

Obwohl die vertikale Projektion der Flußlinien zur Ausbildung des Schaufelprofiles nicht erforderlich sind, so wurden dennoch die aus der Hilfskonstruktion gewonnenen Näherungskurven des Vergleiches halber auch in den Aufriß übertragen. Der Kurvenzug (0 1 2 3 bis 18) stellt dortselbst den Verlauf der Ersatzkurve einer isogonalen Trajektorie ($\delta = 45^0$) vor, während die mit (0 1_1 2_1 3_1 bis 18_1) bezeichnete Kurve jenen einer Flußlinie ($\delta = 30^0$; $\beta = 60^0$) zur Darstellung bringt. Da die im Punkte b (Fig. 16) an die Flußlinie gezogene Tangente in einer zur vertikalen Projektionsebene parallelen Ebene gelegen sein muß, so erscheint der mit ε bezeichnete Schnittwinkel in der wahren Größe. Durch Übertragung des dem Punkte b entsprechenden Punkte a in die Hilfskonstruktion (Fig. 16 b, Punkt a_0) läßt sich die Größe des bei a_0 vorhandenen Winkels ε ermitteln.

Wie nicht anders zu erwarten, zeigt sich auch hier eine vollkommene Übereinstimmung in der Größe der beiden Winkel, was mit Rücksicht auf die aufgestellten Forderungen ohne weiteres verständlich erscheint.

Durch den Kurvenzug (0 1' 2' 3' bis 18') (Fig. 16) wurde nun auch die erste Näherungskurve im Aufriß dargestellt. Auch hier ist auf den ersten Blick ersichtlich, daß Form und Lage derselben ihre Verwendbarkeit als Schaufelerzeugende für die in Betracht gezogene Rotationsfläche vollkommen ausschließen.

5. Konstruktion der Wasserlinien auf Fluß-flächen allgemeinster Art.

Auch die bisher betrachteten, aus Wulst-, Kegel-und Zylinderflächen zusammengesetzten Rotations-flächen geben noch kein allgemeines Bild einer Fluß-fläche, da die Wulstfläche durch Rotation eines Kreis-bogens erzeugt gedacht wurde. Im allgemeinsten Falle ist aber dem Entstehungsgesetze der letzteren kein Kreisbogen, sondern eine viel verwickeltere Kurve zugrunde gelegt, deren Form und Charakter auf analytischem Wege nicht mit voller Schärfe festgelegt werden kann. Auf zeichnerischem Wege ist es aber möglich, ihren Verlauf mit genügender Genauigkeit anzugeben, und da zeigt sich vor allem die Tatsache, daß die Erzeugungskurven dieser Wulst-flächen allgemeinster Art als die Einhüllenden einer Schar von Kreisen aufgefaßt werden können, welche je nach Lage und Größe derselben auf größeren oder kleineren Strecken für die Praxis genügend genau, mit den Erzeugungskurven selbst, als identisch angesehen werden können. — In den Fig. 17, 17a, 17b und 17c (Tafel III) wurde eine solche Flußfläche allgemeinster Art zur Darstellung gebracht. Wie aus Fig. 17 ersichtlich, ist dieselbe einesteils aus der Einhüllenden der Kreise K_1, K_2 und K_3, andernteils aus der Zylinder- bzw. Kegelerzeugenden Z bzw. K_c und der gewöhnlichen Kreiswulstfläche W zu-sammengesetzt. Es unterliegt nun keinen Schwierig-keiten, mit Hilfe des über die Benutzung von Fehler-dreiecken Gesagten den Verlauf der Horizontal-projektion einer solchen Flußlinie einzuzeichnen, welche nicht nur den in den mathematisch-geometri-schen Grundlagen aufgestellten drei ersten Haupt-

forderungen genügt, sondern auch jene Laufrad-Ein-
und -Austrittswinkel (β und δ) besitzt, welche in den
mathematisch-hydraulischen Grundlagen als erforderlich erkannt wurden.

Zu diesem Behufe wurde in Fig. 17 c die Schaulinie der Umfangsgeschwindigkeit des Laufrades zur
Darstellung gebracht, welche mit Rücksicht auf die
eingetragenen Bezeichnungen ohne weitere Erklärung
verständlich ist[*]).

Da durch die Formeln 9 bzw. 9a die Winkel α
und β eindeutig bestimmt sind, ist für vorliegende
Zwecke nur noch die Kenntnis von δ erforderlich,
welche aber unmittelbar aus Formel 12 ermittelt werden
kann. Trägt man daher, wie Fig. 17c zeigt, die
aus Formel 12 bestimmte absolute Austrittsgeschwindigkeit $c_a{}^0$ im Punkt 0 (Fig. 17) von 0' (Fig. 17 c)
nach abwärts auf, so gibt, da $v_a{}^0$ die Umfangsgeschwindigkeit des Laufrades im Punkte 0 vorstellen
muß, das Dreieck $A'B'C'$ das Austrittsgeschwindigkeitsdreieck in der richtigen Lage und somit δ
den dem Punkte 0 entsprechenden Laufradaustrittswinkel an. In Fig. 17 b wurden der Übersichtlichkeit
halber die beiden Austrittsgeschwindigkeitsdreiecke
in die Hilfskonstruktion übertragen.

In gleicher Weise, wie früher erörtert, ergibt sich
jetzt durch Einschaltung des Kreisbogens K_0 zwischen
die beiden gefundenen Winkelschenkel der in der
Hilfskonstruktion Fig. 17 b durch (0_0 $1_0{}'$ $2_0{}'$ bis $19_0{}'$)
dargestellte Linienzug und es erübrigt daher nur
noch die in derselben durch horizontale Schraffie-

---

[*]) Siehe auch V. Kaplan: Ein neues Verfahren zur Berechnung und
Konstruktion der Francisturbinenschaufel. Zeitschrift f. d. ges. Turbinenwesen
sowie auch das Kapitel der Buchausgabe: Berechnung und Konstruktion
der Schaufelfläche mit Hilfe des Abbildes.

rung hervorgehobenen Fehlerdreiecke in der geschilderten Weise in den Grundriß zu projizieren, um den
Verlauf der Horizontalprojektion jener Flußlinie[1])
(0 1 2 3 bis 19) zu erhalten, deren Anfangspunkt in
den mit MM_1 (Fig. 17a) bezeichneten Meridian zusammenfällt.

Betrachtet man umgekehrt den Endpunkt 19 der
auf dem Meridiane M_2M_3 liegenden Flußlinie als den
Anfangspunkt (19_1) einer in entgegengesetzter Richtung laufenden neuen Flußlinie $(19_1\,18_1\,17_1$ bis $0_1)$,
so zeigt sich auch hier, daß die durch die verschiedene Lage der Fehlerdreiecke bedingten Unterschiede
in dem Verlauf der beiden Kurvenzweige so verschwindend klein sind, daß auch auf Flußflächen allgemeinster Art die Lage des gewählten Anfangspunktes
der Flußlinien sowie auch die Richtung der letzteren
für die Praxis mit genügender Genauigkeit als vollkommen belanglos angesehen werden kann. Diese schon
bei der Konstruktion der dritten Näherungskurve auf
Kreiswulstflächen gewonnene wichtige Erkenntnis läßt
daher auch hier die Möglichkeit zu, durch jeden beliebigen Punkt einer Flußfläche allgemeinster Art
eine Flußlinie so zu legen, daß sie den in den theoretischen Grundlagen aufgestellten Bedingungen in
jeder Weise nachkommt.

Es verdient schließlich noch darauf hingewiesen
zu werden, daß das für Wulstflächen allgemeinster
Art angegebene zeichnerische Verfahren überhaupt
den einzigen Weg vorstellt, der zu gesetzmäßigen und rationellen Erzeugungskurven der Schaufelflächen führt, da eine Lösung dieses Problemes in

---

[1]) Der mehrfach gekrümmte Verlauf derselben zeigt deutlich, daß eine
stetige Änderung der räumlichen Krümmung der Flußlinie keinesfalls auch
einer solchen in der Projektion entspricht.

rein analytischem Sinne nicht nur bei dem derzeitigen Stande unserer Kenntnisse auf dem Gebiete
der Hydraulik, sondern wie mit voller Sicherheit be-
hauptet werden kann, auch in Hinkunft vollkommen
ausgeschlossen ist.

Diese Behauptung erscheint dadurch gerechtfertigt, wenn berücksichtigt wird, daß jede vollkommene analytische Darstellung der Fluß-Niveau- und
-Schaufelflächen nicht nur die genaue Kenntnis der
Reibungswiderstände der Wasserfäden untereinander,
sondern auch die Krümmungswiderstände und die
Reibung der Wasserfäden an der Schaufelfläche vor-
aussetzen muß. Es ist aber vollkommen ausgeschlossen, diese Widerstände durch genaue Formeln
ausdrücken zu können, da diese nicht nur von der
Beschaffenheit des Materials, ja selbst von der des
Wassers (Verunreinigung durch Sand, Schlamm usw.),
sondern auch von der manuellen Fertigkeit des Ar-
beiters, von dessen Hilfsmitteln usw. in solchem Maße
abhängig sind, daß auch die Aufstellung des analytischen Ausdruckes der Schaufelfläche im besten
Falle wieder nur eine Annäherung vorstellen könnte.

Schließlich wäre man auch in diesem Falle gezwungen, durch Einführung von Hilfskonstruktionen,
die zur Herstellung des Schaufelklotzes unbedingt
erforderliche zeichnerische Wiedergabe der Schaufelfläche zu ermöglichen.

Da nun die Schaufelfläche als die Einhüllende
einer Schar von Flußlinien definiert wurde und die
zeichnerische Darstellung für beliebig ausgebildete
Flußflächen nach den bisherigen Erörterungen ohne
Schwierigkeit durchgeführt werden kann, wird es sich
jetzt vor allem darum handeln müssen, die gegenseitige Lage der Flußlinien auf ihren zugehörigen

Flußflächen derart festzulegen, daß auch die technische Herstellung der Schaufel bzw. des Schaufelklotzes in rationeller Weise bewerkstelligt werden kann. Die dazu erforderlichen Untersuchungen sollen in dem nun folgenden Abschnitt behandelt werden.

b) Das sog. „Winkelbild als Hilfsmittel zur zeichnerischen Darstellung der Schaufelfläche.

Da zur endgültigen Festlegung der rationellen Form einer Schaufelfläche noch die vierte Bedingung der in den mathematisch-geometrischen Grundlagen aufgestellten Forderung zu erfüllen ist, muß vor allem ein Verfahren ersonnen werden, welches gestattet, in einfacher und übersichtlicher Weise eine Beurteilung jener Kurven zu ermöglichen, welche durch Schnitte mit beliebigen durch die Schaufelfläche gelegten Ebenen (insbesondere Horizontalebenen) erhalten werden.

Denkt man sich zu diesem Behufe die in Fig. 3 (Seite 31) durch $a\,\alpha$, $b\,\beta$ bis $e\,\varepsilon$ dargestellten Erzeugenden der Flußflächen in die Zeichenebene derart abgewickelt, daß dieselben vom Punkte A_0 (Fig. 18, Tafel IV) des beliebig gewählten Strahles $A_0\,C_0$ aus nach abwärts übertragen werden, so geben die erhaltenen Punkte α_0, β_0 bis ε_0 die Endpunkte der abgewickelten Meridiane jener Flußflächen an, auf welchen die Flußlinien liegen müssen. Es ist somit ohne weiteres klar, daß die Darstellung der Horizontalprojektionen der letzteren nach denselben Gesichtspunkten vorgenommen werden kann, wie dies im vorigen Abschnitt ausführlich erörtert wurde. Die in den Figuren (10b, 11b, 16b und 17b, Tafel I, II und III) dargestellte Hilfskonstruktion hat hier in

der Weise sinngemäße Anwendung zu finden, daß
zwischen den Parallelstrahlen $A_0 B_0$ und $\alpha_0 \alpha$ bzw.
$\beta_0 \beta$ bis $\varepsilon_0 \varepsilon$ (Fig. 18) ein aus Kreisbogen und geraden Linien zusammengesetzter Kurvenzug derart
angeordnet wird, daß sowohl die Laufrad-Ein- als auch
-Austrittswinkel (β bzw. δ) in wahrer Größe nach der
in Fig. 17b und 17c (Tafel III) besprochenen Anordnung erscheinen. Es erübrigt daher jetzt bloß, die Verteilung der durch die gemachten Angaben bestimmten
Kurvenzüge $a\alpha$, $b\beta$ usw. (Fig. 18), welche der Einfachheit halber mit dem Ausdruck „Winkellinien"
bezeichnet werden sollen, näher ins Auge zu fassen
und diese ist es nun, welche die Lage der einzelnen
Flußlinien auf ihren zugehörigen Flußflächen bestimmt.
Da daher der gezeichneten Schar von Winkellinien
bei der Ermittlung des Schaufelplanes eine wichtige
Rolle zufällt, so soll ihre Gesamtheit in Hinkunft kurz
mit dem Ausdruck „Winkelbild" bezeichnet werden.

Es ist ohne weiteres klar, daß die Lage und Form
des Winkelbildes sowohl von der Wahl der Austrittskante im Aufriß als auch von den Winkelverhältnissen des Laufrades in solch erheblichem Maße abhängt, daß in diesem Abschnitt nur allgemeine Gesichtspunkte zur Beurteilung desselben angegeben
werden können.

Denkt man sich zu diesem Behufe die Laufradachse des durch Fig. 3 dargestellten Laufrades so
lange nach rechts parallel zu sich selbst verschoben,
bis die durch Rotation um diese verschobene Achse
entstehenden Flußflächen mit genügender Genauigkeit als Zylinderflächen aufgefaßt werden können,
deren Erzeugende die Rotationsachse senkrecht kreu-
zen, so können dieselben, da jede Zylinderfläche abwickelbar ist, in die Zeichenebene ausgebreitet ge-

Kaplan, Schaufelformen.

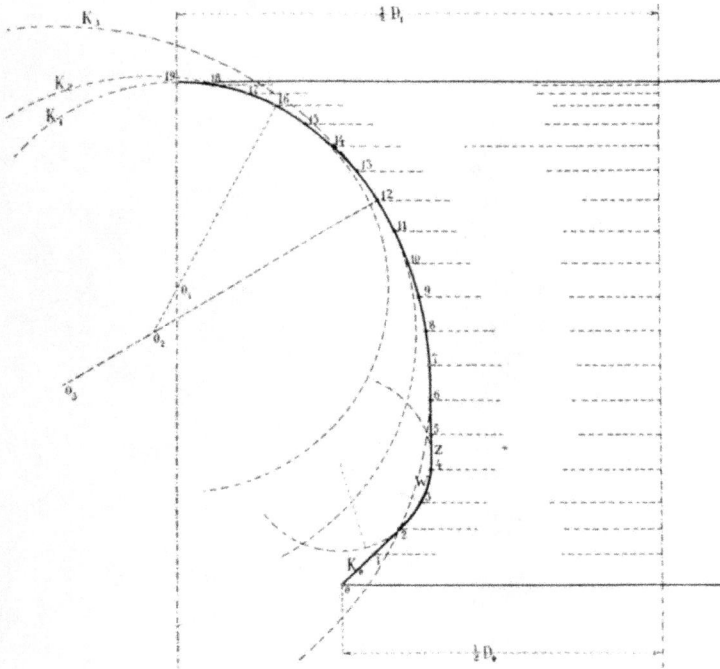

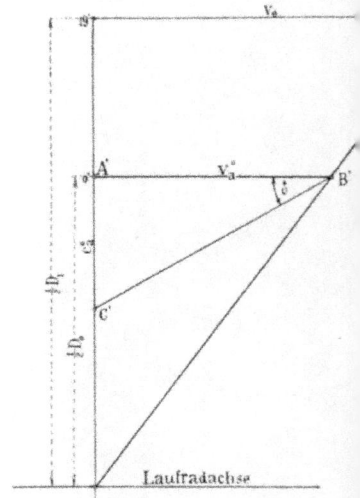

Fig. 17 c. Bestimmung der Austrittswinkel.

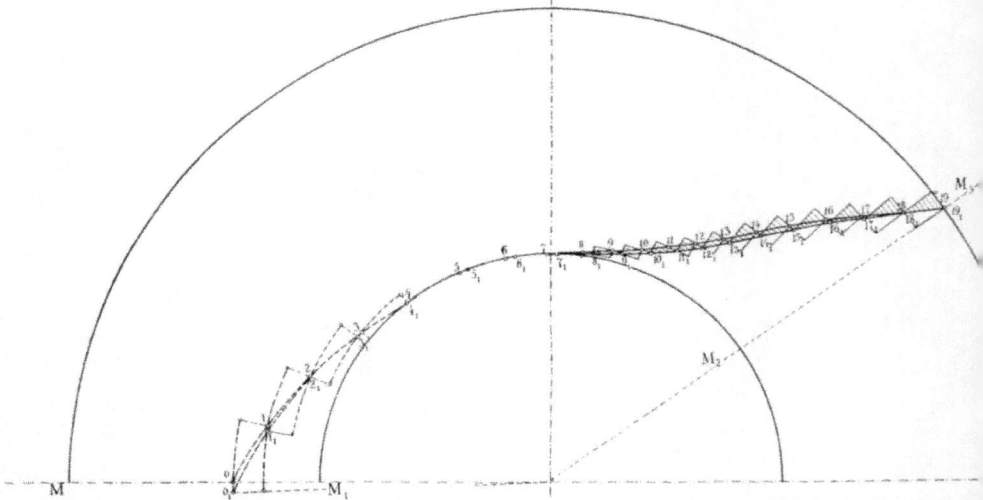

Fig. 17 u. 17 a. Projektivische Darstellung der Flußlinien auf Flußflächen allgemeinste

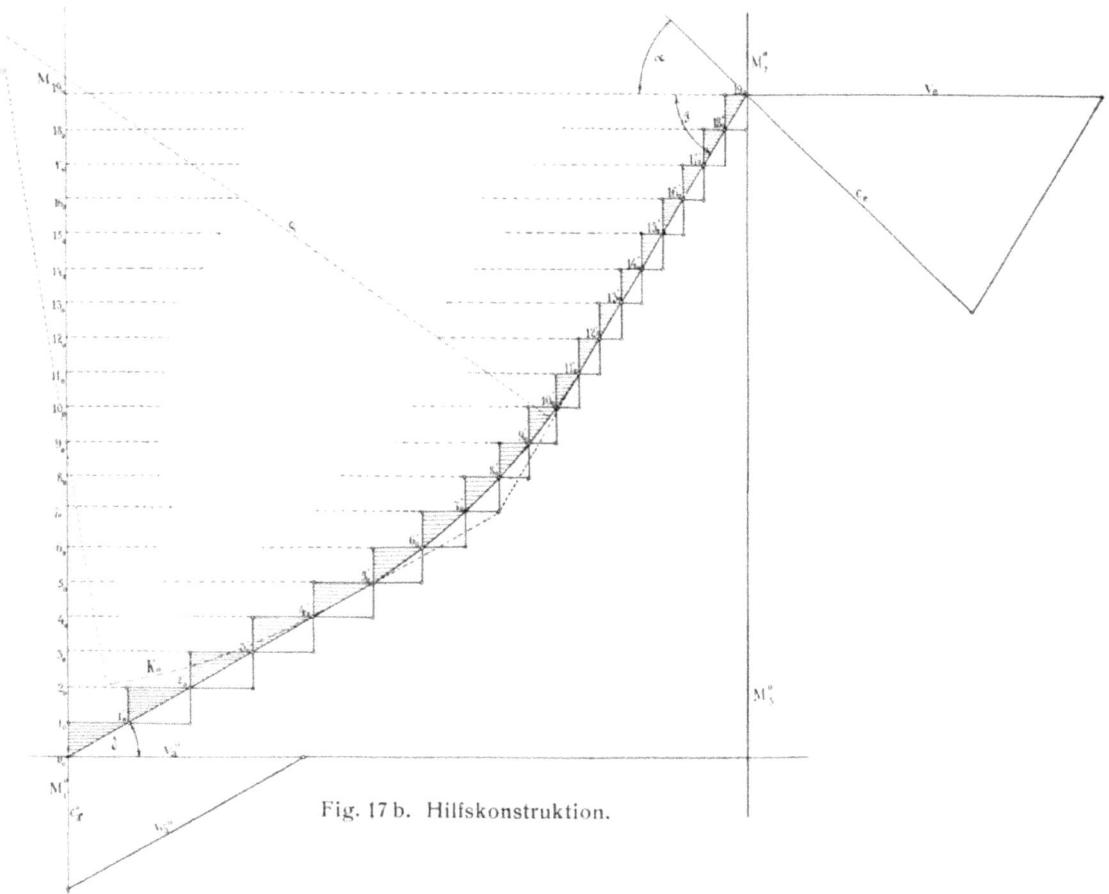

Fig. 17 b. Hilfskonstruktion.

Druck und Verlag von R. Oldenbourg, München u. Berlin.

Kaplan, Schaufelformen.

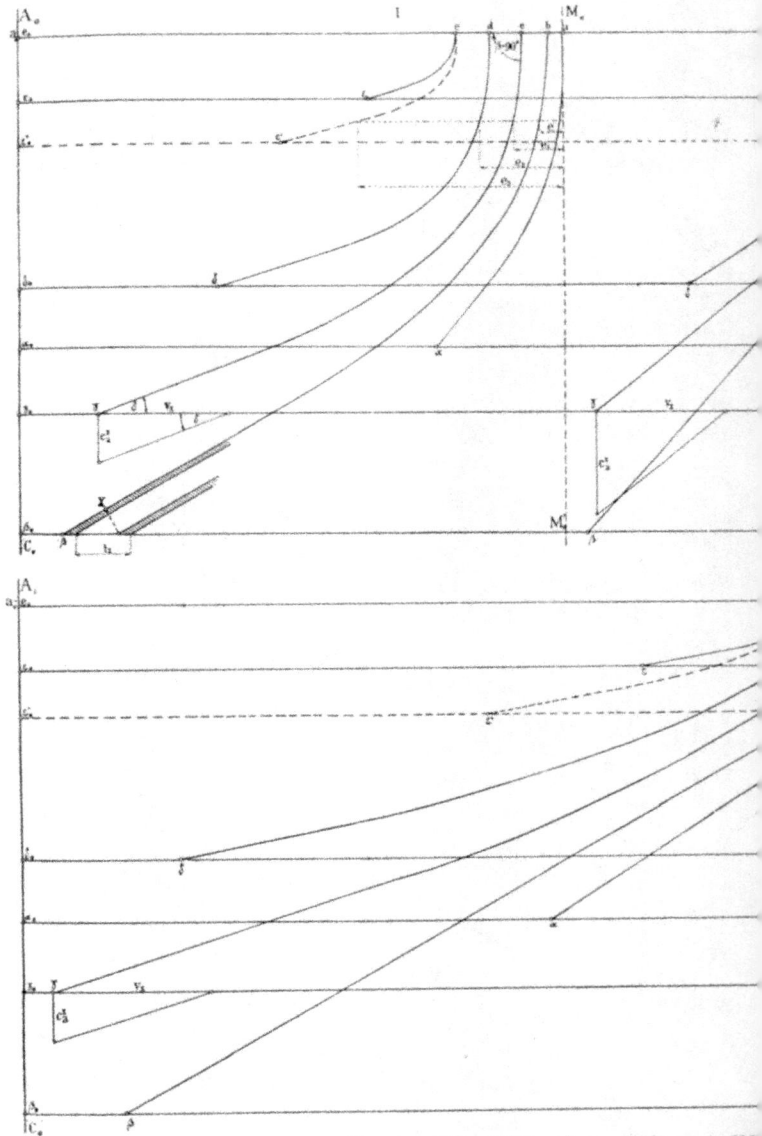

Fig. 18 (III u. IV). Grenzfälle von W

Druck und Verlag v

Tafel IV.

Fig. 18 (I u. II). Grenzfälle von Winkelbildern,
zugehörig zum Schaufelaufriß Fig. 3 (Seite 31).

(Der Maßstab von Fig. 18 (I bis IV) ist gegenüber dem der Fig. 3
im Verhältnis 3 : 4 verkleinert.)

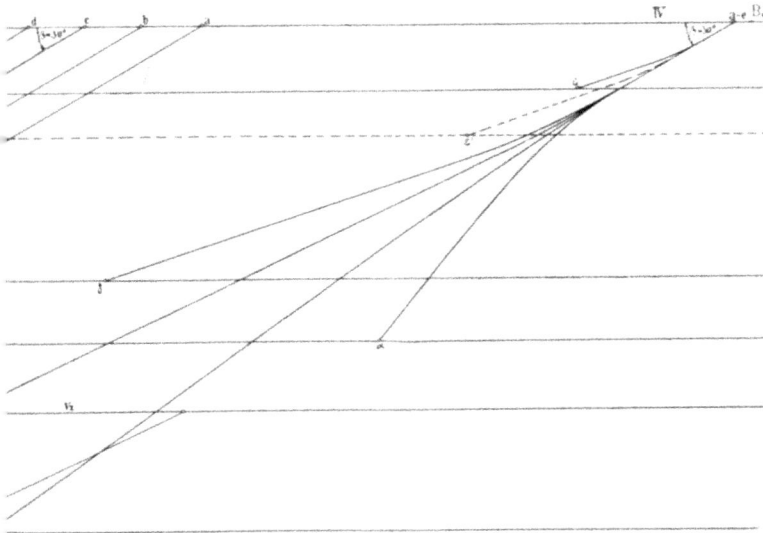

, zugehörig zum Schaufelaufriß Fig. 3.

urg, München u. Berlin.

dacht werden. Legt man dann noch durch die nach rechts verschoben gedachte Rotationsachse eine Ebene derart, daß sämtliche Zylinderflächen nach Meridianen geschnitten werden, und denkt sich die ersteren in abgewickeltem Zustand so übereinander gelegt, daß nicht nur die Meridiane ($M_0 M_0'$ Fig. I, Tafel IV), sondern auch die einzelnen, die Eintrittskante berührende Zylindererzeugenden[1]) ($A_0 a$ Fig. I) zur Deckung gelangen, so sind jetzt nach den gleichen Gesichtspunkten, wie früher erörtert, auf den abgewickelten und aufeinander gelegten Zylinderflächen die sog. Winkellinien einzuzeichnen. Es ist ohne weiteres klar, daß die in Fig. I eingezeichneten Abstände $e \, e_1 \, e_2$ usw. ein Maß zur Beurteilung der regelmäßigen Ausbildung der Schaufel in radialer Richtung angeben; denn nur dann wenn diese in Betracht gezogenen Abstände eine stetige Größenänderung aufweisen, wird auch die räumliche Schaufelfläche in radialer Richtung regelmäßige Krümmungen besitzen können, da ja die im Winkelbild dargestellten Abstände $e \, e_1 \, e_2$ usw. bei den vorläufig als Zylinderflächen ausgebildet gedachten Flußflächen als Erzeugende derselben erscheinen, deren Längen von einer der abgewickelten Meridianlinie $M_0 M_0'$ entsprechend angenommenen Meridianebene im Raume durch die vorerwähnten Abstände $e \, e_1 \, e_2$ usw. bestimmt sind.

Denkt man sich nun wieder die Laufradachse in ihre ursprüngliche Lage verschoben, so gehen die als Zylinderflächen gedachten Flußflächen in Rotationsflächen und daher auch die geraden Erzeugenden der ersteren in die gekrümmten der letzteren über. Da aber dem Charakter der Flußflächen entsprechend

---

[1]) Die in Betracht gezogenen Zylindererzeugenden gehen natürlich bei normaler Lage der Laufradachse in Laufradkreise vom Durchmesser D_1 über.

Kaplan, Schaufelformen. 7

in der Form der Meridiankurven keine Unterbrechung
der Stetigkeit eintreten kann, so ist ohne weiteres
klar, daß auch in diesem Falle eine harmonische
Verteilung der im Winkelbild gezeichneten Winkel-
linien ($a\alpha$, $b\beta$, $c\gamma$ usw.) eine sichere Gewähr für die
regelmäßige Ausbildung der Schaufel in radialer
Richtung gewährleistet.

Was nun die Verteilung der in das Winkelbild
einzuzeichnenden Winkellinien anbelangt, so können
nur allgemeine Gesichtspunkte angegeben werden.
Zu diesem Behufe wurden in den Fig. 18 (I bis IV)
(Tafel IV) einige Grenzfälle angegeben, welche die
verschiedene Ausgestaltung desselben zur Anschauung bringen. Den gezeichneten vier Winkelbildern
wurde der gleiche Schaufelaufriß (Fig. 3, Seite 31) zugrunde gelegt. Die beiden ersten Figuren (I und II)
stellen nun jene Winkelbilder vor, welche einem normalen Laufrad mit $\beta = 90^{0}$ entsprechen. Die absolute
Austrittsgeschwindigkeit $c_a{}^x$ wurde in der ersten Figur
klein, hingegen in der zweiten groß gewählt. In beiden
Fällen soll sich aber deren Größe auf dem ganzen Umfange der Austrittskante wenig ändern. Die dadurch
bedingten Unterschiede in der Form der Winkelbilder
sind auf den ersten Blick erkenntlich. Die klein gewählte Austrittsgeschwindigkeit hat auch kleine Laufradaustrittswinkel zur Folge und umgekehrt. Dies
bedingt aber im ersten Falle eine erhebliche Länge
der Winkellinie $b\beta$, wodurch dieselbe leicht den Zusammenhang mit den übrigen Winkellinien verlieren
würde, falls nicht durch eine entsprechende Verschiebung der übrigen Winkellinien für eine regelmäßige
Verteilung derselben gesorgt wird. Da durch diese
Anordnung nur Punkt a (Fig. I) in die Meridianlinie
$M_0 M_0{}'$ fällt, so ist klar, daß in diesem Falle auch

die Eintrittskante keine gerade Linie, sondern eine
auf einer Zylinderfläche befindliche Raumkurve sein
muß, deren Verlauf sich aber, wie später gezeigt
werden wird, aus dem Winkelbild in einfacher Weise
bestimmen läßt. Ist aber umgekehrt $c_a{}^x$ groß, so
unterliegt es im allgemeinen keinen Schwierigkeiten,
auch ohne Verschiebung der Winkellinien eine regelmäßige Verteilung derselben zu ermöglichen, wie
dies ohne weiteres aus Fig. II zu entnehmen ist.
Da sich in diesem Falle alle Winkellinien in einem
Punkt $(a - e)$ schneiden, so erscheint auch die
Schaufeleintrittskante als gerade Linie[1]) (Zylindererzeugende) ausgebildet.

Nach dem hier angeführten Sonderfall findet man
meist die derzeit ausgebildeten Schaufeln praktisch
ausgeführt.

In den Fig. III und IV sind schließlich für die
in Fig. 3 im Aufriß dargestellte Schaufel die zugehörigen Winkelbilder für Schnelläufer zur Darstellung
gebracht. Ein Vergleich mit den beiden ersten Bil-
dern zeigt sofort, daß die Schaufelfläche nicht nur
wegen des aus hydraulischen Rücksichten erforderlichen kleinen Schaufelwinkels β (in III und IV, $\beta =$
30°), sondern auch infolge der durch die große Umlaufgeschwindigkeit bedingten Kleinheit des Winkels δ
neben einer flacheren Krümmung eine größere Länge
aufweisen muß als die früher besprochenen. Auch
hier kann je nach Größe und Veränderlichkeit der
absoluten Austrittsgeschwindigkeit die Ausbildung der

---

[1]) Es darf aber nicht vergessen werden, daß dieser Sonderfall immer
eine entsprechende Ausbildung der Schaufelkante im Aufriß sowie eine in
mäßigen Grenzen veränderliche absolute Austrittsgeschwindigkeit voraussetzt,
weshalb die erst gewählte Anordnung einer nach einer bestimmten Raumkurve ausgebildeten Schaufeleintrittskante immer vorzuziehen ist.

Schaufeleintrittskante entweder nach einer auf Zylinderflächen liegenden Raumkurve (Fig. III) oder nach
einer geraden Linie erfolgen (Fig. IV), doch gilt auch
hier das in Fußnote S. 99 Gesagte. Es ist daher der
ersterwähnte Fall insbesondere bei Schnelläufern
wegen der gleichmäßigeren Verteilung der Winkellinien entschieden vorzuziehen.

Was nun die Form der Austrittskante im Raume
anbelangt, so sei jetzt schon im voraus bemerkt, daß
dieselbe für eine rationelle Schaufelform unbedingt
als Raumkurve auszubilden ist, deren Lage und
Form aus den Endpunkten ($\alpha\,\beta\,\gamma$ usw.) der Winkellinien in ähnlicher Weise bestimmt ist wie jene der
Eintrittskante. Bevor aber zu deren Ermittlung geschritten werden kann, ist noch zu untersuchen, ob
der im Aufriß eingetragene Entwurf der Austrittskante
eine rationelle Ausbildung der Schaufelfläche zuläßt.
Auch hier gibt wieder das Winkelbild ein aus-
gezeichnetes Hilfsmittel an die Hand, denselben auf
seine Brauchbarkeit zu prüfen.

Um die dazu erforderlichen Maßnahmen kennen
zu lernen, wurde in Fig. 3 die äußere Laufradbegrenzung absichtlich klein gewählt. Wie aus den
Winkelbildern (Fig. 18, I bis IV, Tafel IV) ohne weiteres
zu ersehen ist, zeigt auch tatsächlich die Winkellinie $e\,\varepsilon$
keinen befriedigenden Anschluß an die übrigen. Die-
selbe ist im Verhältnis zu den anderen offenbar zu kurz.
Durch Verlängerung der in Fig. 3 gezeichneten äußeren
Laufradbegrenzung nach unten hin, $(\widehat{\varepsilon\varepsilon'})$ rückt auch
im Winkelbild der Punkt ε_0 um die Strecke $\varepsilon_0\,\varepsilon_0{'}$
(Fig. 18) tiefer. Dadurch ist einerseits die Möglich-
keit geboten der neuen Winkellinie $e\,\varepsilon'$ bei sanfterer
Krümmung eine größere Länge zu geben, anderseits
dieselbe an die übrigen Winkellinien in besseren

Anschluß zu bringen, wodurch eine sichere Wasserführung auch gegen die äußere Laufradbegrenzung
hin gewährleistet erscheint.

Was nun die Größe der lichten Weite beim
Wasseraustritt anbelangt, so ist dieselbe, wie Fig. I
(Tafel IV) zeigt, auch unmittelbar aus dem Winkel-
bilde zu entnehmen. Durch Übertragung der dem
Punkte β entsprechenden Teilung t_x, sowie der
Schaufelstärke kann dieselbe ohne weiteres ermittelt
werden.

Damit sind alle jene allgemeinen Gesichtspunkte
angegeben, welche die Ausbildung rationeller Schaufelformen ermöglichen. Da bisher alle Laufradgruppen
gemeinsam besprochen wurden, so konnten auch
nur jene Forderungen aufgestellt werden, welche sowohl den Normal- als auch den Schnell- und Langsamläufern gemeinsam sind. Selbstverständlich verlangt nun jeder Sonderfall noch besondere Maßnahmen,
welche zeichnerisch durch eine bestimmte Formgebung
der Schaufelfläche, der Laufradbegrenzung, sowie der
Ein- und Austrittskante zum Ausdruck gelangen. Es
ist daher erforderlich, den bisher gemeinsam be-
schrittenen Weg zu verlassen und für jede dieser
Gruppen getrennt jene Bedingungen aufzustellen,
welche den Anforderungen einer bestimmten Drehzahl
und eines bestimmten Wasserverbrauches genügen.

D. Wahl der Laufradgruppe und Begriff der Einheitsdrehzahl.

———

Soll eine Turbinenanlage gebaut werden, so ist immer die zur Verfügung stehende Wassermenge Q sowie auch die Gefällshöhe H als bekannt anzusehen. Nicht selten kommt es — besonders bei modernen hydroelektrischen Anlagen vor, daß dem Turbineningenieur von seiten der Elektrotechnik die Einhaltung einer bestimmten Drehzahl vorgeschrieben wird, und die Aufgabe des ersteren besteht nun vor allem darin, durch eine besondere Ausgestaltung der Profil- und Schaufelform des Laufrades die Einhaltung einer bestimmten Drehzahl zu ermöglichen. Noch vor wenigen Jahren war man nicht selten genötigt, die zum Betriebe einer Arbeitsmaschine geforderte Drehzahl durch Einschaltung von Zwischentriebwerken (Zahnräder, Riemenscheiben, Seilscheiben usw.) zu erreichen, was sowohl vom technischen Standpunkt als auch aus wirtschaftlichen Gründen als unrationell bezeichnet werden muß. Durch die in neuerer Zeit sich immer mehr und mehr bahnbrechende weitere Ausgestaltung der Francisturbine wurde eine solche Anpassungsfähigkeit derselben an die verschiedensten Drehzahlen ermöglicht, daß die Einschaltung einer solchen „Übersetzung" nur in ganz besonders abweichenden Fällen begründet ist.

Es soll nun vor allem untersucht werden, welche Beziehungen zwischen den Bestimmungsgrößen eines Laufrades einzuhalten sind, um die Erzielung einer bestimmten Drehzahl zu ermöglichen. Zu diesem Behufe ist eine nähere Besprechung der Formeln 9 und 2a (Seite 22 bzw. Seite 27) erforderlich.

$$\operatorname{tg} \alpha = \frac{C}{\operatorname{tg}\beta} \pm \sqrt{\left(\frac{C}{\operatorname{tg}\beta}\right)^2 + 2C} \quad . \quad . \quad . \quad 9.$$

$$v_e = \sqrt{\varepsilon g H \left(1 + \frac{\operatorname{tg}\alpha}{\operatorname{tg}\beta}\right)} \quad . \quad . \quad . \quad 2a.$$

Da nun die Drehzahl des Laufrades vor allem von der Umlaufgeschwindigkeit desselben abhängt, so wird es sich darum handeln müssen, jene Maßnahmen aufzufinden, welche eine Erhöhung oder eine Erniedrigung derselben zur Folge haben. Legt man auf eine möglichste Drehzahlerhöhung Wert, — eine Forderung, welche an einen Schnelläufer zu stellen ist — so sieht man aus 2a, daß v_e für eine positive Tangente des Laufradeintrittswinkels β (also $\beta < 90^{\text{0}}$) um so größer wird, je mehr der Winkel α gegen β anwächst. Die Bedingungen eines großen Leitradaustrittswinkels α sind aber, wenn vorerst das positive Wurzelzeichen berücksichtigt wird, unmittelbar durch 9 gegeben. Es ist also vor allem bei kleinem β ein großes C (die Konstante C werde in Hinkunft als Radkonstante bezeichnet) anzustreben.

Eine mittlere Drehzahl bei mittleren Umlaufgeschwindigkeiten, wie solche einem Normalläufer eigen sind, läßt sich, wie aus 2a ersichtlich, durch $\beta = 90^{\text{0}}$ erzielen. Es wird in diesem Sonderfall die Umlaufgeschwindigkeit $v_e = \sqrt{\varepsilon g H}$, also unabhängig

von α, weshalb auch die Radkonstante auf dieselbe
— doch, wie ausdrücklich hervorgehoben werden
muß, nur auf diese — von keinem Einfluß ist.

Legt man auf eine möglichst geringe Umlaufgeschwindigkeit bzw. Drehzahl Wert, was bei der
Konstruktion der Langsamläufer zu beachten ist,
so gibt wieder Gleichung 2a über die dazu erforderlichen Maßnahmen Aufschluß. Man erkennt, daß
ein Anwachsen des Laufradeintrittswinkels β über 90^0
(also $\beta \begin{array}{c} > \ 90^0 \\ < \ 180^0 \end{array}$ eine negative trigonometrische Tangente
zur Folge hat und mithin bei positivem Wert von
$\operatorname{tg}\alpha$ der Quotient $\dfrac{\operatorname{tg}\alpha}{\operatorname{tg}\beta}$ negativ wird, wodurch eine
Verkleinerung von ν_e erzielbar ist. Allerdings muß
$\left|\dfrac{\operatorname{tg}\alpha}{\operatorname{tg}\beta}\right| < 1$ sein, um ein Imaginärwerden der Umlaufgeschwindigkeit auszuschalten. Immerhin zeigt auch
hier Gleichung 2a, daß eine möglichste Vergrößerung
von $\operatorname{tg}\alpha$ gegenüber $\operatorname{tg}\beta$ (wobei $\beta > 90^0$) anzustreben
ist, was, wie aus Gleichung 9 ersichtlich, mit der
für Schnelläufer aufgestellten Forderung einer großen
Radkonstanten zusammenfällt.

Läßt man statt des positiven das negative Wurzelzeichen gelten, so kehren sich die Verhältnisse um.
Bei großem C und $\beta < 90^0$ wird, wie aus 9 folgt, die
trigonometrische Tangente des Leitradaustrittswinkels
negativ, daher $\alpha > 90^0$ und mithin nach 2a jene Bedingungen geschaffen, welche die Merkmale eines
Langsamläufers bilden. Da sich derselbe aber
von dem besprochenen nur durch die Drehrichtung
unterscheidet, so entfällt eine nähere Besprechung
desselben. Das gleiche gilt für einen Normalläufer;
auch hier gibt das negative Wurzelzeichen nur den

entgegengesetzten Drehungssinn des Laufrades an. Wählt man schließlich $\beta > 90^0$, so muß, wie aus Gleichung 9 unmittelbar folgt, auch $\operatorname{tg}\alpha$ negativ und mithin der Quotient $\dfrac{\operatorname{tg}\alpha}{\operatorname{tg}\beta}$ positiv werden. Daraus folgt jedoch aus Gleichung 2a, daß dadurch v_e groß und mithin alle Bedingungen eines Schnelläufers geschaffen wurden, der sich aber von dem erwähnten nur durch die Drehrichtung unterscheidet und daher keiner weiteren Untersuchung bedarf. Faßt man die gewonnenen Ergebnisse in einem Schaubild zusammen, so lassen sich diese wie folgt darstellen (Fig. 19, Seite 106).

Wie man sieht, bestimmt vor allem die Größe des Laufradeintrittswinkels die Zugehörigkeit des Laufrades zu einer der drei Hauptgruppen. Daß auch die Größe der Radkonstanten auf die Umlaufgeschwindigkeit von Einfluß ist, wurde schon erwähnt, doch sollen genauere Angaben über die richtige Wahl derselben in die Besprechung der einzelnen Laufradgruppen einbezogen werden.

Wenn nun auch die Größe der Wassermenge Q auf die Umlaufgeschwindigkeit ohne Einfluß ist, so läßt schon die bekannte Beziehung

$$n = \frac{60\, v_e}{D_1\, \pi} \quad \ldots \quad \ldots \quad 13.$$

den Schluß zu, daß die erstere für die Beurteilung der Drehzahl von großer Bedeutung ist. Es ist ja selbstverständlich, daß große Wassermengen auch große Laufraddurchmesser erfordern und umgekehrt, was aber, wie aus Gleichung 13 unmittelbar folgt, ein Herabsinken bzw. Anwachsen der Drehzahl zur Folge hat.

Braucht sich daher die Beurteilung der Umlaufgeschwindigkeit bloß auf die Berücksichtigung der

Schnelläufer

$\beta < 90°$

$$\operatorname{tg}\alpha = \frac{C}{\operatorname{tg}\beta} + \sqrt{\left(\frac{C}{\operatorname{tg}\beta}\right)^2 + 2\,C}$$

α

β

Leitrad

Laufrad

Drehrichtung

Normalläufer

$\beta = 90°$

$$\operatorname{tg}\alpha = +\sqrt{2\,C}$$

α

β

Leitrad

Laufrad

Drehrichtung

Langsamläufer

$\beta > 90°$

$$\operatorname{tg}\alpha = \frac{C}{\operatorname{tg}\beta} + \sqrt{\left(\frac{C}{\operatorname{tg}\beta}\right)^2 + 2\,C}$$

α

β

Leitrad

Laufrad

Drehrichtung

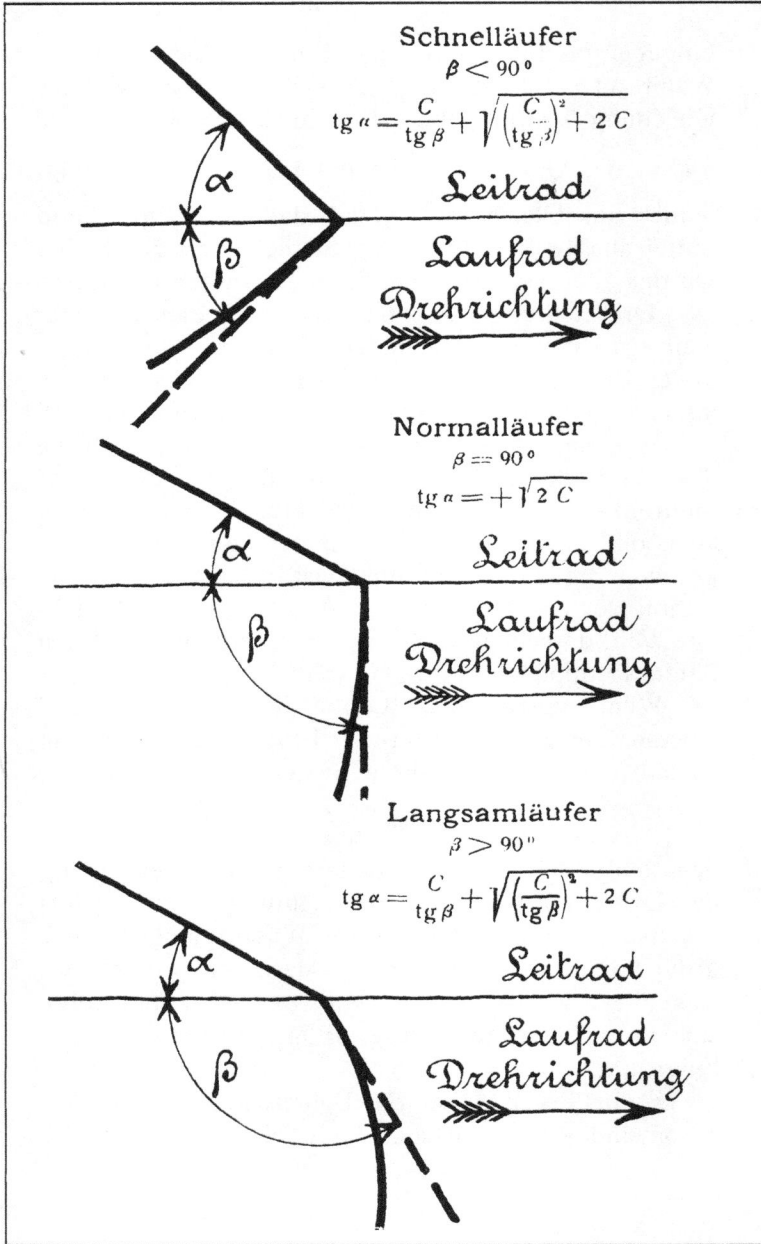

Fig. 19. Einfluß der Rad-

α

Leitrad

β

Laufrad
Drehrichtung

Langsamläufer

$\beta < 90^0$

$$\operatorname{tg} \alpha = \frac{C}{\operatorname{tg} \beta} - \sqrt{\left(\frac{C}{\operatorname{tg} \beta}\right)^2 + 2\,C}$$

α

Leitrad

β

Laufrad
Drehrichtung

Normalläufer

$\beta = 90^0$

$$\operatorname{tg} \alpha = -\sqrt{2\,C}$$

α

Leitrad

β

Laufrad
Drehrichtung

Schnelläufer

$\beta > 90^0$

$$\operatorname{tg} \alpha = \frac{C}{\operatorname{tg} \beta} - \sqrt{\left(\frac{C}{\operatorname{tg} \beta}\right)^2 + 2\,C}$$

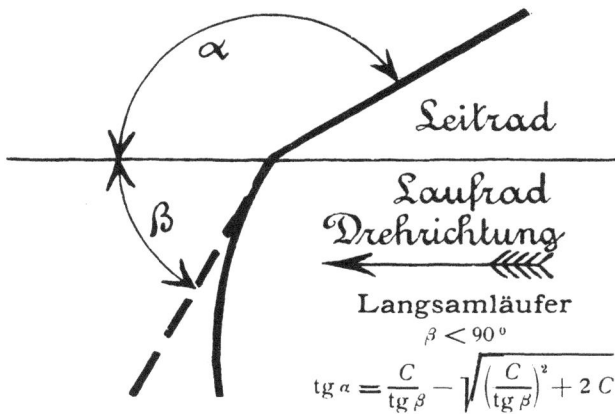

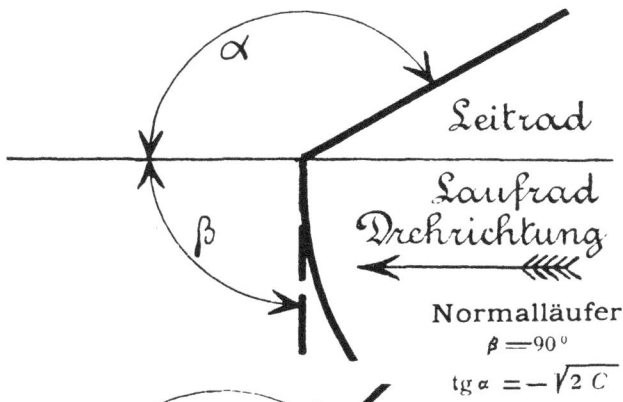

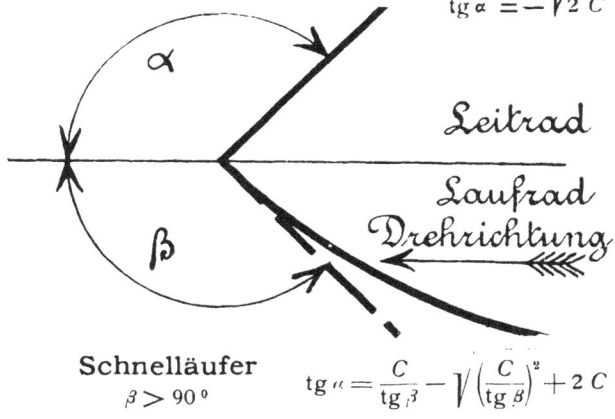

konstanten auf die Winkelgrößen.

Winkelverhältnisse und der Radkonstanten zu beschränken, so ist für die Ermittelung einer bestimmten
Drehzahl auch die Größe der zur Verfügung stehenden
Wassermenge von einschneidender Bedeutung. . Setzt
man in Gleichung 13 für $D_1 = \gamma D_s$, so ist auch

$$n = \frac{60 \, v_e}{\pi \, \gamma \, D_s} \quad \ldots \ldots \quad 14.$$

Bestimmt man aus der auf Seite 25 für Q angegebenen Gleichung

$$Q = \frac{\psi \, D_s{}^2 \pi}{4} \sqrt{2 \, g \, \varDelta \, H} \quad \ldots \ldots \quad 15.$$

die Größe des Saugrohrdurchmessers

$$D_s = \sqrt{\frac{4 \, Q}{\psi \, \pi \, \sqrt{\varDelta \, 2 \, g \, H}}} \quad \ldots \ldots \quad 16.$$

und setzt den für D_s erhaltenen Wert in Gleichung 14
ein, so ergibt sich schließlich

$$n = \frac{60 \, v_e}{\pi \, \gamma \, \sqrt{\dfrac{4 \, Q}{\psi \, \pi \, \sqrt{\varDelta \, 2 \, g \, H}}}} \quad \ldots \ldots \quad 17.$$

Da nun v_e durch die Gleichung 2a und 9 eindeutig bestimmt ist, so läßt sich aus Gleichung 17
für jedes Q und H bei gewählter Radkonstanten und
gewähltem Laufradwinkel β die zugehörige Drehzahl
des Laufrades bestimmen. Man sieht, daß die letztere
bei wachsender Gefällshöhe zu-, bei großer Wassermenge aber abnimmt.

Um nun die Beurteilung der Drehzahl eines
Laufrades zu erleichtern und den Wirkungsbereich
der einzelnen Laufradgruppen schärfer abzugrenzen,
wurde der Begriff der sog. „Einheitsdrehzahl" eingeführt. Darunter ist die Drehzahl eines Laufrades
verstanden, welches bei einem Meter Gefälle eine
Wassermenge von einem Kubikmeter verbraucht.

Bezeichnet man die der Gefällshöhe von $H = 1$ m zugehörige Umlaufgeschwindigkeit mit v_{e_0} und die Einheitsdrehzahl mit n_0, so gehen die Gleichungen 2a bzw. 17 über in

$$v_{e_0} = \sqrt{\varepsilon g \left(1 + \frac{\operatorname{tg}\alpha}{\operatorname{tg}\beta}\right)} \quad . \quad . \quad . \quad 2\,b.$$

$$n_0 = \frac{60\,v_{e_0}}{\pi\gamma\sqrt{\dfrac{4}{\psi\pi\sqrt{\varDelta\,2g}}}} \quad . \quad . \quad . \quad 17\,a.$$

Man kann sich nun, entsprechend den verschiedenen Werten der Radkonstanten und des Laufradeintrittswinkels β Zahlentafeln entwerfen und die einem Sonderwerte zugehörigen Einheitsdrehzahlen ermitteln. In den folgenden Abschnitten sind dieselben ausführlich wiedergegeben. In diesem sollen nur die jeder Laufradgruppe zugehörigen Grenzwerte angegeben werden.[1]

Die in der Zahlentafel I, Seite 110, angegebenen Austrittsverluste sind als die obersten Grenzwerte anzusehen. (Vgl. das auf Seite 118 u. f. Gesagte.)

Ist die Einheitsdrehzahl für einen Sonderfall bekannt, so unterliegt es keinen Schwierigkeiten, die wirkliche Drehzahl n für eine gegebene Wassermenge bei bekannter Gefällshöhe zu bestimmen. Durch Verbindung der Gleichungen 2a, 2b, 17 und 17a findet man

---

[1] Selbstverständlich sind die angegebenen Zahlen nicht als absolute Grenzwerte aufzufassen. Es findet vielmehr ein stetiger Übergang der Einheitsdrehzahlen einer Laufradgruppe in die andere statt, weil ja die in der Radkonstanten enthaltenen Austrittsverluste eine in weite Grenzen gehaltene Veränderlichkeit der ersteren ermöglichen. Ebenso kann nur der praktische Versuch entscheiden, ob die angegebenen obersten bzw. untersten Grenzwerte erreicht oder überschritten werden können. Nach einer dem Verfasser nachträglich von der Firma Voith in Heidenheim zugekommenen Mitteilung wurde der in den Zahlentafeln Seite 125 angegebene Höchstwert von $\gamma = {}^{10}/_{15}$ bei gutem Nutzeffekt ($\eta = 0,82$) auf $\gamma = {}^{10}/_{17}$ erweitert.

$$n = n_0 \sqrt{\frac{H \cdot \sqrt{H}}{Q}} = n_0 \frac{\sqrt[4]{H^3}}{\sqrt{Q}} \quad \cdots \quad 18.$$

Umgekehrt erlaubt die Kenntnis der Einheitsdrehzahl ohne weitere Versuchsrechnungen, die Zugehörigkeit des Laufrades zu einer der vier Hauptgruppen festzustellen, sobald — was im modernen
Turbinenbau fast durchwegs Regel ist — die Ein-

Zahlentafel I der Einheitsdrehzahlen.

Laufradgruppe	n_0	$\varDelta$
Langsamläufer mit kleinem Wasserverbrauch . . .	25—40	0,04—0,08
Normalläufer mit kleinem Wasserverbrauch . . .	40—55	0,06—0,1
Normalläufer mit großem Wasserverbrauch . . .	55—75	0,08—0,15
Schnelläufer mit großem Wasserverbrauch . . .	75—200	0,08—0,2

haltung einer bestimmten Drehzahl der Turbine vorgeschrieben oder erwünscht ist. In diesem Falle
ergibt sich unmittelbar aus Gleichung 18

$$n_0 = \frac{n \sqrt{Q}}{\sqrt[4]{H^3}} \quad \cdots \cdots \quad 19.$$

Da es nun schon aus ökonomischen Gründen
von Vorteil ist, der fabriksmäßigen Herstellung der
Laufräder ein bestimmtes Normalschema zu Grunde
zu legen und durch entsprechende Abstufungen
der Laufraddurchmesser eine Schar untereinander
geometrisch ähnlicher Laufradformen zu erhalten, so
unterliegt es keinen Schwierigkeiten, für eine ganze

Serie von Laufradtypen die Einheitsdrehzahlen im voraus zu bestimmen, wodurch, wie aus den weiteren Darlegungen zu ersehen sein wird, nicht nur der Berechnungsvorgang der Bestimmungsgrößen vereinfacht, sondern auch die Möglichkeit geboten ist, ein und dasselbe Laufradmodell für verschiedene Wasser- und Gefällsverhältnisse verwenden zu können. Der Vorteil der Bestimmung der Einheitsdrehzahlen soll an einigen praktischen Beispielen gezeigt werden.

a) Praktische Beispiele über die Wahl der Laufradgruppe.

1. Es soll eine hydroelektrische Anlage für ein Gefälle von 46,6 m errichtet werden. Die sekundlich zur Verfügung stehende Wassermenge beträgt $Q = 2,62$ cbm. Da sich eine direkte Kuppelung des Motors mit dem Generator schon in Hinblick auf die bedeutende Leistung der Turbine ($N_e \sim 1250$ PS) als einzig praktisch brauchbare Lösung erweist und nach Rücksprache mit der die elektrische Einrichtung bauenden Firma zum anstandslosen Bau und Betrieb des Generators eine Drehzahl desselben von $n = 300$ gefordert wird, so ist diese auch der Berechnung des Laufrades zu Grunde zu legen.

Unter den gemachten Annahmen

$$Q = 2,62, \quad H = 46,6, \quad n = 300$$

bestimmt sich nach Formel 19 die Einheitsdrehzahl zu

$$n_0 = n \frac{\sqrt{Q}}{\sqrt[4]{H^3}} = \frac{300 \sqrt{2,62}}{\sqrt[4]{46,6^3}} = 27,5$$

da sich der berechnete Wert von n_0 innerhalb der Grenzwerte 25 und 40 befindet, so ist daher, nach den bisher über die Einheitsdrehzahlen gemachten Angaben, das Laufrad als Langsamläufer auszubilden.

2. Es soll ein Gleichstromgenerator von rund 600 PS mittels direkter Kuppelung durch eine horizontale Francisturbine angetrieben werden. Zur Verfügung steht eine Wassermenge von 3,5 cbm, bei einem Gefälle von 16 m. Die Drehzahl des Generators bzw. der Turbinenwelle soll 200 Uml./min betragen·

Unter den gemachten Angaben

$$Q = 3,5 \text{ cbm}, \; H = 16 \text{ m}, \; n = 200$$

bestimmt sich die Einheitsdrehzahl zu

$$n_0 = \frac{200 \sqrt{3,5}}{\sqrt[4]{16^3}} = 47.$$

Man ersieht, daß nach den in der Zahlentafel gemachten Angaben nur durch einen Normalläufer mit großem Wasserverbrauch die geforderte Drehzahl erreicht werden kann.

3. Für eine verfügbare Wassermenge von $Q = 2$ cbm, bei einem Gefälle von $H = 12$ m soll eine hydroelektrische Zentrale mit schnellaufenden Generatoren ($n = 500$) und direkter Kuppelung projektiert werden

Es ist die erforderliche Laufradgruppe zu bestimmen.

Unter den Angaben

$$Q = 2 \text{ cbm}, \; H = 12 \text{ m}, \; n = 500$$

folgt

$$n_0 = \frac{500 \sqrt{2}}{\sqrt[4]{12^3}} = 109.$$

Es ist daher unbedingt ein Schnelläufer mit großem Wasserverbrauch vorzusehen.

Vielfach ist heute schon in der Industrie sowie auch in der Literatur der Begriff der „spezifischen Drehzahl" im Gebrauche. (Vgl. Seite 7.) Darunter ist nach dem Vorgange Prof. Dr. Camerers die Drehzahl jenes Laufrades zu verstehen, welches bei 1 m Gefälle eine PS_e leistet. Dies setzt aber voraus, daß der effektive Wirkungsgrad einer Turbinenanlage ebenfalls bekannt ist.

Wird aber schon die nachherige Bestimmung desselben bei Anlagen von größerer Leistung durch Auftreten unvermeidlicher Fehlerquellen erschwert, so ist noch mehr eine vorherige Annahme desselben auf eine Schätzung innerhalb ziemlich weiter Grenzen angewiesen, die selbst wieder von der Güte des Materials, von der Genauigkeit in der Herstellung usw. abhängig sind. Es wurde daher von der Einführung der spezifischen Drehzahl abgesehen und an dessen Stelle die erwähnte Einheitsdrehzahl festgesetzt, welche schon ihrer Bedeutung zufolge jenen zufälligen Schwankungen nicht unterworfen ist.

Übrigens unterliegt es keinen Schwierigkeiten, den Zusammenhang dieser beiden Begriffe auch rechnerisch festzusetzen. Nach bekannter Formel ergibt sich die effektive Leistung einer Turbine zu:

$$N_e = \frac{1000 \, \eta \, Q \, H}{75} \quad . \quad . \quad . \quad . \quad 20.$$

Setzt man in Gleichung 20 $N_e = 1$ und $H = 1$, so erhält man jene Wassermenge Q_s, welche bei einem Gefälle von 1 m einer Leistung von 1 PS_e entspricht. Dieselbe ist daher

$$Q_s = \frac{75}{1000 \, \eta} \quad . \quad . \quad . \quad . \quad 21.$$

Setzt man den für Q_s erhaltenen Wert in Gleichung 17 ein, so ergibt sich die spezifische

Kaplan, Schaufelformen.   8

Drehzahl n_s unter Berücksichtigung, daß auch hier wegen $H = 1$ die Umlaufgeschwindigkeit v_e in v_{e_0} übergeht, zu

$$n_s = \frac{60 \, v_{e_0}}{\pi \gamma \sqrt[3]{10 \, \eta \, \psi \, \pi \, \sqrt{\varDelta \, 2 \, g}}} \qquad . \ . \ 22.$$

Durch Vereinigung der Gleichungen 17a und 22 erhält man dann schließlich

$$n_s = n_0 \frac{1}{\sqrt[3]{4 \cdot 10 \cdot \eta}} = n_0 \sqrt[3]{\frac{40 \, \eta}{3}} \qquad . \ . \ . \ 23.$$

Nimmt man für alle Laufradgruppen einen durchschnittlichen effektiven Wirkungsgrad von $\eta = 0,75$ an[1]), so wird nach Gleichung 23

$$n_s = n_0 \sqrt[3]{10} = 3,16 \, n_0 \qquad . \ . \ . \ . \ . \ 24.$$

Falls daher die Einheitsdrehzahl bekannt ist, so läßt sich die mittlere spez. Drehzahl durch Multiplikation der ersteren mit dem Faktor 3,16 leicht finden.

Damit sind jene Gesichtspunkte festgelegt, welche die Zugehörigkeit des Laufrades zu einer der vier Gruppen bedingen, und es kann nun daran geschritten werden, der gewählten Laufradgruppe durch weitere rechnerische und zeichnerische Ausgestaltung eine rationelle, praktische Verwendbarkeit zu sichern.

---

[1]) Es vereinfacht sich dadurch auch die Formel für die effektive Leistung und geht in die im Gedächtnis leicht zu behandelnde Näherungsgleichung

$$N_e = 10 \, Q \, H \qquad . \ . \ . \ . \ . \ . \ . \ . \ 20\,a.$$

über, von welcher im weiteren noch mehrfach Gebrauch gemacht wird.

E. Berechnung und Konstruktion der Schnelläufer mit großem Wasserverbrauch.

I. Allgemeine Grundlagen und Aufstellung von Zahlentafeln für den praktischen Gebrauch. [1])

Da der Schnelläufer den allgemeinsten Fall eines Laufrades vorstellt, so soll, um bei den anderen Laufradgruppen unnütze Wiederholungen zu vermeiden, eine eingehende Besprechung desselben an erster Stelle vorgeführt werden. Schon aus Gleichung 18 (vgl. vor. Abschnitt) ist ersichtlich, daß derselbe überall dort angewendet werden muß, wo die Energie großer Wassermengen bei kleinen Gefällen ausgenutzt werden soll. Man wird im modernen Turbinenbau immer zur direkten Kuppelung der Turbine mit der Arbeitsmaschine greifen, um einesteils die höchste Energieausnutzung zu erzielen, anderseits eine vom wirtschaftlichen Standpunkt als rationell zu be-

[1]) Die in diesem Abschnitt wiedergegebenen Erörterungen finden sich in gekürzter Form auch in dem Aufsatz des Verfassers Theoretische Untersuchungen und deren praktische Verwertung zur Bestimmung rationeller Schaufelformen für Schnelläufer (Z. f. d. g. Turbw., Jahrg. 1906, Heft 1–17)

zeichnende Anlage zu schaffen. Nur in den seltensten
Fällen können örtliche Rücksichten eine direkte Kuppelung unmöglich machen, und selbst dann noch ist
die Erzielung hoher Drehzahlen als wirtschaftlicher
Gewinn anzusehen.

Das Bestreben, auch bei großen Wassermengen
und kleinen Gefällshöhen wirtschaftlich günstige
Drehzahlen zu erhalten, war natürlich schon vor
Einführung des Schnelläufers vorhanden, und man
half und hilft sich teilweise auch heute noch dadurch,
daß man statt des einen großen, zwei oder mehrere
kleinere Laufräder auf der Turbinenwelle befestigt
(Zwillings-, Drillingsturbine usw.), wodurch aus be-
greiflichen Gründen tatsächlich eine beträchtliche Drehzahlerhöhung erzielt werden kann. Wäre jedoch in
solchen Fällen noch der Einbau eines Schnelläufer-
rades möglich gewesen, so wäre dieses schon vom
ökonomischen Standpunkte, entschieden vorzuziehen,
da eine Zwei- oder Mehrradturbine zweifellos teurer
zu stehen kommt, als eine Einradturbine. Dazu
kommen noch Bedenken praktischer Natur, so vor
allem der verwickeltere Aufbau der Regulierung
einer Mehrradturbine, die Schwierigkeit der rationellen Überführung des Wassers in das Saugrohr
u. a. m.

Schon bei Besprechung der Wahl der Laufradgruppe (Abschnitt D) wurde gezeigt, daß die Ausbildung eines Schnelläufers die Wahl einer großen
Radkonstanten und eines kleinen Laufradeintrittswinkels bedingt.

Um einen genauen Einblick in alle damit Bezug
habenden Bestimmungsgrößen zu ermöglichen, ist
eine eingehende Besprechung der letzteren unter
Zugrundelegung bekannter Beziehungen erforderlich.

Durch die Gleichungen 9, 2a, 17 und 11

$$\operatorname{tg} \alpha = \frac{C}{\operatorname{tg} \beta} + \sqrt{\left(\frac{C}{\operatorname{tg} \beta}\right)^2 + 2\,C} \quad . \quad . \quad 9.$$

$$v_e = \sqrt{\varepsilon\,g\,H \left(1 + \frac{\operatorname{tg} \alpha}{\operatorname{tg} \beta}\right)} \quad . \quad . \quad . \quad 2\,a.$$

$$n = \frac{60\,v_e}{\pi\,\gamma \sqrt{\dfrac{4\,Q}{\psi\,\pi\,\sqrt{\varDelta\,2\,g\,H}}}} \quad . \quad . \quad . \quad 17.$$

$$C = \frac{\psi^2\,\varDelta}{16\,\gamma^4\,\mu^2\,\varepsilon\,\varrho^2} \quad . \quad . \quad . \quad . \quad 11.$$

$$2\,\alpha < 180 - \beta \,. \quad . \quad . \quad . \quad 25.$$

ist für jeden Wert des Laufradwinkels β und, bei gewählter Radkonstanten, die Größe des Leitradwinkels
α, der Umlaufgeschwindigkeit v_e sowie auch der Drehzahl n eindeutig bestimmt.   Dabei darf aber der für
Preßstrahlturbinen allgemein giltigen Bedingung (25)
nicht vergessen werden, welche besagt, daß die absolute Eintrittsgeschwindigkeit keinesfalls die Größe
$c_e = \sqrt{2\,g\,H}$ erreichen darf, da sonst auf ein vollständiges Anfüllen der Laufradkanäle mit strömendem
Wasser praktisch kaum gerechnet werden kann.[1])

Unter Berücksichtigung der durch Gleichung 1
(Seite 17) angegebenen Winkelbeziehungen läßt sich
die Bedingung 25 leicht ableiten.

Was nun die geforderte Bedingung einer großen
Radkonstanten anbelangt, so läßt sich diese, wie aus
Gleichung 11 folgt, einesteils durch Vergrößerung
von ψ und $\varDelta$, anderseits durch entsprechende Ver-

---

[1]) Durch Ejektionswirkung ist es allerdings möglich, die Geschwindigkeit
c_e noch weiter zu steigern, dieses Prinzip auf Turbinen übertragen zu wollen,
erscheint jedoch praktisch wegen der auftretenden enormen Reibungsverluste
vollkommen aussichtslos.

ringerung von γ, μ, ε und ϱ erreichen. Von diesen
Größen sind der Verengungskoeffizient des Saugrohr-
querschnittes durch die Turbinenwelle (ψ), sowie das
Schaufelverengungsverhältnis (ϱ) durch den Schaufel-
entwurf gegeben, und daher einer willkürlichen Wahl
nicht fähig; ebenso ist auch der hydraulische Wirkungsgrad ε durch die Wahl eines bestimmten Austrittsverlustes (vgl. Seite 119 u. f. und Seite 132) festgelegt. Es
ist daher nur der Einfluß von $\varDelta$, γ und μ auf die Radkonstante bzw. auf die Drehzahl zu untersuchen.

Da nun ε auch in der Form geschrieben werden
kann: $\varepsilon = (1 - \lambda)\,(1 - \varDelta)$, wobei λ den durch Stoß
und Wasserreibung hervorgerufenen Anteil am Gefälls-
verlust vorstellt, so sieht man, daß mit wachsendem $\varDelta$
sich auch der Ausdruck $\dfrac{\varDelta}{\varepsilon}$ und mithin die Radkonstante vergrößert. Auch aus Gleichung 17 folgt un-
mittelbar, daß große Austrittsverluste eine Drehzahlerhöhung zur Folge haben.

Dementgegen lehrt aber Gleichung 2a, daß bei stark
vergrößerten Austrittsverlusten eine Verringerung[1]
der Umlaufgeschwindigkeit eintreten muß, welche nun
wieder auf die Drehzahl rückwirkt.

---

[1] Würde man, was allerdings wegen Aufrechterhaltung der Bedingung
25 praktisch vollkommen ausgeschlossen ist, $\varDelta = 1$ wählen, und von jeder
Saugrohrerweiterung (vgl. Seite 120) absehen, so würde aus 11 folgen: $C = \infty$,
mithin für $\beta = 90^0$ aus 9 auch tg $\alpha = \infty$, daher $\alpha = 90^0$. Da für $\varDelta = 1$ aus
(2a) $v_e = 0$ folgt, so muß nach 17 auch $n = 0$ sein. Ein Ergebnis, welches,
sofort verständlich wird wenn man berücksichtigt, daß bei einem Leitradaus-
bzw. Laufradeintrittswinkel von 90^0 eine Drehung des Rades durch das
strömende Wasser ausgeschlossen ist. Anderseits ergibt sich aus 17 bzw. 11
die interessante Tatsache, daß für $\varDelta = 0$ wohl eine endliche Umlaufgeschwindigkeit, aber keine Drehbewegung um die Turbinenachse (weil $n = 0$) erzielt
werden kann. Auch dieses Ergebnis ist sofort verständlich, wenn berücksichtigt
wird, daß für $\varDelta = 0$ ein unendlich großer Saug- bzw. Laufraddurchmesser
erforderlich ist. Die Turbinenachse rückt in die Unendlichkeit; von einer
Kreisbewegung kann daher nicht mehr gesprochen werden.

Da aber, wie aus den angegebenen Gleichungen folgt, die Drehzahl in zwei Grenzwerten ($\varDelta = 0$ und $\varDelta = 1$, vgl. Anmerkg. 1, Seite 118) Null wird, so ist weiter zu schließen, daß sich innerhalb derselben für $\varDelta$ ein Wert angeben läßt, bei welchem dieselbe zu einem Höchstwert wird. Mit Hilfe der Differentialrechnung unterliegt es nun keinen Schwierigkeiten, diesen Wert von $\varDelta$ zu bestimmen. (Vgl. Seite 188) Doch hat derselbe keine praktische Bedeutung, weil behufs Aufrechterhaltung der Bedingung 25 der Winkel α und mit ihm die Radkonstante C keinesfalls über eine gewisse oberste Grenze ($C = 0,5$) erhöht werden darf. Man ist daher gezwungen, bei Anwendung hoher Austrittsverluste auch die Werte von γ und μ entsprechend zu vergrößern; da nun aber aus Gleichung 17 folgt, daß große Werte von γ die Drehzahl verkleinern, so ist hiemit nachgewiesen, daß eine beliebige Erhöhung des Austrittsverlustes keinesfalls, wie in der neueren Turbinenliteratur vielfach angegeben wird, nützlich ist, sondern die Erzielung hoher Drehzahlen vielmehr verhindert.

Außerdem verlangen hohe Austrittsverluste eine starke Erweiterung des Saugrohres nach unten hin. Da nun die ersteren im oberen Teile desselben große Saugrohrgeschwindigkeiten und mithin ganz beträchtliche Reibungsverluste (vgl. das auf Seite 189 Gesagte) verursachen, so ist klar, daß einer theoretisch beliebig weit getriebenen Saugrohrerweiterung praktisch bald eine Grenze gesetzt ist.

Durch Aufeinanderschichtung einer unendlichen Schar von beliebig kleinen Parallelopipeden werden dem entstehenden Aggregat noch lange nicht jene physikalischen Eigenschaften verliehen, wie sie eine Flüssigkeit tatsächlich besitzt. Bei einer wirklichen

„Flüssigkeit" sind vielmehr die einzelnen Wasser-
elemente durch Reibungswiderstände und Kohäsions-
kräfte mit einander verkettet und folgen daher keinesfalls jenen Bahnen, wie sie die reine Theorie ohne
Berücksichtigung dieser Kräfte vorschreibt.

In dieser Hinsicht wurden von Dipl.-Ing. Bänninger sehr interessante Versuche an konischen Düsen veröffentlicht[1]), aus welchen unzweifelhaft hervorgeht, daß der Nutzeffekt solcher Düsen nicht nur
von der Größe der Durchflußgeschwindigkeit
im engsten Düsenquerschnitt, sondern auch von der
pro Längeneinheit vorhandenen Düsenerwei-
terung in ganz erheblichem Maße abhängig ist.
Große Düsengeschwindigkeiten und starke Düsen-
erweiterungen verschlechtern den Wirkungsgrad
dermaßen, daß ihre praktische Verwendbarkeit ausgeschlossen ist. Aus den erwähnten Versuchen berechnet sich der günstigste Nutzeffekt bei einer Neigung
der Düsenbegrenzungen von rund 6° — ein Wert, der
auch mit den von hervorragenden Turbinenfabriken
bei Saugrohrerweiterungen als Höchstwert angegebenen vollauf übereinstimmt.

Daß der Geschwindigkeitsabfall bei solch geringer Neigung der Saugrohrbegrenzungen bei kurzen Saugrohren unerheblich und auch bei langen
Saugrohren praktisch von keiner großen Bedeutung
sein kann, ist daher leicht einzusehen. Außerdem
zwingen gerade die Betriebsverhältnisse bei Schnell-
läufern zur Anwendung kurzer Saugrohre, da diese
Laufradgruppe, wie schon erwähnt, hauptsächlich bei
geringen Gefällshöhen und großen Wassermengen
Verwendung findet. Man kann zwar allerdings durch

---

[1]) Z. f. d. ges. Turbw., Jahrg. 1906, Seite 12 bis 14.

Einbau von Betonkrümmern die Saugrohrlänge entsprechend vergrößern, doch ist dabei zu berücksichtigen, daß in den ersteren Krümmungswiderstände auftreten, welche neuerdings Ursache von Energieverlusten bilden. Außerdem ist aus örtlichen und wirtschaftlichen Gründen der Einbau solcher Betonkrümmer nicht immer durchführbar.

Eine genaue rechnerische Verfolgung aller dieser Einflüsse setzt aber einen bestimmten Sonderfall voraus, und selbst dann noch müssen die erhaltenen Ergebnisse für den praktischen Gebrauch mit großer Vorsicht aufgefaßt werden.

Am sichersten dürften solche Fragen durch praktische Versuche zu lösen sein, wie dies von Bänninger erfolgreich in Angriff genommen wurde.

Es wurde daher, teils mit Rücksicht auf die erwähnten Versuchsergebnisse von Bänninger, teils auch aus den hier angegebenen Gründen sowohl an dieser Stelle, als auch in der Folge von dem Einfluß der Saugrohrerweiterung auf die Ermittlung der Bestimmungsgrößen abgesehen und als Austrittsververlust $\varDelta$ jener Bruchteil des Gefälles angesehen, welcher zur Erzeugung der im oberen Saugrohrquerschnitt vorhandenen Saugrohrgeschwindigkeit c_s verwendet wird. Die im Abschnitt K durchgeführte Prüfung von Bremsproben zeigt tatsächlich, daß die unter dieser Annahme erhaltenen Ergebnisse mit den praktischen Erfahrungen in guter Übereinstimmung stehen.

Da aber aus Gleichung 11 folgt, daß auch durch entsprechende Verringerung von γ und μ eine Vergrößerung der Radkonstanten eintritt, so ist die Beschreitung dieses Weges um so vorteilhafter, als sich auch aus Gleichung 17 unmittelbar ergibt, daß eine

Verkleinerung von γ eine weitere Drehzahlerhöhung des Laufrades zur Folge hat.

Wenn auch die Werte von ϱ und m, wie schon erwähnt, eine willkürliche Wahl überhaupt nicht zulassen, so ist es dennoch interessant, die Beeinflussung der Drehzahl durch dieselben kennen zu lernen.

Man ersieht aus den Gleichungen 11 und 17, daß sich die Drehzahl des Laufrades um so mehr vergrößert, je kleiner unter sonst gleichen Verhältnissen das Schaufelverengungsverhältnis ϱ und je größer m — d. h. je geringer die Saugrohrquerschnittsverengung durch die Turbinenwelle ausfällt.

Stellt man die gewonnenen Ergebnisse kurz zusammen, so lassen sich folgende Hauptleitsätze aufstellen, welche zur Erzielung der höchsten Drehzahlen für Schnelläufer zu beachten sind.

1. Der Laufradeintrittswinkel muß so klein gewählt werden, als es die rationelle Ausbildung der Schaufelfläche, sowie jene der Regulierung überhaupt zuläßt.

2. Der Laufraddurchmesser ist gegenüber dem Saugrohrdurchmesser so stark als möglich zu verkleinern.

3. Die Einlaufbreite ist gering zu wählen.

4. Die Austrittsverluste sind in mäßigen Grenzen zu steigern und sollen, wie dies aus den später angegebenen Zahlentafeln hervorgeht, eine oberste Grenze von $J = 0{,}15$ nur in Ausnahmsfällen überschreiten.

5. Ein kleines Schaufelverengungsverhältnis sowie eine geringe Saugrohrverengung durch die Turbinenwelle

vergrößert unter sonst gleichen Verhältnissen die Drehzahl.

Die Einführung bestimmter Werte für γ und μ
in die auf Seite 117 angegebenen Formeln gestattet
nun, sog. normale Turbinentypen zu entwerfen,
wie solche von jeder rationell arbeitenden Fabrik anzustreben sind. Bei der Wichtigkeit solcher Normal-
konstruktionen für den praktisch tätigen Turbineningenieur mögen hier nach den angegebenen Formeln
ausgearbeitete Zahlentafeln Platz finden, die auch
sonst noch eine Reihe von Schlüssen ermöglichen,
welche für die weitere Formgebung der Schaufelfläche
von Wichtigkeit sind.

Da die Werte von β, γ, μ und $\varDelta$ dem Ermessen
des Konstrukteurs anheimgestellt sind, wurde für μ
der Reihe nach die Werte $^1/_2$, $^1/_3$, $^1/_4$ und $^1/_5$ gewählt,
entsprechend einer Einlaufsbreite von

$$B = \frac{D_1}{5} \cdots \frac{D_1}{4} \cdots \frac{D_1}{3} \text{ bis } \frac{D_1}{2}.$$

Ebenso wurde γ geändert von

$$\gamma = {}^{10}/_{13} \cdots {}^{10}/_{14} \text{ bis } {}^{10}/_{15}.$$

Außerdem wurden dem Laufradwinkel β verschiedene Werte beigelegt, welche bei $\beta = 40^0$ be-
ginnend mit einem Größtwerte desselben von $\beta = 80^0$
abschließen. Schließlich wurde auch der Möglichkeit
einer Veränderung des Austrittsverlustes innerhalb
weiter Grenzen Rechnung getragen und die durch
dieselbe bedingten Winkel, Geschwindigkeits- und
Drehzahländerungen bei Austrittsverlusten von $\varDelta =$
0,1 . . . 0,15 bis 0,2 eingetragen.

Von einer Änderung der Werte für w und ϱ
wurde der Übersichtlichkeit halber abgesehen und
allen Laufradgruppen das gleiche Schaufelver-

Ermittlung der Bestimmungsgrößen von
$\psi = 0,98$, $\varrho = 0,93$,

$\mu = \frac{1}{2}$							
		$\beta = 40^\circ$			$\beta = 50^\circ$		
$\gamma =$		$^{10}/_{13}$	$^{10}/_{14}$	$^{10}/_{15}$	$^{10}/_{13}$	$^{10}/_{14}$	$^{10}/_{15}$
$\varDelta = 0,1$	$\alpha =$	$29^\circ 50'$	$34^\circ 40'$	$39^\circ 40'$	$28^\circ -$	$32^\circ 30'$	$37^\circ -$
$\varDelta = 0,15$	$\alpha =$	$38^\circ -$	$43^\circ 40'$	$49^\circ -$	$35^\circ 30'$	$40^\circ 30'$	$47^\circ 10'$
$\varDelta = 0,2$	$\alpha =$	$44^\circ 30'$	$50^\circ 30'$	$56^\circ -$	$41^\circ 30'$	$46^\circ 40'$	$52^\circ -$
$\varDelta = 0,1$	$\dfrac{v_e}{\sqrt{H}} =$	$3,61$	$3,78$	$3,95$	$3,36$	$3,44$	$3,58$
$\varDelta = 0,15$	$\dfrac{v_e}{\sqrt{H}} =$	$3,78$	$4,-$	$4,18$	$3,44$	$3,56$	$3,72$
$\varDelta = 0,2$	$\dfrac{v_e}{\sqrt{H}} =$	$3,88$	$4,13$	$4,4$	$3,49$	$3,65$	$3,78$
$\varDelta = 0,1$	$n_0 =$	$92,5$	104	116	86	$94,5$	105
$\varDelta = 0,15$	$n_0 =$	104	$122,5$	138	97	109	122
$\varDelta = 0,2$	$n_0 =$	118	136	156	107	120	133

$\mu = \frac{1}{3}$							
$\gamma =$		$^{10}/_{13}$	$^{10}/_{14}$	$^{10}/_{15}$	$^{10}/_{13}$	$^{10}/_{14}$	$^{10}/_{15}$
$\varDelta = 0,1$	$\alpha =$	$44^\circ 50'$	$50^\circ 10'$	$55^\circ 40'$	$41^\circ 10'$	$47^\circ 20'$	$51^\circ 40'$
$\varDelta = 0,15$	$\alpha =$	$53^\circ 50'$	$59^\circ 30'$	$-$	$49^\circ 40'$	$55^\circ 30'$	$-$
$\varDelta = 0,1$	$\dfrac{v_e}{\sqrt{H}} =$	$4,15$	$4,35$	$4,62$	$3,66$	$3,86$	$4,00$
$\varDelta = 0,15$	$\dfrac{v_e}{\sqrt{H}} =$	$4,40$	$4,70$	$-$	$3,84$	$4,05$	$-$
$\varDelta = 0,1$	$n_0 =$	106	119	135	$91,5$	106	118
$\varDelta = 0,15$	$n_0 =$	126	144	$-$	109	124	$-$

$\mu = \frac{1}{4}$							
$\gamma =$		$^{10}/_{13}$	$^{10}/_{14}$	$^{10}/_{15}$	$^{10}/_{13}$	$^{10}/_{14}$	$^{10}/_{15}$
$\varDelta = 0,1$	$\alpha =$	$55^\circ 40'$	$61^\circ 20'$	$66^\circ 15'$	$51^\circ 40'$	$57^\circ 20'$	$62^\circ 10'$
$\varDelta = 0,1$	$\dfrac{v_e}{\sqrt{H}} =$	$4,62$	$4,99$	$5,39$	$4,06$	$4,25$	$4,50$
$\varDelta = 0,1$	$n_0 =$	118	137	157	104	117	132

$\mu = \frac{1}{5}$							
$\gamma =$		$^{10}/_{13}$	$^{10}/_{14}$	$^{10}/_{15}$	$^{10}/_{13}$	$^{10}/_{14}$	$^{10}/_{15}$
$\varDelta = 0,1$	$\alpha =$	$64^\circ -$	$68^\circ 50'$	$-$	$60^\circ \rightarrow$	$65^\circ -$	$-$
$\varDelta = 0,1$	$\dfrac{v_e}{\sqrt{H}} =$	$5,19$	$6,80$	$-$	$4,37$	$4,67$	$-$
$\varDelta = 0,1$	$n_0 =$	130	187	$-$	112	128	$-$

tafel II.

Schnelläufern mit großem Wasserverbrauch.

$\psi = 0,98$, $\varrho = 0,93$.

$\mu = 1/2$

	$\beta = 60^\circ$			$\beta = 70^\circ$			$\beta = 80^\circ$	
10/13	10/14	10/15	10/13	10/14	10/15	10/13	10/14	10/15
26°40'	30°45'	34°50'	25°30'	29°30'	33°10'	24°40'	28°15'	31°50'
33°30'	38°10'	42°50'	32°—	36°10'	40°40'	30°30'	34°30'	38°40'
39°—	44°—	49°—	37°—	41°50'	46°10'	35°20'	39°50'	44°—
3,17	3,25	3,30	3,02	3,05	3,11	2,90	2,91	2,94
3,18	3,29	3,36	3,00	3,06	3,10	2,86	2,88	2,90
3,20	3,30	3,40	2,97	3,04	3,10	2,80	2,82	2,85
81	89	97	77	83	91,5	74	80	86
90,5	101	111	86	94	102	81,5	88,5	95,5
98	109	119	91	100	109	86	93	100

$\mu = 1/3$

10/13	10/14	10/15	10/13	10/14	10/15	10/13	10/14	10/15
38°40'	43°50'	48°40'	37°—	41°30'	46°—	35°10'	39°30'	43°40'
47°—	52°10'	—	44°40'	49°20'	—	42°10'	46°40'	—
3,39	3,50	3,61	3,16	3,22	3,30	2,97	3,00	3,03
3,45	3,59	—	3,17	3,24	—	2,92	2,96	—
86,5	96,5	106	81	88,5	97	75,5	82,5	89
98,5	110	—	91	99,8	—	83	91	—

$\mu = 1/4$

10/13	10/14	10/15	10/13	10/14	10/15	10/13	10/14	10/15
48°40'	54°—	58°40'	46°10'	50°10'	55°30'	43°40'	48°20'	—
3,61	3,75	3,92	3,28	3,24	3,45	3,02	3,05	—
92,5	103	115	84	91,5	102	77	84	—

$\mu = 1/5$

10/13	10/14	10/15	10/13	10/14	10/15	10/13	10/14	10/15
56°30'	—	—	53°30'	—	—	—	—	—
3,84	—	—	3,41	—	—	—	—	—
98	—	—	87	—	—	—	—	—

engungsverhältnis $\varrho = 0,93$ (Schaufeln aus Gußeisen) und die gleiche Saugrohrverengung von $\psi = 0,98$ als konstante Mittelwerte beigelegt.

In der Zahlentafel[1]) II sind die Leitradwinkel α, die auf 1 m Gefälle bezogene Umlaufgeschwindigkeit $\frac{v_e}{\sqrt{H}}$ und die Einheitsdrehzahl n_0 angegeben.

Man ersieht aus diesen vor allem die Tatsache, daß durch geringe Werte von β, μ und γ tatsächlich ein ganz erhebliches Anwachsen der Umlaufgeschwindigkeit und der Drehzahl erzielt werden kann. Allerdings verlangen solche Laufräder große Leitradaustrittswinkel, wodurch die rationelle Ausbildung der Regulierung immer schwieriger wird; doch lassen sich, wie neuere Ausführungen zeigen, bei richtiger Anordnung des Leitschaufeldrehbolzens und entsprechend vermehrter Leitschaufelzahl (vgl. Seite 255) auch bei geringer Beaufschlagung noch befriedigende Ergebnisse erzielen. Jedenfalls kann jedoch der heute noch vielfach gebräuchliche Maximalwert von $\beta = 65 - 75^0$ ganz wesentlich unterschritten werden.

Ein weiterer, bei den derzeit gebauten Laufrädern vorhandener Übelstand, welcher der Erzielung hoher Drehzahlen hinderlich im Wege steht, ist die Wahl einer viel zu groß gehaltenen Einlaufbreite, was sich aus der Zahlentafel sofort erkennen läßt.

Man ersieht aus den letzteren beispielsweise, daß für $\beta = 70^0$, $\gamma = {}^{10}/_{14}$, $\mu = {}^1/_2$ nur eine Einheitsdrehzahl von $n_0 = 83$ erreicht werden kann. Wählt man dagegen bei dem gleichen Austrittsverlust von $\varDelta = 0,1$ für $\beta = 50^0$, $\gamma = {}^{10}/_{14}$ und $\mu = {}^1/_4$, so erhöht sich die Einheitsdrehzahl auf $n_0 = 117$. Allerdings

---

[1]) Die Zahlenwerte wurden mittels des Rechenschiebers berechnet.

ist die zeichnerische Darstellung einer solchen Schaufelfläche nach den bisher gebräuchlichen Methoden bei gleichzeitiger Berücksichtigung einer möglichst sanft verlaufenden räumlichen Krümmung derselben kaum durchführbar, und dies dürfte wohl hauptsächlich der Grund sein, weshalb man Laufräder mit den angegebenen Bestimmungsgrößen nur vereinzelt vorfindet.

Der schon auf Seite 119 erwähnte Nachteil einer allzustark getriebenen Erhöhung des Austrittsverlustes kommt in der Zahlentafel II zum klaren Ausdruck. Die auf Seite 117 aufgestellte Bedingung 25 kann selbst bei einem Austrittsverlust von $\mathit{J} = 0{,}1$ bei $\mu = \frac{1}{5}$, $\gamma = \frac{10}{15}$ und von $\beta = 70^0$ an auch bei $\gamma = \frac{10}{14}$ nicht mehr aufrechterhalten werden. Wird der Austrittsverlust noch weiter auf $\mathit{J} = 0{,}15$ bzw. $\mathit{J} = 0{,}2$ gesteigert (vgl. Zahlentafel II), so sind nur mehr die Werte von $\mu = \frac{1}{2}$ und $\mu = \frac{1}{3}$ zulässig, wobei jedoch große Laufraderweiterungen unstatthaft sind. Bevor auf eine weitere Besprechung der Schaufelfläche eingegangen werden kann, sollen noch drei interessante Ergebnisse eingefügt werden, welche sich aus der Zahlentafel ermitteln lassen.

Trägt man nämlich, wie Fig. 20 S. 128 zeigt, auf der Abszissenachse OX den im Gradmaße angegebenen Winkelwert von β in einem beliebigen Längenmaßstabe auf und ebenso auf der Ordinatenachse OY den in den Zahlentafeln ausgerechneten Wert von α, so erhält man für ein bestimmtes γ und μ eine Kurve, welche den in Fig. 20 eingetragenen Verlauf nimmt. Legt man nun sowohl γ als μ verschiedene Werte bei, so erhält man die in Fig. 20 dargestellte Kurvenschar, welche zwischen den Grenzen $\beta = 50^0$ bis $\beta = 90^0$ einen fast vollständig linearen Verlauf zeigt.

Es kann daher mit großer Annäherung der zwischen den angegebenen Grenzen[1]) liegende Kurvenast als gerade Linie aufgefaßt werden.   Für einen der ge-

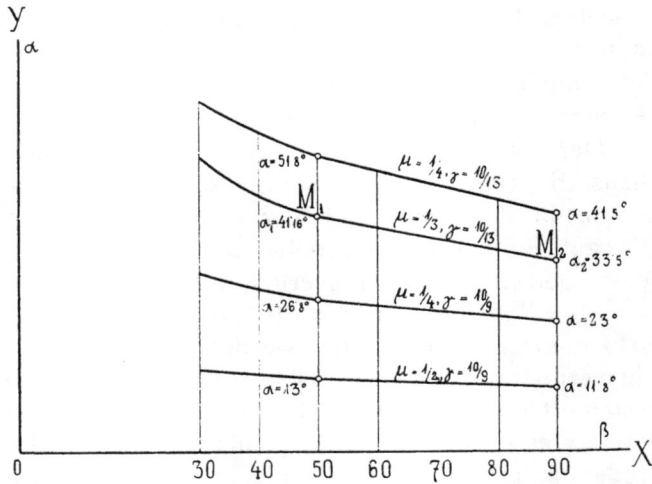

Fig. 20. Schaubild der Winkelbeziehungen.

zeichneten Spezialfälle — etwa für $\mu = \frac{1}{3}$ und $\gamma = \frac{10}{13}$ — würde sich durch Einführung der Werte

$$M_1 \begin{cases} \beta_1 = 50^0 \\ \alpha_1 = 41^0 10' = 41,16^0 \end{cases}$$

$$M_2 \begin{cases} \beta_2 = 90^0 \\ \alpha_2 = 33^0 30' = 33,5^0 \end{cases}$$

als analytischer Ausdruck für die Gleichung der durch diese zwei Punkte hindurchgelegten Geraden ergeben:

---

[1]) Der Übersichtlichkeit halber wurden die Grenzen von β und γ entsprechend erweitert. Mithin erscheinen auch die Normalläufer für großen und kleinen Wasserverbrauch in diese Untersuchung einbezogen.

$$\alpha - \alpha_1 = \frac{\alpha_2 - \alpha_1}{\beta_2 - \beta_1}\,(\beta - \beta_1) \quad \text{oder}$$

$$\alpha - 41{,}16 = \frac{33{,}5 - 41{,}16}{90 - 50}\,(\beta - 50)$$

und nach entsprechender Reduktion:

$$\alpha = -\,0{,}192\,\beta + 50{,}75$$

Setzt man der Reihe nach:

$$\beta = \quad 50^0 \qquad 60^0 \qquad 70^0 \qquad 80^0 \qquad 90^0$$

so ergibt sich aus dieser Gleichung:

$$\alpha = 41{,}16^0 \quad 38{,}23^0 \quad 37{,}21^0 \quad 35{,}43^0 \quad 33{,}5^0$$

oder die Dezimalgrade in Minuten ausgedrückt:

$$\alpha = 41^0 10' \quad 38^0 14' \quad 37^0 12' \quad 35^0 26' \quad 33^0 30'$$

während die Zahlentafeln folgende Werte ergeben:

$$\alpha = 41^0 10' \quad 38^0 40' \quad 37^0 \quad 35^0 10' \quad 33^0 30'$$

Wie man sieht, ist der durch Benutzung obiger Gleichung, welche natürlich nur einen ganz empirischen Charakter hat, begangene Fehler gegenüber der genauen Formel 9 (Seite 22) verschwindend klein, und es empfiehlt sich daher ihre Anwendung überall dort, wo die Winkelwerte innerhalb der angegebenen Grenzen liegen. So gelingt es dadurch, auf einfache Weise solche Zwischenwerte von α bzw. β aufzustellen, welche in den angegebenen Zahlentafeln nicht enthalten sind. Zeichnet man für einen anderen Wert von γ bzw. μ neue Kurven, so zeigen, wie schon erwähnt, auch diese innerhalb der angegebenen Grenzen den hier näher besprochenen linearen Verlauf, so daß ganz allgemein geschrieben werden kann:

$$\alpha = -\,a\,\beta + b$$

unter a und b konstante Größen verstanden, welche sich durch Annahme von γ und μ in der für einen Sonderfall gezeigten Weise bestimmen lassen.

Kaplan, Schaufelformen. 9

Eine weitere Beziehung besteht, wie aus der Zahlentafel hervorgeht, zwischen dem Winkel β und der Einheitsdrehzahl n_0. Trägt man sich wieder in der erwähnten Weise auf der Abszissenachse den Winkel β, auf der Ordinatenachse die den entsprechenden Winkelwerten einer Laufradserie zukommenden Einheitsdrehzahlen auf (Fig. 21), so kann auch hier für praktische Zwecke genügend genau von einem linearen Verlauf der Kurve der Drehzahlen

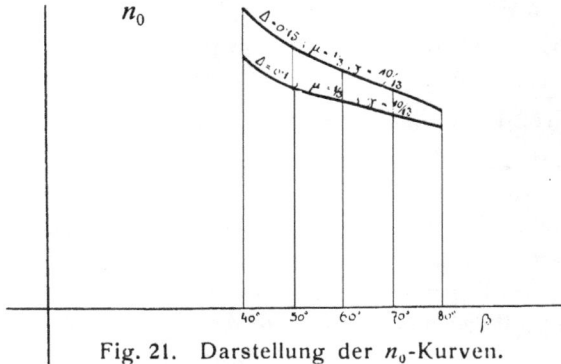

Fig. 21. Darstellung der n_0-Kurven.

gesprochen werden. Man könnte so, wie früher gezeigt, die Gleichung der Geraden aufstellen und mithin für jeden beliebigen Wert von γ, μ und J bei angenommenen Laufradeintrittswinkel die zugehörigen Einheitsdrehzahlen bestimmen und ist dadurch einer zeitraubenden Benutzung der auf Seite 117 angegebenen Formeln enthoben.

Da eingangs gezeigt wurde, daß auch α und β zueinander in angenähert linearen Beziehungen stehen, so folgt unmittelbar, daß diese auch in bezug auf die Einheitsdrehzahl und den Leitradaustrittswinkel vorhanden sein müssen, wovon man sich übrigens leicht durch eine ähnliche zeichnerische Darstellung überzeugen kann.

Ein weiteres, die Beurteilung der Regulierfähigkeit des Laufrades bestimmendes Ergebnis läßt sich aus den in der Zahlentafel II angegebenen Werten für die Umlaufgeschwindigkeit ableiten.

In Zahlentafel III wurden für ein konstantes γ, μ und β bei verschieden groß gewählten Austrittsverlusten die zugehörigen Umlaufgeschwindigkeiten und

Zahlentafel III.

$$\beta = 60^0, \ \mu = \tfrac{1}{2}, \ \gamma = {}^{10}/_{14}, \ D_1 = 1 \text{ m.}$$

	$\varDelta$	0,1	0,15	0,2
	$\dfrac{v_e}{\sqrt{H}}$	3,25	3,29	3,3
n_1	$\dfrac{60 \cdot v_e}{1 \cdot \pi \sqrt{H}}$	62	62,8	63
	α	$30^0\ 45'$	$38^0\ 10'$	$44^0 \ -$

Drehzahlen auf ein Meter Laufraddurchmesser bezogen sowie auch die entsprechenden Leitradwinkel α eingetragen.

Man ersieht, daß sich die Drehzahl eines und desselben Laufrades selbst bei doppelt so groß gewähltem Austrittsverluste nur um weniges geändert hat. Was für die in der Zahlentafel für β, γ und μ angenommenen Werte gezeigt wurde, läßt sich auch für andere Werte nachweisen. Weiter folgt aber aus III, daß mit der Abnahme der Austrittsverluste auch der Leitradaustrittswinkel beträchtlich verringert werden muß, — soll der stoßfreie Wassereintritt auch

bei geringer Beaufschlagung aufrechterhalten bleiben.
Es ist daher ein Irrtum, wenn, wie es vielfach in der
Literatur geschieht, die bei geringer Beaufschlagung
auftretende Verkleinerung des Leitradwinkels als ein
Fehler der Finkschen Drehschaufelregulierung hin-
gestellt wird. Vielmehr sind gerade durch diese
Winkelverkleinernng die bei geringer Beaufschlagung
erzielbaren guten Wirkungsgrade erst verständlich.

II. Berechnungsvorgang zur Ermittlung der Bestimmungsgrößen von Schnelläufern mit großem Wasserverbrauch.

Wie schon erwähnt, sind sowohl die Wassermenge Q, als auch die Gefällshöhe H für den Entwurf des Projektes einer Turbinenanlage als gegeben
anzusehen. Was die Drehzahl anbelangt, so kann
entweder die Forderung aufgestellt werden, daß dieselbe eine vorher genau festgesetzte Größe haben
muß, oder es ist dem Konstrukteur die Wahl derselben innerhalb gewisser Grenzen freigestellt. Im
letzteren Falle wird er sich vorteilhaft nach vorhandenen Schaufelmodellen zu richten haben und die
Drehzahl der Turbinenwelle den vorliegenden Verhältnissen entsprechend ausbilden.

Da jedoch dem ersterwähnten Fall einer vorher
festgesetzten Drehzahl in der modernen Praxis die
größere Bedeutung zukommt, so ist eine ausführliche
Behandlung desselben erforderlich.

Vor allem ist eine Wahl für die Größe der Saugrohrgeschwindigkeit im oberen Saugrohrquerschnitt
zu treffen. Wie aus den bisherigen Ableitungen hervorgeht, bildet die Größe derselben nicht nur einen
Maßstab für die Beurteilung des Nutzeffektes einer

Anlage, sondern auch einen Gradmesser zur Ermittlung der Kosten derselben.

Große Saugrohrgeschwindigkeiten gestatten kleine Saugrohr- und Raddurchmesser, verringern aber anderseits den Nutzeffekt derselben.[1]) Es sind daher für jeden Sonderfall genaue Erwägungen anzustellen, wobei Studien über die verfügbare Wasserkraft, den erforderlichen Nutzeffekt, der Art des Betriebes anzustellen und nicht zuletzt auch die Kaufkraft des Bestellers in Erwägung zu ziehen sind.

Im allgemeinen erscheint es aber vorteilhaft, dem Schnelläufer den größten Austrittsverlust unter den übrigen Laufradgruppen zuzuschreiben und denselben im Mittel etwa mit $\varDelta = 0{,}07 - 0{,}1$ festzusetzen. Mithin ist auch die Saugrohrgeschwindigkeit

$$c'_s = \sqrt{\varDelta' \, 2 \, g \, H} \quad . \quad . \quad . \quad . \quad 26.$$

bekannt, woraus die Größe des angenäherten Saugrohrdurchmessers[2]) nach Gleichung 16 (Seite 108) bestimmt werden kann zu

$$D_s' = \sqrt{\frac{4\,Q}{\psi'\,\pi\,\sqrt{\varDelta'\,2\,g\,H}}} = \sqrt{\frac{4\,Q}{\psi'\,\pi\,c_s'}} \quad . \quad . \quad 16.$$

Da der Verengungskoeffizient ψ' noch nicht genau bekannt ist, so muß derselbe vorderhand schätzungsweise gewählt werden. Für den ersten Entwurf ist derselbe bei Schnelläufern im Mittel mit $\psi' = 0{,}98$ einzuführen.[3]) Da nun der Laufraddurchmesser mit dem Saugrohrdurchmesser durch die Be-

---

[1]) Vgl. das auf Seite 119 über die Saugrohrerweiterung Gesagte.

[2]) Die mit einem Strich (c_s', $\varDelta'$, D_s', D_1', ψ') versehenen Bestimmungsgrößen stellen eine v o r l ä u f i g e Annahme vor, deren Brauchbarkeit erst der folgende Rechnungsgang erweisen wird.

[3]) Es kommen auch praktische Ausführungen vor, bei welchen von einem Einbau der Welle ins Saugrohr abgesehen wird. In solchen Fällen ist $\psi = 1$ zu setzen.

ziehung $D_1 = \gamma D_s$ in Verbindung gebracht wurde, so ist bei gewähltem γ auch der Laufraddurchmesser gegeben.

Was nun die Wahl von γ anbelangt, so lehrt schon Gleichung 17 (Seite 117), daß hohe Drehzahlen kleine Werte für γ erfordern. Werden daher solche gefordert, so sind schon im vorhinein kleine Werte ($\gamma = {}^{10}/_{14}$ bis ${}^{10}/_{15}$) festzusetzen[1]), weil dadurch kleine Laufradeintrittswinkel vermieden und mithin die rationelle Ausbildung der Schaufelfläche sowie der Regulierung erleichtert wird.

Es wird sich jedoch im allgemeinen zeigen, daß sich durch die Wahl eines der in der Zahlentafel II angegebenen Werte für γ kein abgerundetes Maß für den Laufraddurchmesser ergibt. Letztere Forderung ist aber — und auch mit Recht — aus konstruktiven und praktischen Rücksichten sehr erwünscht. Dies kann nun dadurch erreicht werden, daß der durch den angenommenen Wert von γ in mm ausgedrückte Laufraddurchmesser D_1' auf das nächste etwa durch 50 oder 100 teilbare Maß abgerundet (D_1) wird. Mithin erhält man auch für den Saugrohrdurchmesser ein neues von dem ursprünglich berechneten etwas abweichendes Maß (D_s) und dieses kann nun benutzt werden, um den in Gleichung 16 gewählten Wert von ψ' auf seine Richtigkeit zu prüfen.

Nach der auf Seite 25 angegebenen Gleichung ist die dem Wasser gebotene Saugrohrquerschnittfläche gegeben durch

$$Fw = \frac{\psi D_s^2 \pi}{4} = \frac{D_s^2 \pi}{4} - \frac{d^2 \pi}{4}$$

daraus folgt

$$\psi = 1 - \frac{d^2}{D_s^2} \quad \ldots \ldots \quad 27.$$

---

[1]) Vgl. Anmerkung 1, Seite 109.

Unter d den Wellendurchmesser am oberen Saugrohrende verstanden.

Nach der in Anmerkung 1, Seite 114 angegebenen Näherungsformel

$$N_e = 10\,Q\,H \quad \ldots \ldots \quad 20\,\text{a.}$$

ist der Wellendurchmesser bestimmt durch[1])

$$d = 140 \sqrt[3]{\frac{N}{n}}$$

Mithin ist durch Gleichung 27 eine Kontrolle über die richtig getroffene Wahl von ψ leicht durchzuführen. Sollten sich größere Abweichungen zeigen, so ist der Rechnungsgang mit dem aus Gleichung 27 ermittelten Werte von ψ zu wiederholen.

Die Abrundung der Werte von $D_1{}'$ bzw. $D_s{}'$ auf D_1 bzw. D_s hat auch eine Änderung der Saugrohrgeschwindigkeit zur Folge, welche sich aus der Beziehung

$$\psi \frac{D_s{}^2 \pi}{4} \cdot c_s = Q$$

zu

$$c_s = \frac{4\,Q}{\psi\,D_s{}^2\,\pi} \quad \ldots \ldots \quad 28.$$

bestimmen läßt.

Aus Gleichung 26 folgt dann weiter

$$\varDelta = \frac{c_s{}^2}{2\,g\,H} \quad \ldots \ldots \quad 26\,\text{a.}$$

woraus sich die Größe des tatsächlich vorhandenen Austrittsverlustes bestimmt. Auch hier wäre bei größerem Unterschied zwischen $\varDelta$ und $\varDelta'$ eine Nachrechnung unter zu Grundelegung des neuen Wertes für $\varDelta$ erforderlich.

---

[1]) Die Anwendbarkeit dieser Formel setzt jedoch normale Lagerung der Turbinenwelle voraus. Bei vorzüglichem Material (Stahl) und entsprechender Lagerung kann der Faktor 140 bis auf 120 verringert werden.

Durch Umformung der Gleichung 2a (Seite 17) findet man

$$\operatorname{tg}\beta = \frac{\varepsilon\,g\,H\,\operatorname{tg}\alpha}{v_e{}^2 - \varepsilon\,g\,H} \quad . \quad . \quad . \quad . \quad 29.$$

Nach Seite 23 Anmerkung 1 folgt aber ebenfalls für

$$\operatorname{tg}\beta = \frac{2\,C\,\operatorname{tg}\alpha}{\operatorname{tg}^2\alpha - 2\,C} \quad . \quad . \quad . \quad . \quad 9\,\mathrm{b}.$$

Mithin ergibt sich durch Verbindung beider Gleichungen nach entsprechender Vereinfachung

$$\operatorname{tg}\alpha = v_e \sqrt{\frac{2\,C}{\varepsilon\,g\,H}}$$

Setzt man in dieser Gleichung der Einfachheit halber

$$\sqrt{\frac{2\,C}{\varepsilon\,g}} = K$$

so ergibt sich schließlich

$$\operatorname{tg}\alpha = \frac{K\,v_e}{\sqrt{H}} \quad . \quad . \quad . \quad . \quad 30.$$

Bestimmt man daher die Größe der Konstanten K, so ist, da v_e aus der bekannten Beziehung

$$v_e = \frac{D_1\,\pi\,n}{60}$$

berechnet werden kann, durch Gleichung 30 der Leitradwinkel α ohne weiteren Versuchsrechnungen eindeutig bestimmt.

Was nun die Größe von K anbelangt, so folgt aus Gleichung 11 (Seite 117)

$$C = \frac{\psi^2\,\varDelta}{16\,\gamma^4\,\mu^2\,\varepsilon\,\varrho^2} \quad . \quad . \quad . \quad . \quad 11.$$

daher ist auch

$$K = \sqrt{\frac{2\,\psi^2\,\varDelta}{16\,\varepsilon\,g\,\gamma^4\,\mu^2\,\varepsilon\,\varrho}}$$

oder, nach entsprechender Reduktion,

$$K = \frac{0{,}11277\,\psi\,\sqrt{\varDelta}}{\gamma^2\,\mu\,\varepsilon\,\varrho} \quad . \quad . \quad . \quad . \quad 31.$$

Von den in Gleichung 31 angegebenen Werten läßt nur mehr μ eine freie Wahl zu. Wie schon im Abschnitt E gezeigt wurde, hat eine Verkleinerung von μ eine Zunahme der Drehzahl zur Folge. Man wird daher aus den gleichen Gründen, wie auf Seite 121 angegeben, für hohe Drehzahlen kleine Werte von μ (etwa $\mu = \frac{1}{3} - \frac{1}{4}$) festsetzen. Durch die Wahl von μ ist auch K und mithin aus Gleichung 29 oder 9b auch β eindeutig bestimmt.

Da nun μ innerhalb der praktisch brauchbaren Grenzen ($\mu = \frac{1}{2} - \frac{1}{4}$) auch jeden beliebigen Zwischenwert annehmen kann und ebenso auch γ innerhalb weiter Grenzen frei wählbar ist, so ist ohne weiteres klar, daß im allgemeinen unendlich viele Laufradtypen bei gleichem $Q\,H$ und n den aufgestellten theoretischen Bedingungen genügen. Es muß nun der konstruktiven Durchbildung überlassen bleiben, aus dieser beliebig großen Schar von Laufrädern jene herauszugreifen, welche auch den praktischen Anforderungen, welche an eine rationelle Schaufelform zu stellen sind, Genüge leisten.[1])

Bekanntlich ist es im praktischen Turbinenbau üblich, den Durchfluß des Wassers durch das Laufrad so zu bemessen, daß dasselbe im Bedarfsfalle noch eine größere Wassermenge — im Höchstwerte von $\frac{4}{3}\,Q$ — wenn auch mit geringerem Wirkungsgrade, verarbeiten kann, um in Zeiten eines Wasserüberflusses eine Steigerung der Leistung zu ermöglichen.[2])

---

[1]) Diesbezügliche Angaben finden sich im Abschnitt E V.

[2]) Vielfach findet sich noch in der Literatur die Ansicht vertreten, daß die Bestimmungsgrößen des Laufrades für $Q_1 = \frac{3}{4}\,Q$ zu ermitteln seien. Dies ist entschieden unrichtig und führt auf zu kleine Laufradabmessungen, welche die Verarbeitung einer die normale Beaufschlagung übersteigenden Wassermenge unmöglich machen.

Dies erfordert daher noch eine Ergänzung des bisher aufgestellten Rechnungsganges, welche sich aus folgender Betrachtung ergibt.

Bezeichnet Q_1 jene Wassermenge, welche das Laufrad im Höchstfalle verarbeiten kann, so kann dieselbe nach den durch obigem Rechnungsgang festgelegten Saugrohrquerschnitt nur mit einer erhöhten Saugrohrgeschwindigkeit c_{s_1} hindurchfließen, welche aus Gleichung 28a berechnet werden kann zu

$$c_{s_1} = \frac{4\,Q_1}{\psi\,\pi\,D_s{}^2} \quad \ldots \quad 28\,\text{a}.$$

Der Austrittsverlust bestimmt sich wie früher aus

$$\varDelta_1 = \frac{c_{s_1}{}^2}{2\,g\,H} \quad \ldots \quad 26\,\text{b}.$$

Es geht mithin auch ε über in

$$\varepsilon_1 = (1 - \lambda)\,(1 - \varDelta_1)$$

die neue Konstante K_1 wird

$$K_1 = \frac{0{,}1127\,\psi\,\sqrt{\varDelta_1}}{\gamma^2\,\mu\,\varepsilon_1\,\varrho} \quad \ldots \quad 31\,\text{a}.$$

und daher $\operatorname{tg} \alpha_1 = \dfrac{K_1\,v_e}{\sqrt{H}} \quad \ldots \quad 30\,\text{a}.$

Der aus Gleichung 30a berechenbare Winkelwert stellt daher jenen Leitradaustrittswinkel vor, welchen die drehbaren Leitschaufeln bei ganz geöffnetem Leitapparat bilden müssen.

Aus Gleichung 29 bzw. 9b folgt weiter, daß die neuen Werte für $\varDelta'$, ε' und α' im allgemeinen auch eine Änderung des Winkels β hervorbringen müssen. Dieselbe darf jedoch keinesfalls vorgenommen werden, weil sich ja sonst der verlangte stoßfreie Wassereintritt bei der maximalen Wassermenge Q_1 und nicht, wie vorausgesetzt, bei der normal zur Verfügung stehenden Wassermenge Q einstellen würde.

Durch Anordnung der drehbaren Leitschaufeln wird jedoch erreicht, daß eine Drosselung der Wasserzufuhr mit einer V e r k l e i n e r u n g des Leitradaustrittswinkels bei gleichzeitiger Verringerung der lichten Leitradaustrittsweiten verbunden ist, so daß beim Durchflusse von Q bei richtiger Anordnung der Drehbolzen wieder jener Leitradaustrittswinkel vorhanden ist, welcher mit dem eingangs berechneten Laufradwinkel einen stoßfreien Eintritt in das Laufrad und mithin bei der normalen Beaufschlagung Q den höchsten Wirkungsgrad gewährleistet.

Anderseits folgt aber bei Belassung des für die Normalwassermenge Q berechneten Laufradwinkels β unmittelbar, daß in dem Sonderfall eines Schnelläufers bei j e d e r V e r ä n d e r u n g d e r n o r m a l e n B e a u f s c h l a g u n g s m e n g e ein mit Wirbelbildungen verbundener Stoß des Wassers gegen die Schaufelfläche unvermeidlich ist und mithin jedes Abweichen von derselben notwendig mit Wirkungsgradverlusten verbunden sein muß, wie es auch die Erfahrung bestätigt. Den gleichen Störungen ist auch der Wasseraustritt aus dem Laufrade bei jedem Abweichen von der Normalwassermenge unterworfen, da ja die Größe der letzteren der Bestimmung der Austrittswinkel zugrunde gelegt wurde. Da diese Störungen auch Geschwindigkeitsverluste zur Folge haben, wird die Turbine bei ganz geöffnetem Leitapparat die angenommene Höchstwassermenge nicht verarbeiten können, was jedoch, da eine besondere Vorschrift über die Größe derselben nicht gebräuchlich, für die Praxis von untergeordnetem Belange ist.[1])

---

[1]) Eine theoretische Behandlung der auftretenden Energieverluste ist wohl möglich (vgl. P f a r r , d i e T u r b i n e n); doch ist, wie Prof. P f a r r ebendort bemerkt, die Notwendigkeit einer praktischen Prüfung nicht von der Hand zu weisen.

Ist schließlich die einzuhaltende Drehzahl nicht strenge vorgeschrieben, so wird sich immer ein Drehzahlbereich angeben lassen, innerhalb welchem die wirtschaftlich günstigsten Betriebsergebnisse zu erwarten sind. In diesem Sonderfall wird man sich vorteilhaft nach vorhandenen Laufradmodellen richten oder dem angegebenen Berechnungsvorgang eine nach den erwähnten Gesichtspunkten bestimmte Drehzahl zugrunde legen.

III. Ermittlung der Bestimmungsgrößen eines Schnellläufers mit Hilfe der angegebenen Zahlentafeln.

Handelt es sich um einen vorläufigen Entwurf oder stehen die in den Zahlentafeln angegebenen Werte für ψ, ϱ und $\varDelta$ mit den für den vorliegenden Fall als brauchbar erkannten Annahmen im Einklang, so lassen sich die übrigen Bestimmungsgrößen mit Hilfe der in diesen angegebenen Werte der Einheitsdrehzahlen leicht ermitteln. Der dabei einzuhaltende Vorgang ist kurz folgender:

Gegeben ist Q, H und n. Man bestimme nach Formel 19, Seite 110 die Einheitsdrehzahl n_0 aus:

$$n_0 = \frac{n\sqrt{Q}}{\sqrt[4]{H^3}} \quad \ldots \ldots \quad 19.$$

und sucht dieselbe in der Spalte „n_0" der Zahlentafel auf. Man erhält dadurch sämtliche Bestimmungsgrößen α, β, γ, μ, $\varDelta$ und v_e des Laufrades. Sollte die berechnete Einheitsdrehzahl in der Zahlentafel nicht unmittelbar angegeben sein, so bediene man sich der auf Seite 130 bzw. 148 dargestellten Hilfskonstruktion, welche die Ermittlung der Winkelverhältnisse in einfacher Weise ermöglicht. Es erübrigt dann nur noch mit Hilfe der Gleichung 16 (Seite 108) den oberen Saugrohrdurchmesser festzusetzen. Man findet

$$D_s' = \sqrt{\frac{4\,Q}{\psi\,\pi\,\sqrt{\Delta\,2\,g\,H}}} = \sqrt{\frac{4\,Q}{\psi\,\pi\,c_s}} \quad . \quad . \quad 16.$$

wobei $\psi = 0{,}98$ einzusetzen ist.

Aus der Beziehung

$$D_1' = \gamma\,D_s'$$

ist auch der Laufraddurchmesser gegeben. Auch hier wird D_1' nur zufällig ein gerades Maß vorstellen. Man geht daher in gleicher Weise vor, wie auf Seite 134 besprochen. Eine nochmalige Nachrechnung der Winkelbeziehungen wird sich nur bei größeren Abrundungen erforderlich zeigen.

Die in der Zahlentafel angegebenen Werte für α beziehen sich auf die normale, dem Entwurfe zugrunde gelegte Wassermenge. Soll daher die Turbine imstande sein, eine größere Wassermenge Q_1 zu verarbeiten, so ist der bei ganz geöffnetem Leitapparat erforderliche Leitschaufelwinkel α_1 nach den auf Seite 138 gemachten Angaben zu berechnen.

Die schon bei Klarlegung des Berechnungsvorganges gefundene Tatsache, daß je nach Größe von γ, β und α beliebig viele Laufradtypen den Bedingungen einer bestimmten Einheitsdrehzahl entsprechen, ist auch aus der Zahlentafel IV (Seite 142) ersichtlich. So erfüllen beispielsweise der Forderung einer Einheitsdrehzahl von $n_0 = 104$ bei einem Austrittsverlust von $\Delta = 0{,}1$ die in Zahlentafel IV angegebenen Laufradgruppen.

Da im allgemeinen große Laufradwinkel eine bessere Regulierfähigkeit, sowie auch eine leichtere Ausbildung der Schaufelfläche ermöglichen, so ist die zeichnerische Durchbildung der Schaufelfläche nach III vorzuziehen.

Zahlentafel IV.

$n_0 = 104$ $J = 0,1$

Laufrad-type	γ	μ	β
I	$10/14$	$1/2$	$40°$
II[1])	$10/14$	$1/3$	$53°$
III[1])	$10/14$	$1/4$	$59° 30'$
IV	$10/13$	$1/4$	$50°$

IV. Praktische Beispiele zur Ermittlung der Bestimmungsgrößen von Schnelläufern.

1. Es sind die Bestimmungsgrößen eines Schnell-läufers für eine sekundliche Wassermenge von $Q = 2,125$ cbm bei einer Gefällshöhe von $H = 4$ m zu ermitteln, wenn die Einhaltung einer Drehzahl von $n = 180$ vorgeschrieben ist.[2]) Das Leitrad soll so bemessen werden, daß dasselbe noch mit 15 v. H. der angegebenen Wassermenge überlastet werden kann.

Da bei dieser Anlage mehr auf hohe Nutzeffekte als auf billige Ausführung Gewicht gelegt werden soll, sei die vorläufige Annahme $J' = 0,06$ gemacht.

Die Saugrohrgeschwindigkeit bestimmt sich aus Gleichung 26

$$c_s' = \sqrt{J' \, 2 \, g \, H} = \sqrt{0,06 \, 2 \, g \, 4} = 2,16 \text{ m}$$

mithin wird nach Gleichung 16

---

[1]) Da in der Zahlentafel nur von 10 zu 10° steigende Winkelwerte von β angegeben sind, so wurden die eingetragenen Werte nach dem auf Seite 128 u. f. angegebenen Verfahren bestimmt.

[2]) Dieses Beispiel wurde einer praktischen Ausführung des Verfassers entnommen. Vgl. auch Seite 180.

$$D_s' = \sqrt{\frac{4\,Q}{\psi'\,\pi\,c_s'}} = \sqrt{\frac{4\cdot 2,125}{0,98\,\pi\cdot 2,16}} = 1,131 \text{ m}$$

indem für ψ' ein vorläufiger Wert von $\psi' = 0,98$ gesetzt wird.

Wählt man mit Rücksicht auf die hohe Drehzahl $\gamma = {}^{10}/_{14}$, so wird

$$D_1' = \frac{10}{14}\,1131 = 808 \text{ mm}$$

Rundet man D_1' auf $D_1 = 800$ mm ab, so wird der entsprechende Saugrohrdurchmesser

$$D_s = \frac{1}{\gamma}\,D_1 = \frac{14}{10}\cdot 800 = 1120 \text{ mm}$$

Ob der angenommene Wert von ψ' beibehalten werden kann, ersieht man aus Formel 20a, nach welcher

$$N_e = 10\,Q\cdot H = 10\cdot 2,125\cdot 4 = 85 \text{ PS}$$

Mithin wird der Wellendurchmesser

$$d = 140\,\sqrt[3]{\frac{N}{n}} = 140\,\sqrt[3]{\frac{85}{180}} = 110 \text{ mm}$$

Wegen Keilnut und abnormaler Lagerung wurde jedoch der Wellendurchmesser auf $d = 130$ mm verstärkt.

Aus Gleichung 27 folgt daher

$$\psi = 1 - \frac{d^2}{D_s^2} = 1 - \frac{\overline{0,13}^2}{\overline{1,12}^2} = 0,9865$$

Da der Unterschied zwischen ψ und ψ' verschwindend klein ist, können die ermittelten Werte beibehalten werden.

Die wirkliche Saugrohrgeschwindigkeit bestimmt sich aus Gleichung 28 zu

$$c_s = \frac{4\,Q}{\psi\,D_s^2\,\pi} = \frac{4\cdot 2,125}{0,986\cdot \overline{1,12}^2\,\pi} = 2,189 \text{ m}$$

Mithin wird der Austrittsverlust nach Gleichung 26 a

$$J = \frac{c_\mathrm{s}^2}{2\,g\,H} = \frac{\overline{2,189}^2}{2 \cdot g \cdot 4} = 0,061$$

also nur um $^1/_{10}$ v. H. größer als ursprünglich angenommen. Auf die weitere Rechnung hat diese Erhöhung daher keinen Einfluß.

Die Umlaufsgeschwindigkeit ist bestimmt durch

$$v_e = \frac{D_1 \,\pi\, n}{60} = \frac{0,8 \,\pi \cdot 180}{60} = 7,54 \text{ m}$$

Der Leitradaustrittswinkel α folgt aus Gleichung 30 zu

$$\operatorname{tg} \alpha = \frac{K\,v_e}{\sqrt{H}}$$

wobei nach Gleichung 31

$$K = \frac{0,1127\,\psi\,\sqrt{J}}{\gamma^2\,\mu\,\varepsilon\,\varrho}$$

Setzt man gußeiserne Schaufeln, also $\varrho = 0,93$, voraus, so ist nur noch für μ eine Wahl zu treffen. Im Hinblick auf die geforderte hohe Drehzahl werde μ mit $^1/_3$ festgelegt. Die Größe von ε ist durch

$$\varepsilon = (1 - \lambda)\,(1 - J) = (1 - 0,11)\,(1 - 0,061) = 0,837$$

gegeben.

Mithin wird die Konstante K

$$K = \frac{0,1127 \quad 0,986\,\sqrt{0,061} \quad 196 \cdot 3}{100 \cdot 0,837 \cdot 0,93} = 0,206$$

daher wird

$$\operatorname{tg} \alpha = \frac{0,206 \cdot 7,54}{\sqrt{4}} = 0,78$$

entsprechend $\underline{\alpha = 38^0}$.

Der Laufradwinkel β folgt aus Gleichung 29

$$\operatorname{tg} \beta = \frac{\varepsilon\,g\,H\,\operatorname{tg}\alpha}{v_e^2 - \varepsilon\,g\,H} = \frac{0,837 \cdot g \cdot 4 \cdot 0,78}{\overline{7,54}^2 - 0,837 \cdot g \cdot 4} = 1,067$$

Daraus folgt

$$\beta = 46^0\ 50' \backsim 47^0$$

Da aber gemäß der aufgestellten Forderung eine Überlastung der Turbine um 15 v. H. der normalen Wassermenge ermöglicht werden muß, so kann der für α berechnete Wert nicht den größten, bei ganz geöffnetem Leitapparat vorhandenen Austrittswinkel vorstellen, sondern es ist derselbe wie folgt zu bestimmen:

Die im Maximum verarbeitete Wassermenge ergibt sich zu

$$Q_1 = Q + \frac{15}{100}\, Q = 2,44 \text{ cbm}$$

Mithin wird nach Gleichung 28 a

$$c_{s_1} = \frac{4\,Q_1}{\psi\,\pi\,D_s^2} = \frac{4\cdot 2,44}{0,986\cdot\pi\cdot 1,12^2} = 2,51 \text{ m}$$

Ebenso folgt aus Gleichung 26 b

$$\varDelta_1 = \frac{c_{s_1}^2}{2\,gH} = \frac{2,51^2}{2\cdot g\cdot 4} = 0,0803$$

Die Größe von ε_1 folgt aus

$$\varepsilon_1 = (1 - \lambda)\,(1 - \varDelta_1) = (1 - 0,11)\,(1 - 0,0803) = 0,82$$

Zur Ermittlung von K_1 ist zu beachten, daß sich nur der Wert von $\varDelta$ und ε geändert hat.

Berechnet man sich daher die Quotienten

$$\frac{\sqrt{\varDelta}}{\varepsilon} = \frac{0,245}{0,837} = 0,294$$

und

$$\frac{\sqrt{\varDelta_1}}{\varepsilon_1} = \frac{0,2863}{0,82} = 0,348$$

so findet man

$$\operatorname{tg} \alpha_1 = \frac{K_1\,v_e}{\sqrt{H}} = \frac{\varepsilon}{\varepsilon_1}\,\sqrt{\frac{\varDelta_1}{\varDelta}}\cdot \operatorname{tg}\alpha = 0,78\,\frac{0,348}{0,294} = 0,92$$

$$\alpha_1 = 42^0\ 30'$$

Kaplan, Schaufelformen.

Der praktischen Ausführung wurde ein größter Leitschaufelwinkel von $\alpha = 42^0$ zugrunde gelegt.

Mithin sind nun alle Bestimmungsgrößen festgelegt und es kann nun an den zeichnerischen Entwurf des Schaufelplanes geschritten werden (siehe Seite 150 u. f.).

Will man die aus den angegebenen Rechnungsgrundlagen erhaltenen Bestimmungsgrößen auf ihre Richtigkeit prüfen, so genügt folgende Kontrolle.

Mit Rücksicht auf die in Fig. 1 (Seite 16) eingetragenen Bezeichnungen bestimmt sich die lichte Weite beim Eintritt des Wassers in das Laufrad aus der Beziehung

$$a_1 = t_1 \sin \beta - s_1$$

für die Wandstärke gußeiserner Schaufeln wurde nach Seite 29 angenommen

$$s_1 = 0,07 \, a_1$$

Wählt man 16 Laufschaufeln[1]), so wird

$$t_1 = \frac{0,8 \, \pi}{16} = 0,157 \text{ m}$$

daher $1,07 \, a_1 = 157 \sin 47 = 157 \cdot 0,731$

$a_1 = 108$ mm; $s_1 = 0,07 \, a_1 = 7,56 \sim 7,5$ mm

Die Größe von w_e folgt aus Gleichung 3 (Seite 17) zu

$$w_e = 4,658 \text{ m}$$

Mithin verbraucht die Turbine bei normaler Beaufschlagung eine sekundliche Wassermenge von

$$Q = z \cdot B \cdot a_1 w_e = 16 \cdot \frac{0,8}{3} \, 0,108 \cdot 4,658 = \underline{2,125 \text{ cbm}}$$

wie es die aufgestellte Forderung verlangt.

Obwohl eine Änderung von β nicht vorgenommen werden darf, so soll doch des Vergleiches halber

---

[1]) Über Schaufelzahlen siehe Abschnitt J.

jener Laufradeintrittswinkel berechnet werden, welchen das Laufrad bei stoßfreiem Eintritt der Höchstwassermenge Q_1 haben müßte. Man findet

$$\operatorname{tg} \beta = \frac{\varepsilon_1 g H}{v_e^2 - \varepsilon_1 g H} = \frac{0,82 \cdot g\,4}{7,54^2 - 0,82 \cdot g \cdot 4} = 1,2$$

Mithin wird $\beta_1 = 50^0$.

Es ist daher bei der Höchstwassermenge der zur Erzielung eines stoßfreien Wassereintritts erforderliche Laufradwinkel um 3^0 zu klein.[1]

2. Es sind die Bestimmungsgrößen eines Schnellläufers für die gleichen, wie im ersten Beispiel erwähnten Angaben, festzulegen; nur soll mehr auf Billigkeit der Anlage als auf die Höhe des Nutzeffekts Rücksicht genommen werden.

Es ist also

$$Q = 2,125 \text{ cbm} \qquad H = 4 \text{ m} \qquad n = 180$$

Mit Rücksicht darauf, werde der Austrittsverlust mit $J' = 0,1$ festgelegt, wodurch sich in Hinblick auf Zahlentafel II S. 124 der Rechnungsvorgang wie folgt gestaltet.

Die Einheitsdrehzahl ist bestimmt durch Gleichung 19 (Seite 110)

$$n_0 = \frac{n \sqrt{Q}}{\sqrt[4]{H^3}} = \frac{180 \sqrt{2,125}}{\sqrt[4]{4^3}} = 92,7$$

Nach Zahlentafel II entspricht dieser Einheitsdrehzahl ein Laufrad mit $\mu = 1/3$ und $\gamma = 10/14$. Der Winkel β muß zwischen 60 und 70^0 und α zwischen $43^0\,50'$ und $41^0\,30'$ liegen. Man macht nun von der auf Seite 127 u. f. angegebenen Näherungskonstruktion

---

[1] Alle Versuche, den Laufradwinkel β der jeweilig zugeführten Wassermenge entsprechend veränderlich auszubilden, müssen aus konstruktiven Rücksichten wohl von vornherein als aussichtslos bezeichnet werden.

Gebrauch, indem man die aus der Tafel II entnommenen Einheitsdrehzahlen für $\beta = 60^0$ bzw. $\beta = 70^0$ nach der in Fig. 22 gezeichneten Weise als Ordinaten aufträgt. Als Entfernung a wählt man am einfachsten ein durch 10 teilbares Maß (etwa 10 cm). Trägt man nun noch vom Punkte A die verlangte Einheitsdrehzahl ($n_0 = 92{,}7$) als Ordinate auf und zieht durch den

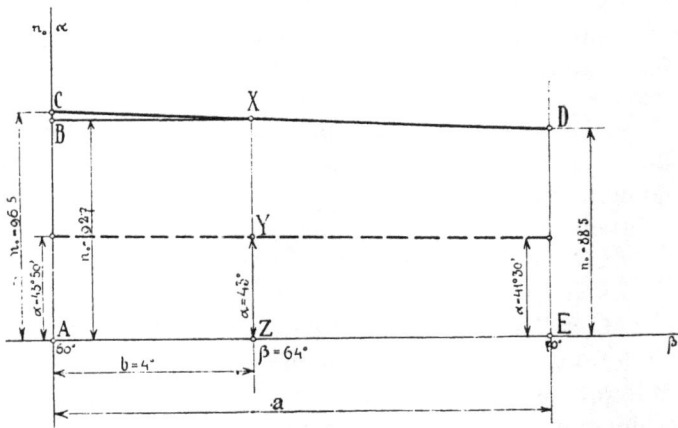

Fig. 22. Zeichnerische Ermittlung des Lauf- und
Leitradwinkels.

Endpunkt B derselben eine Parallele zur Abszissenachse, so gibt die Länge der Abszisse $BX = ZA$ des Schnittpunktes X mit dem Strahl CD die Größe des erforderlichen Laufradwinkels β an. Man findet $\beta = 64^0$. In ähnlicher Weise wird auch der genaue Wert von α festgelegt.

Trägt man daher von A bzw. E die den zugehörigen Laufradwinkeln (60^0 bzw. 70^0) entsprechenden Leitradwinkel ($43^0\,50'$ bzw. $41^0\,30'$) in der gezeichneten Weise auf, so gibt die durch den Punkt Y bestimmte Ordinate $\overline{YZ}$ unmittelbar die Größe des erforderlichen Leitradwinkels an. Man findet $\alpha = 43^0$. Da nun den ermittelten Bestimmungsgrößen ein Austrittsverlust von $\varDelta' = 0,1$ zugrunde gelegt wurde, so wird

$$c_s' = \sqrt{\varDelta' \, 2\,gH} = \sqrt{0,1 \cdot 2\,g \cdot 4} = 2,8 \text{ m}$$

Mithin wird D_s' unter der gemachten Annahme von $\psi' = 0,98$

$$D_s' = \sqrt{\frac{4\,Q}{\psi'\,\pi\,c_s'}} = \sqrt{\frac{4 \cdot 2,125}{0,98 \cdot \pi \cdot 2,8}} = 0,9955 \text{ m}$$

und weiter

$$D_1' = \gamma\,D_s' = \frac{10}{14} \cdot 0,9955 = 0,711 \text{ m}$$

Rundet man daher D_1' auf $D_1 = 700$ mm ab, so wird das endgültige Maß des Saugrohrdurchmessers

$$D_s = \frac{1}{\gamma}\,D_1 = \frac{14}{10} \cdot 700 = 980 \text{ mm}$$

Jetzt ist noch die Richtigkeit von ψ' und $\varDelta'$ zu prüfen. Wählt man, wie früher $d = 130$ mm, so folgt

$$\psi = 1 - \frac{d^2}{D_s^2} = 1 - \frac{\overline{0,13}^2}{\overline{0,98}^2} = 0,9822$$

Es ist daher mit genügender Genauigkeit $\psi = \psi'$ — eine Wiederholung des Rechnungsganges daher nicht erforderlich.

Die wirklich vorhandene Saugrohrgeschwindigkeit findet man aus

$$c_s = \frac{4\,Q}{\psi\,\pi\,D_s^2} = \frac{4 \cdot 2,125}{0,982\,\pi \cdot \overline{0,98}^2} = 2,86 \text{ m}$$

Schließlich ergibt sich $\varDelta$ zu

$$\varDelta = \frac{c_s^2}{2\,gH} = \frac{\overline{2,86}^2}{2\,g \cdot 4} = 0,104$$

Es zeigt sich auch hier wieder annähernd $\varDelta \backsim \varDelta'$, weshalb die gefundenen Werte beibehalten werden können. Was die Größe des Leitradwinkels α_1 bei

ganz geöffnetem Leitapparat anbelangt, so erfolgt
dessen Berechnung nach den auf Seite 138 bzw.
Seite 145 gemachten Angaben. Die endgültig festgelegten Bestimmungsgrößen sind daher

$$D_1 = 700 \text{ mm} \qquad D_s = 980 \text{ mm}$$
$$B = {}^1\!/_3\, 700 \doteq 234 \text{ mm}$$
$$\alpha = 43^0 \text{ (normal)} \qquad \beta = 64^0$$

Ein Vergleich dieser Werte mit jenen im vorigen
Beispiel bestimmten zeigt, wie weit eine Verkleine-
rung der Laufradabmessungen durch Erhöhung des
Austrittsverlustes möglich ist.

V. Zeichnerische Durchbildung der Schaufelfläche.

Da für eine gegebene Wassermenge Q bei gegebener Gefällshöhe H und gewählter Drehzahl n
nach den in den hydraulischen Grundlagen angegebenen
Rechnungsvorgang sowohl die Winkelverhältnisse als
auch der Durchmesser D_1 und die Breite B des Laufrades, sowie der Durchmesser des Saugrohres D_s ermittelt werden kann, wird es sich vor allem darum
handeln müssen, Form und Lage der beiden Laufradbegrenzungen festzustellen. Da, wie später gezeigt
wird, eine Flächengleichheit der einzelnen Niveauflächen von vornherein ausgeschlossen ist, so empfiehlt es sich, die innere Laufradbegrenzung (Laufradboden) aus einzelnen Kreisbogen derart zusammen-
zusetzen, daß auch in der Nähe der Laufradwelle ein
sanfter Übergang der Wasserbahnen in die axiale
Richtung gewährleistet erscheint. Was die äußere
Laufradbegrenzung anbelangt, so ist vor allem die
Neigung des Außenkranzes gegenüber der Horizontalen ω (Fig. 23, I, Tafel V) festzulegen. Diese
kann für mittlere Verhältnisse mit $\omega = 45^0$ angenommen

werden, und ergibt sich in diesem Falle eine Profilbegrenzung, welche den praktischen Bedürfnissen in
jeder Hinsicht genügt.[1]

Die weitere Aufgabe besteht in der Ermittlung
der Flußflächen. Zu diesem Behufe soll der schon
von Ingenieur Baashuus[2] eingeführte Begriff der
Niveauflächen entsprechende Anwendung finden.

Bei dieser Gelegenheit soll darauf hingewiesen
werden, daß dieser Begriff der Niveauflächen, durch
welchen erst eine einwandfreie Übereinstimmung der
rechnerisch ermittelten Grundlagen mit den praktischen
Ausführungen ermöglicht wurde, schon im Jahre 1903
von Prof. Prášil analytisch mit vollster Schärfe begründet wurde.[3] Prof. Prášil wies auf die interessante
Tatsache hin, daß sich diese sog. Niveauflächen als
Flächen gleichen Geschwindigkeitspotentials darstellen.
Die normal zu denselben gerichtete Wassergeschwindigkeit ist daher an verschiedenen Parallelkreisen je
nach der Größe des dortselbst herrschenden hydraulischen Druckes verschieden groß — ein Ergebnis,
welches mit einer neuerdings von Prof. Pfarr auf
anderem Wege geführten analytischen Untersuchung
vollauf übereinstimmt.[4]

Vergleicht man nun die aus den Prášilschen oder
Pfarrschen Untersuchungen für einen mittleren Wasserfaden eines Meridianschnittes der Niveaufläche berechneten Geschwindigkeit mit dem größten und
kleinsten Werte auf derselben, so findet man, daß die

---

[1] Statt der in Fig. 23 dargestellten äußeren Laufradbegrenzung kann
auch die in Fig. 24 dargestellte verwendet werden. Der Berechnungsvorgang
bleibt in beiden Fällen der gleiche.

[2] Z. d. V. d. Ing., Jahrg. 1901, Heft 45, S. 1602.

[3] Über Flüssigkeitsbewegung in Rotationshohlräumen
(Schweiz. Bauztg., Jahrg. 1903, Nr. 19, 21, 22, 25 und 26).

[4] Pfarr: Die Turbinen für Wasserkraftbetrieb, Berlin 1907,
Verlag von J. Springer.

erstere mit großer Annäherung mit dem arithmetischen Mittel der beiden letzteren übereinstimmt. Diese Erkenntnis ist für die praktische Schaufelkonstruktion von großer Wichtigkeit, weil dadurch einesteils die Möglichkeit geboten ist, die mittlere Durchflußgeschwindigkeit und mithin auch die durchfließende Wassermenge in jeder beliebigen Niveaufläche zu bestimmen, anderseits das Problem der dreidimensionalen Strömung mit für praktische Zwecke genügender Genauigkeit auf eindimensionale Bewegungsvorgänge zurückzuführen.

Wenn die praktische Schaufelkonstruktion die Veränderlichkeit der Durchflußgeschwindigkeit an den verschiedenen Stellen der Niveaufläche nicht berücksichtigt, so geschieht dies aus folgenden Gründen:

Erfahrungsgemäß nimmt die Wasserreibung in angenähert quadratischem Verhältnis mit der Geschwindigkeit zu. Es werden daher nach Einbau der Schaufeln in den ursprünglich vorhandenen Rotationshohlraum gerade jene Niveauflächengeschwindigkeiten die größten Verzögerungen erleiden müssen, welche analytisch am größten bestimmt wurden.

Es ist daher schon aus dieser Überlegung zu schließen, daß bei dem tatsächlichen Betriebe der Turbine an allen Stellen der in Betracht gezogenen Niveaufläche wieder annähernd jene mittlere Wassergeschwindigkeit vorhanden ist, für welche nicht nur die Laufradabmessungen, sondern auch die sonstigen Winkel und Geschwindigkeitsverhältnisse bestimmt wurden. Die Richtigkeit dieser Annahme wird noch wesentlich durch in im Abschnitt K mitgeteilte Übereinstimmung der Rechnungsergebnisse mit den Bremsergebnissen an ausgeführten Turbinenanlagen unterstützt.

I.

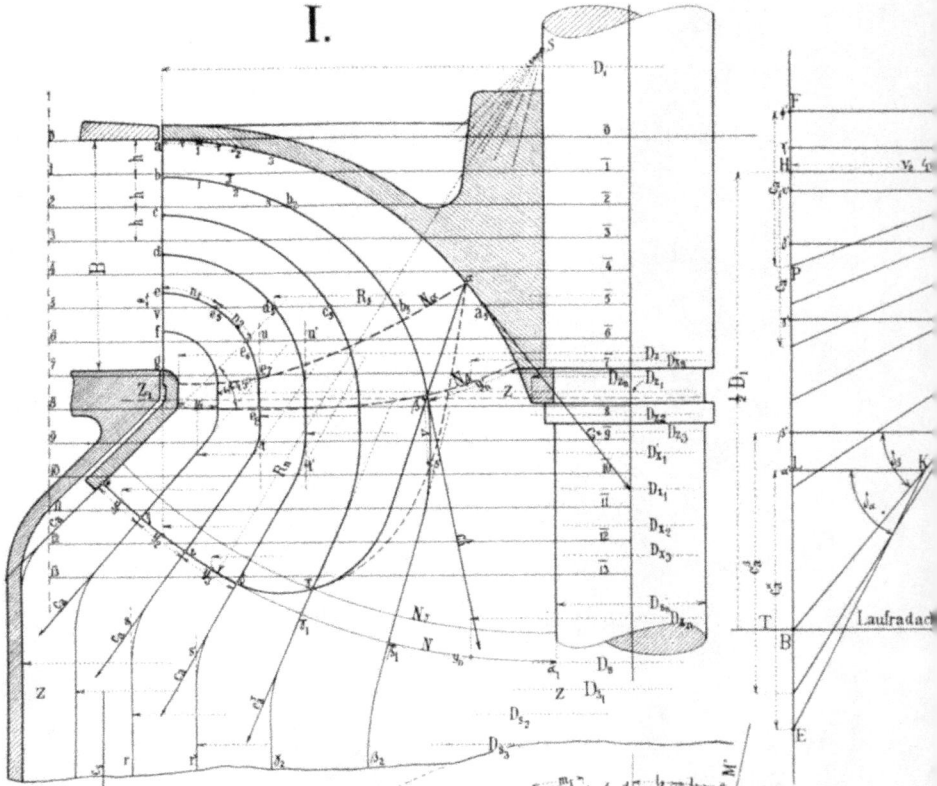

II.

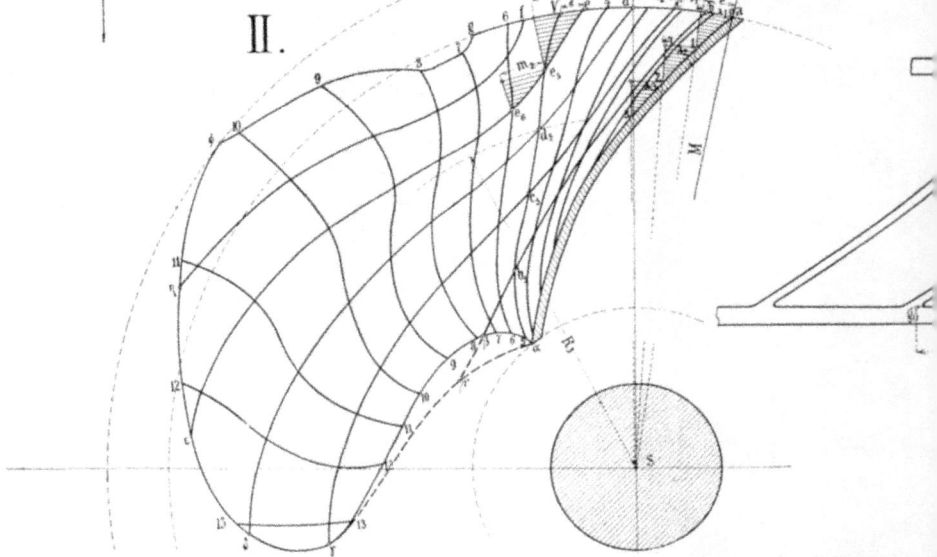

Fig. 23 (I bis VI). Ermittlung des Schaufelpl[...]
Fig. III: Hilfskonstruktion zur Ermittlung der Austrittswinkel. — Fig. IV[...]
Fig. VI: Schaulinie der abs[...]

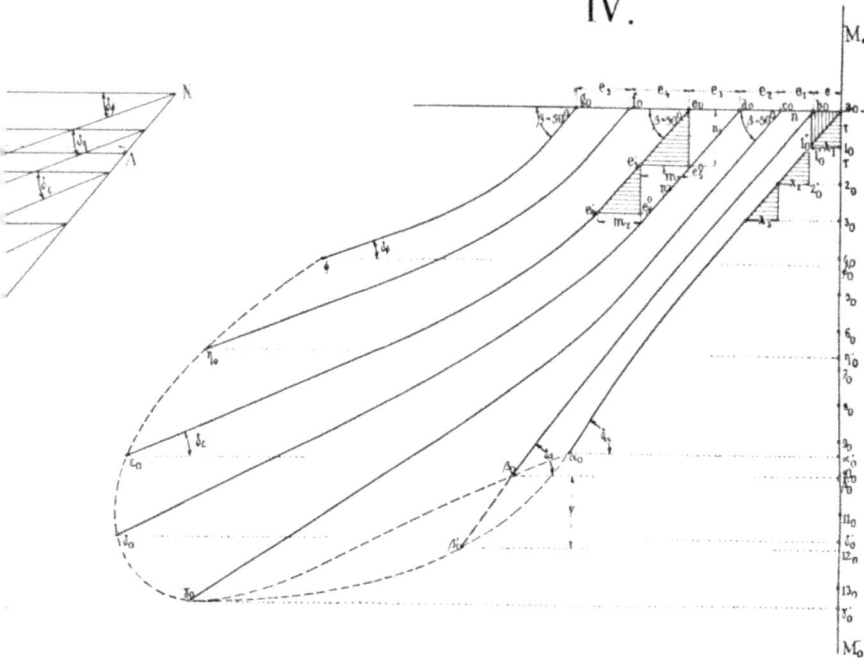

IV.

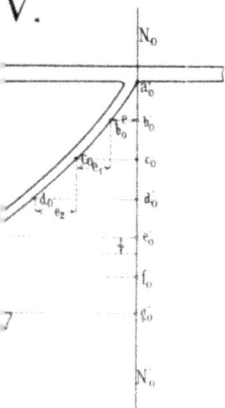

V.

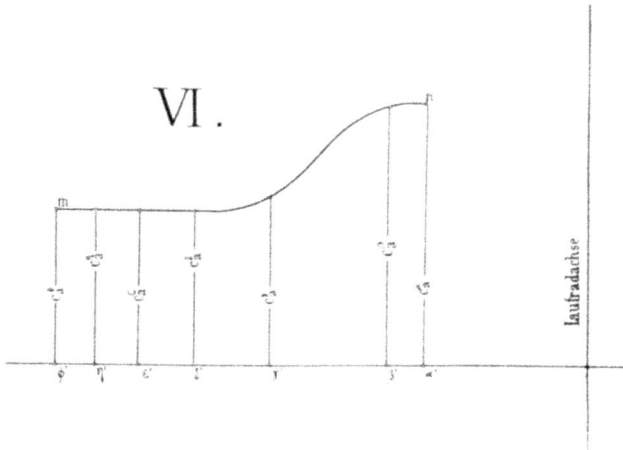

VI.

Bestimmungsgrößen:

$\gamma = \dfrac{10}{13}$	$D_1 = 1000$ mm	$n = 77$
	$D_s = 1300$ mm	$n_o = 104$
$w = 45^o$	$B = 250$ mm	$Q = 1,84$ cbm/sek.

Schnelläufers mit Hilfe des Winkelbildes.
Bild. — Fig. V: Darstellung der Eintrittskante in der Abwicklung. —
trittsgeschwindigkeiten.

Druck und Verlag von R. Oldenbourg. München u. Berlin.

Verlängert man daher die durch die Lage der äußeren Laufradbegrenzung bestimmte Erzeugende ϕS bis zum Schnittpunkt S der Turbinenwelle (Fig. 23, I, Tafel V), so kann derselbe mit genügender Genauigkeit als Mittelpunkt von angenäherten Kugelflächen betrachtet werden, welche den an Niveauflächen zu stellenden Anforderungen eines senkrechten Durchschnitts sämtlicher Flußlinien des unteren Teiles der Schaufelfläche in der für praktische Zwecke gewünschten Genauigkeit vollkommen entsprechen.

Je größer nun der Radius R_n (Fig. I) dieser Kugelflächen gewählt wird, desto größer wird natürlich auch bei angenommener Neigung ω des unteren Laufradkranzes (in der Zeichnung $\omega = 45^0$) der Flächeninhalt der Niveaufläche N und desto geringer daher die normal gerichtete Durchflußgeschwindigkeit c_a sein müssen. Allerdings hat eine allzu groß gewählte Niveaufläche wieder den Nachteil längerer Schaufeln zur Folge, so daß auch hier ein Mittelweg eingeschlagen werden muß. Die Erfahrung lehrt nun, daß es insbesonders die behufs Drehzahlerhöhung erforderliche Erweiterung der äußeren Laufradbegrenzung aus den erwähnten Gründen im allgemeinen unmöglich macht, der durch N (Fig. I) dargestellten Niveaufläche eine solche Größe zu geben, daß die dortselbst vorhandene Durchflußgeschwindigkeit c_a mit jener der gewählten Geschwindigkeit im Saugrohre c_s vollkommen übereinstimmt. In Fig. I wurde die der Niveaufläche N entsprechende Durchflußgeschwindigkeit, welche vom Punkte ϕ bis zum Punkte $\eth$ mit der absoluten Austrittsgeschwindigkeit c_a identisch ist, aus Formel 12 (Seite 32) berechnet und maßstabrichtig in den erwähnten Punkten senkrecht zu N übertragen, wodurch der Größenunterschied derselben in bezug auf die im Querschnitt zz des Saugrohres vorhandene Saugrohrgeschwindigkeit c_s unmittelbar entnommen werden kann. Zur weiteren Festlegung der Flußflächen ist nun vor allem eine Zerlegung des Laufrades in einzelne Partiallaufräder erforderlich, welche vorteilhaft in ähnlicher Weise vorgenommen wird, wie dies von Baashuus in dem erwähnten Aufsatze gezeigt wurde. Teilt man die Niveaufläche beim Wassereintritt ins Laufrad, welche durch einen Kreiszylinder mit dem Laufraddurchmesser als Basisdurchmesser und der Einlaufbreite B als Zylinderhöhe gegeben erscheint, in n gleiche Teilzylinder, durch welche nach dem Begriffe über Niveauflächen die gleiche Wassermenge $\dfrac{Q}{n}$ ins Laufrad fließen muß, so hat man, da der Querschnitt zz des Saugrohres ebenfalls als Niveaufläche anzusehen ist, jene Kreisringflächen zu bestimmen, durch welche auch hier die gleiche Wassermenge $\dfrac{Q}{n}$ mit der Geschwindigkeit c_s zum Durchfluß gelangt. Bezeichnet man mit ψ den durch die Turbinenwelle[1]) verengten Querschnitt des Saugrohres, so muß mit Rücksicht auf die in I eingetragenen Bezeichnungen:

$$\frac{Q}{n} = \frac{\pi}{4}(D_s{}^2 - D_{s1}{}^2)\, c_s = \frac{D_s{}^2 \pi\, \psi}{4\, n}\, c_s$$

Daraus bestimmt sich:

$$\left.\begin{aligned}
D_{s1} &= D_s \sqrt{1 - \frac{\psi}{n}} \\[4pt]
D_{s2} &= D_s \sqrt{1 - 2\,\frac{\psi}{n}} \\[4pt]
\hline
D_{s_n} &= D_s \sqrt{1 - \psi}
\end{aligned}\right\} \quad \ldots \ldots 32.$$

[1]) Bei neueren Anordnungen für vertikale Francisturbinen entfällt meist das nach unten verlängerte Wellenstück; es ist daher in den Formeln 32 $\psi = 1$ zu setzen.

Der aus der letzten Gleichung erhaltene Wert von D_{s_n} muß natürlich mit dem Wellenquerschnitt im Schnitte zz identisch sein, wodurch entweder die Richtigkeit des gewählten Wertes für ψ kontrolliert oder ψ bei vorhandenem Laufradentwurf bestimmt werden kann. Im allgemeinen genügt für mittlere Laufradgrößen eine Zerlegung des ganzen Laufrades in sechs bis acht Teillaufräder.

Um weitere Anhaltspunkte für den Verlauf der Flußflächen zu gewinnen, teilt man jene Niveau-(Kugel-)fläche N, welche die Begrenzung des unteren Teiles der Laufradaustrittskante bilden soll, am einfachsten mit Hilfe der Guldinschen Regel in n Teilflächen derart ein, daß die erhaltenen Kugelzonen untereinander flächengleich sind. Es ist dann, unter F_n den Flächeninhalt der Niveaufläche N verstanden, nach Fig. 23, I, Tafel V

$$\frac{Q}{n} = \frac{F_n \varrho c_a}{n} = y_1 D_{x_1} \pi \varrho c_a = y_2 D_{x_2} \pi \varrho c_a = \ldots$$
$$= y_n D_{x_n} \pi \varrho c_a$$

daher:

$$y_1 D_{x_1} = y_2 D_{x_2} = y_n D_{x_n} = \frac{Q}{n \pi \varrho c_a} = A \ldots 33.$$

Da A eine konstante Größe vorstellt[1]), welche nach früherem für jeden Sonderfall ermittelt werden kann, so läßt sich durch versuchsweises Auftragen von y und Ermittlung des zugehörigen Schwerpunktdurchmessers D_x die in Gleichung 33 aufgestellte Forderung leicht erfüllen. Auf diese Weise werden auf der Schaufel- bzw. Kugelfläche die Punkte φ bis δ bzw. $\gamma_1 \beta_1$ und α_1 erhalten, welche nach früheren

---

[1]) Dies gilt allerdings nur annähernd, weil das Schaufelverengungsverhältnis ϱ an verschiedenen Stellen der Niveaufläche auch von verschiedener Größe ist.

gleichzeitig auch Punkte der zu suchenden Flußflächen vorstellen.

Schließlich gibt die Schnittebene $z_1 z$ bei der in I
gewählten Form der Begrenzung des äußeren Laufradkranzes weiteren Aufschluß über die Lage und
Form der Flußflächen, da diese, mit Vorbehalt einer
späteren Berichtigung, ebenfalls als Niveaufläche aufgefaßt werden kann. Zur Bestimmung der Durch-
messer $D_{z1} D_{z2}$ bis D_{z_n} können die Formeln 32 sinngemäße Anwendung finden, so daß geschrieben wer-
den kann:

$$\left.\begin{aligned}
D_{z_1} &= D_z \sqrt{1 - \frac{\psi'}{n}}\\
D_{z_2} &= D_z \sqrt{1 - 2\frac{\psi'}{n}}\\
D_{z_n} &= D_z \sqrt{1 - \psi'}
\end{aligned}\right| \quad \dots \dots 32a.$$

Allerdings ist dabei zu berücksichtigen, daß ein
durch die Verengung der Niveaufläche $z_1 z$ entsprechend größer gewählter Wert für ψ einzusetzen ist,
welcher aber unmittelbar aus der letzten Gleichung
bestimmt werden kann. Die Verschiebung der Flußflächen durch die endliche Schaufeldicke wurde dabei
als unwesentlich vernachlässigt.

Die dadurch erhaltenen Punktreihen, welche den
gewählten vier Niveauflächen angehören, geben nun
die Möglichkeit, ein Gerippe für die Flußflächen zu
entwerfen, welches für zwei derselben in Fig. I durch
den Linienzug $rstu$ bzw. $r's't'u'$ dargestellt wurde.
Auf Grund desselben kann nun unmittelbar der Verlauf der Flußflächen selbst eingezeichnet werden, indem durch die Punkte a, b, c bis f der Eintrittskante
Kreisbögen derart gelegt werden, daß diese einesteils
die Eintrittskante senkrecht durchschneiden, anderes-

teils die Strahlen tu, $t'u'$ usw. tangieren. Ebenso sind beim Übergang des zylindrischen Teiles der Flußflächen in den kegelförmigen Teil (Punkt t bzw. t' usw.) sowie auch beim weiteren Übergang des letzteren in den ersten (Punkt s bzw. s' usw.) Bogenstücke in der gezeichneten Weise einzuschalten. Die dadurch erhaltenen Kurvenzüge $b\beta\beta_1\beta_2$, $c\gamma\gamma_1\gamma_2$ usw. geben nun schon ein für praktische Zwecke brauchbares Bild der Flußflächen an, dessen Genauigkeit aber, falls es für notwendig erachtet wird, noch durch Ziehen einer neuen Schar von Niveauflächen, wie folgt, erhöht werden kann. Ist beispielsweise N_β die auf Grund der gezeichneten Flußlinienschar ermittelte neue Niveaufläche[1]), so haben aus den gleichen Gründen, wie früher angegeben, die Formeln 33 hier sinngemäße Anwendung zu finden. Es muß daher nach Fig. I:

$$D_{x_1}'y_1' = D_{x_2}'y_2' = \ldots . = D_{x_n}'y_n' \quad . \quad . \; 33\,\text{a}.$$

sein. Sollte daher die angenommene Flußlinienschar in erheblichem Maße von dieser Bedingung abweichen, so kann auf Grund der Gleichung 33a eine Berichtigung derselben vorgenommen werden. In gleicher Weise läßt sich nun der angegebene Vorgang für jede andere Niveaufläche (z. B. N_α) wiederholen. Erst jetzt kann mit dem Entwurfe der Austrittskante im Aufriß begonnen werden.

Während aber dem Konstrukteur bei Formgebung derselben für gewöhnliche Laufräder ein ziemlich weiter Spielraum gelassen ist, sind hier, wie schon erwähnt, die Winkel- und Geschwindigkeitsverhält-

---

[1]) Die Erzeugende derselben ist durch die orthogonale Trajektorie zu der gegebenen Flußlinienschar definiert. Es ist daher nur erforderlich, z. B. durch den Punkt β eine Kurve so zu legen, daß durch diese die gegebene Flußlinienschar möglichst senkrecht durchschnitten wird.

nisse von solch einschneidender Bedeutung, daß es
nur bei gleichzeitiger Prüfung der sich aus dem
Winkelbilde ergebenden Krümmungsverhältnisse möglich ist, eine rationelle Form der Schaufelaustrittskante anzugeben. Im allgemeinen erscheint es vorteilhaft, dieselbe auf eine längere Strecke in die durch
N bestimmte Kugelfläche zu legen (in der Zeichnung
bis Punkt δ) und dieselbe von dort durch einen anfänglich stark und später sanft gekrümmten Bogen
($\delta \gamma \beta \alpha$) in die obere Laufradbegrenzung überzuführen.
Legt man nun durch die erhaltenen Punkte α, β und γ
die in Fig. I gezeichneten Niveauflächen N_α, N_β und
N_γ, deren Flächeninhalt nach der Guldinschen Regel
bestimmt werden kann, so läßt sich aus der Formel 12
die jeder Niveaufläche zugehörige Durchflußgeschwindigkeit berechnen, und da die in Betracht gezogenen
Punkte gleichzeitig auch der Austrittskante angehören,
so stellen die berechneten Durchflußgeschwindigkeiten
auch die absoluten Austrittsgeschwindigkeiten aus
der Schaufelfläche vor. In Fig. I sind die den Punk-
ten α, β bis φ entsprechenden absoluten Austrittsgeschwindigkeiten maßstabrichtig eingetragen, und da
die Punkte δ bis φ ein und derselben Niveaufläche
— nämlich der Kugelfläche N — angehören, so sind
in dieser auch die Austrittsgeschwindigkeiten c_a einander gleich. Die im weiteren Verlaufe durch die
Verschiebung der Niveauflächen eintretende Änderung der Austrittsgeschwindigkeit wurde durch die
Schaulinie $m\,n$ (Fig. VI) zur Darstellung gebracht. Da
aber, wie aus dieser ersichtlich, die absolute Austrittsgeschwindigkeit gegen die Laufradachse hin ganz
beträchtlich zunimmt, so hat dies vor allem zur Folge,
daß sich auch die Austrittswinkel gegen die Laufradachse hin bedeutend vergrößern müssen. Dies ist,

wie später gezeigt werden wird, ein Nachteil, der aber durch die in wirtschaftlicher Beziehung erreichbaren Vorteile höherer Drehzahlen mehr als aufgewogen wird.

Zur weiteren Festlegung der Schaufelform muß nun an die Darstellung des Winkelbildes geschritten werden. Zu diesem Behufe sind nach früherem die mit $\overset{\frown}{a\,\alpha}$, $\overset{\frown}{b\,\beta}$ bis $\overset{\frown}{g\,\phi}$ (Fig. I) bezeichneten Flußlinien vorteilhaft von der Laufradeintrittskante aus, mit einer gleichen Teilung (a1 12 23 usw.) zu versehen und letztere von einem gewählten Anfangspunkte (Punkt a_0 Fig. IV) aus auf dem Strahle $M_0 M_0'$ nach abwärts zu übertragen. Zieht man durch die erhaltenen Punkte ($\alpha_0' \beta_0'$ bis ϕ_0') die Strahlen $\alpha_0 \alpha_0'$, $\beta_0 \beta_0'$ bis $\phi_0 \phi_0'$, so sind auf diesen aus bekannten Gründen die Laufradaustrittswinkel so anzuordnen, daß ein regelmäßiger und stetiger Verlauf der Winkellinien im Winkelbilde gesichert erscheint.

Zu diesem Behufe kann man sich vorteilhaft der in III dargestellten Hilfskonstruktion bedienen.

Ist durch $T T_1$ die Laufradachse dargestellt und trägt man senkrecht zu dieser den halben Laufraddurchmesser $\dfrac{D_1}{2}$ auf dem Strahle EF auf, so gibt der Endpunkt A des vom Punkte H parallel zur Laufradachse aufgetragenen Umlaufgeschwindigkeit v_e mit dem Punkt B der Laufradachse verbunden, das Diagramm der Umlaufgeschwindigkeiten an. Überträgt man in dasselbe die Abstände der Schaufelendpunkte (α, β bis ϕ) von der Laufradachse ($\alpha' \beta' \gamma'$ usw.) und schneidet von den erhaltenen Punkten auf dem Strahle EF die diesen Endpunkten zugehörigen Austrittsgeschwindigkeiten nach abwärts ab, so erhält man dadurch die Austrittsgeschwindigkeitsdreiecke (EKL bis PNF) und

mithin auch die Laufradaustrittswinkel δ_α, δ_β bis δ_Φ.
Zur Bestimmung des Winkelbildes sind diese auf ihren
zugehörigen Strahlen ($\alpha_0\alpha_0{'}$ $\beta_0\beta_0{'}$ bis $\phi_0\phi_0{'}$) durch
Parallelverschiebung in Fig. IV, Tafel V zu übertragen,
und da auch der Laufradeintrittswinkel β (im gezeichneten Falle $\beta = 50^0$) bekannt ist, mithin jede einzelne
Winkellinie gezeichnet werden kann, so ist vor allem
durch entsprechende Parallelverschiebung der letzteren
für eine stetige und regelmäßige Anordnung derselben Sorge zu tragen. Da, wie erwähnt, die harmonische Verteilung der Winkellinien einen sicheren
Schluß auf die regelmäßige und sanfte Krümmung
der Schaufel im Raume zuläßt, so ist vor allem zu
untersuchen, ob dieser Forderung eine ebene oder
räumlich gekrümmte Eintrittskante genügt. Die in
Fig. I gewählte Form und Lage der Austrittskante,
welche, wie aus III ersichtlich ist, ein sehr beträcht-
liches Anwachsen des Austrittswinkels gegen die
Laufradachse hin zur Folge hat, läßt, wie man sich
leicht durch einen Versuch überzeugen kann, durch
Verschiebung der Winkellinienenden bc bis g bis
zum Punkte a einen weniger regelmäßigen Verlauf
erwarten als eine durch IV dargestellte harmonische
Verteilung derselben auf dem zylinderisch ausgebildeten Teile der Laufradeintrittsfläche.

Ebenso würde man finden, daß auch im erst
erwähnten Falle auf eine regelmäßige räumliche Krümmung der Austrittskante nicht gerechnet werden kann,
weshalb die Ausbildung der Schaufeleintrittskante als
zylindrische Raumkurve im allgemeinen nicht nur
vorzuziehen ist, sondern bei besonders kleinen
Eintritts- und stark veränderlichen Austrittswinkeln zur unabweisbaren Notwendigkeit
wird.

Hat man nun für eine harmonische Verteilung der Winkellinien im Winkelbilde Sorge getragen, wobei besonders auch auf einen regelmäßigen Verlauf der durch $\alpha_0 \beta_0 \gamma_0$ bis ϕ_0 (IV) bestimmten Kurve zu achten ist, so ist jetzt nach früherem nur erforderlich, durch Aneinanderreihung einer Schar von Fehlerdreiecken und deren Projektion in den Grundriß den Verlauf der Flußlinien in demselben zu bestimmen.

Zu diesem Behufe können zwei Wege eingeschlagen werden.[1]) Der erste Weg ist kurz folgender:

Man lege beispielsweise an die Winkellinie $a_0 a_0$ von a_0 aus eine Schar von Fehlerdreiecken[2]) so, daß deren eine Kathete ($a_0 1_0$, $1_0' 2_0'$ usw.) gleich der Länge der im Aufriß der Wasserlinien gewählten Teilung (t) ist und beginne mit dem Übertragen in den Grundriß von einem beliebig gewählten Punkte des Laufradkreises (z. B. Punkt a Fig. II) Tafel V in der Weise, daß man auf den durch die Punkte (a 1 2 usw.) bestimmten Kreisbögen die im Winkelbilde mit ($\lambda_1 \lambda_2 \lambda_3$ usw.) bezeichneten Stücke überträgt und in der gezeichneten Weise die Radialstrahlen (ωS $\omega_1 S$ usw.) zieht. Die Verbindungslinie der dadurch erhaltenen Punkte (1 2 3 usw.) gibt, wie dies bei Bestimmung der dritten Näherungskurve ausführlich auseinandergesetzt wurde, den Verlauf der Horizontalprojektion der Flußlinie $a \alpha$ an. Um den Verlauf der Flußlinie $b \beta$ bestimmen zu können, ist zu berücksichtigen, daß

---

[1]) Hier sei jedoch gleich bemerkt, daß der zweite Weg schneller zum Ziele führt und bei zylindrischer Gestalt der Flußflächen angewendet werden muß.

[2]) Da, wie in den theoretischen Grundlagen auseinandergelegt, die Lage der Fehlerdreiecke auf die Gestaltung der Flußlinien von keiner Bedeutung ist, so wurde hier lediglich aus Deutlichkeitsrücksichten statt des Fehlerdreiecks $1_0'' n a_0$ das gegenüberliegende kongruente Fehlerdreieck $a_0 1_0 1_0''$ benutzt.

der Punkt b_0 im Winkelbilde von den durch den
Punkt a_0 in diesem und im Grundriß gelegten Meridianschnitte ($M_0 M_0'$ bzw. $\overline{MM'}$) um das Stück e
(Fig. IV) entfernt ist. Wird daher die Länge e von a
aus auf dem Laufradkreis (Fig. II) übertragen, so ist
dadurch in einfacher Weise der Anfangspunkt (b) der
auf der Flußfläche $b\beta$ liegenden Flußlinie bestimmt.
In gleicher Weise lassen sich dadurch auch die auf
den übrigen Flußflächen liegenden Anfangspunkte der
Flußlinien ermitteln.   Es können somit nach dem angegebenen Verfahren die Horizontalprojektionen der
übrigen Wasserlinien bestimmt werden.   Durch Verbindung der Endpunkte derselben ($\alpha\beta$ bis ϕ) erscheint auch Form und Lage der Austrittskante im
Grundriß eindeutig gegeben.

Legt man in gleicher Weise, wie dies schon von
Speidel und Wagenbach vorgeschlagen wurde[1]), durch
die Schaufelfläche die im Aufriß durch 0 1 2 bis 13
dargestellten Horizontalebenen, deren gegenseitige
Entfernung h der Einfachheit halber gleich angenommen wurde und bringt letztere zum Schnitte mit
der Schaufelfläche, so geben die entstehenden Schnittkurven, wie bekannt, ein wichtiges Hilfsmittel zur
praktischen Herstellung des Schaufelklotzes an.   Die
zeichnerische Bestimmung dieser Schnittlinien, welche
gleichzeitig auch die Schichtenlinien der Schaufelfläche vorstellen, kann wie folgt vorgenommen werden.
Ist z. B. der Schnitt der Horizontalebene 5 mit der
Flußlinie $d\delta$ zu bestimmen, so ist nur erforderlich,
die im Grundriß durch $d\delta$ dargestellte Flußlinie durch
einen Kreisbogen zu durchschneiden, dessen Halbmesser R_5 aus dem Aufriß zu entnehmen ist und
dessen Mittelpunkt S mit der Laufradachse zusammen-

---

[1]) Z. d. V. d. Ing., Jahrg. 1901, Heft 43, S. 1602.

fällt. Der erhaltene Punkt d_5 gibt schon einen Punkt der gesuchten Schichtenlinie an. Das angegebene Verfahren für die im Aufriß mit a_5 b_5 c_5 und e_5 bezeichneten Punkte wiederholt, gestattet nun den weiteren Verlauf derselben zu bestimmen.

Um den Anschluß der Schichtenlinie an die Eintrittskante bestimmen zu können, ist die Abwicklung der die Schaufeleintrittskanten umhüllenden Zylinderfläche erforderlich.

Die im Grundriß durch $M_0 M_0{}'$ bezeichnete Meridianebene schneidet dieselbe nach einer Erzeugenden, welche in der durch Fig. V dargestellten Weise in die Bildebene gelegt wurde ($N_0 N_0{}'$). Es müssen daher auch die gegenseitigen Entfernungen der Punkte $a_0{}'$ $b_0{}'$ $c_0{}'$ usw. (Fig. V) den im Aufriß ersichtlichen Abstand der Flußflächen, an der Eintrittskante gemessen, gleich sein. Überträgt man daher auf die durch a_0 bis e_0 senkrecht zu $N_0 N_0{}'$ gezogenen Strahlen, die aus dem Grundriß oder dem Winkelbilde zu entnehmenden Strecken $e\,e_1$ e_2 bis e_5 in der aus Fig. V ersichtlichen Weise, so gibt die Verbindungslinie (a_0 b_0 c_0 bis g_0) Form und Lage der in die Bildebene abgewickelten Laufradeintrittskante an. Um daher beispielsweise den Schnittpunkt V der Horizontalebene 5 mit der letzteren zu bestimmen, ist die im Aufriß mit ϑ bezeichnete Entfernung der betrachteten Schnittebene von dem Punkte e in der Abwicklung (Fig. V) Tafel V derart zu übertragen, daß dieselbe vom Punkte $e_0{}'$ nach abwärts übertragen erscheint, das dadurch gewonnene Stück σ gibt im Grundriß von Punkt e aus übertragen den gesuchten Punkt V der Schaufeleintrittskante an. Im übrigen wiederholt sich das angegebene Verfahren für jede Schnittebene, so daß nach entsprechend oftmaliger

Anwendung desselben die im Grundriß dargestellte
Schar von Schichtenlinien hervorgeht.

Bevor aber auf eine weitere Besprechung derselben eingegangen werden kann, soll noch der
früher erwähnte zweite Weg beschritten werden,
welcher in den meisten Fällen auf einfachere Weise
zum Ziele führt.

Statt wie bisher Form und Lage der Schichtenlinien aus dem Grundriß der Flußlinien zu ent-
wickeln, können die durch die Horizontalebenen
gebildeten Abschnitte n_1 n_2 usw. (Fig. I) der in
die Bildebene gedrehten Flußlinien unmittelbar
als die einen Katheten der zu bildenden
Fehlerdreiecke angesehen werden, wodurch
zwar allerdings deren Größe je nach Lage der Flußlinien verschieden sind, anderseits aber das vorherige
Aufzeichnen derselben in den Grundriß entbehrlich
wird. Werden daher beispielsweise die durch die
Schnittebenen 5 und 6 auf der Flußlinie $e\varepsilon$ gebildeten
Abschnitte n_1 bzw. n_2 derart in das Winkelbild übertragen, daß diese in der gezeichneten Weise die
Katheten der mit ($e_0\, e_5{}^0\, e_5{}'$ bzw. $e_5{}'\, e_6{}^0\, e_6{}'$) bezeichneten Fehlerdreiecke bilden, so sind in analoger
Weise die mit m_1 und m_2 bezeichneten Katheten in
den Grundriß zu übertragen, um die mit e_5 und e_6
bezeichneten Punkte zweier Nachbarschichtenlinien
zu erhalten, welche Punkte aber gleichzeitig ein und
derselben Flußlinie ($e\varepsilon$) angehören. Wiederholt man
das angegebene Verfahren vorerst für eine Flußlinie
(etwa $e\varepsilon$, Punkt $e_7 e_8$ usw.) und geht dann in gleicher
Weise auf die übrigen Flußlinien über, so geben die
mit gleichem Index versehenen Punkte, durch einen
stetig gekrümmten Kurvenzug verbunden, die Schichtenlinien und die mit gleichen Buchstaben und wach-

sendem Index versehenen Punkte die Horizontalprojektion der Flußlinien an.

Das zweite angegebene Verfahren bietet aber
nicht nur den Vorteil größerer Zeitersparnis, sondern
man ist vielmehr zu seiner Anwendung überall dort
gezwungen, wo ein Teil der Flußflächen zylindrische
Gestalt annimmt, da an diesen Stellen die Ermittlung
der Lage der Flußlinien nach dem zuerst angegebenen
Verfahren nicht möglich ist. Dem Umstande, daß
die Fehlerdreiecke in der Nähe der Eintrittskante
eine Größe erreichen, welche die Genauigkeit der
Lage der Flußlinien im Grundriß beeinflußt, kann in
der Weise entgegengetreten werden, daß durch Einschaltung eines Zwischenpunktes (z. B. π auf der
Wasserlinie b β, Fig. I) eine Zerlegung in zwei
Zwischenfehlerdreiecke ermöglicht wird.

Wie aus den bisherigen Darlegungen folgt, wurde
im Gegensatz zu dem gebräuchlichen Vorgange die
Entwicklung des Schaufelplanes von der Eintrittskante aus begonnen, und ergab sich dadurch eine
aus dem Aufriß und dem Winkelbild vollkommen
eindeutig bestimmte Form der Austrittskante im
Grundriß, deren räumliche Krümmung die Forderung
eines sanften und gesetzmäßigen Verlaufes der Schaufelfläche zum Ausdrucke bringt. Das gleiche gilt auch
für die Eintrittskante. Führt daher, wie dies vom
Verfasser gezeigt wurde,[1] schon bei normalen
Francisturbinen ($\beta = 90^0$) eine willkürliche Annahme der Aus- und Eintrittkante zu Schaufelformen, welche keinesfalls den Anforderungen
e nes sanften und stetigen Verlaufes der Schaufelfläche genügen, so trifft dies natürlich noch

---

[1] Zeitschr. f. d. ges. Turbw., Jahrg. 1905, Heft 8 u. 9, sowie auch die
Buchausgabe Abschnitt M III.

in erhöhtem Maße bei der viel verwickelteren
Form der Schaufelfläche des Schnelläufers zu,
wo ja die kleinen Eintrittswinkel und die stark
veränderlichen Austrittswinkel jede vorherige
Beurteilung der günstigsten Form der Ein-
und Austrittskante vollkommen ausschließen.
    Von welch wesentlichem Einfluß die Formgebung
der Austrittskante im Aufriß auf die Ermittlung derselben im Grundriß ist, kann aus Fig. I ersehen
werden. Eine Veränderung des inneren Teiles der-
selben in der strichliert eingezeichneten Weise (γ β' α)
hat vor allem wegen Veränderung der Umfangs- und
Austrittsgeschwindigkeit eine Änderung des Winkels
δ_β zur Folge. Vernachlässigt man dieselbe der Einfachheit halber, so genügt es, den Punkt β_0 (Fig. IV)
um das im Aufriß und im Winkelbild durch v ersichtlich gemachte Stück nach abwärts zu verschieben
(β_0' Fig. IV). Der um das Stück β_0 β_0' verlängerten
Winkellinie entspricht daher auch im Grundriß eine
Änderung in der Form der Austrittskante, welche in
Fig. II durch die strichlierte Linie (α β' γ) angedeutet
wurde. Dadurch ist aber anderseits auch die Mög-
lichkeit gegeben, durch eine Veränderung der Austrittskante im Aufriß, bzw. durch Verschiebung der
Winkellinien eine nachträgliche Korrektur derselben
vornehmen zu können.

VI. Verschiedene Ausführungsformen.

    Auf Grund des Gesagten unterliegt es nun keinen
Schwierigkeiten, mit Hilfe des Winkelbildes für jede
andere durch die Formgebung des äußeren und inneren Laufradkranzes und durch die Winkelverhältnisse bestimmte Schaufelform die günstigsten Krümmungsverhältnisse festzustellen.

In Fig. 24 (I, II und III) ist die Schaufelfläche eines Schnelläufers zur Darstellung gebracht, welche sich in Hinblick auf die durch Fig. 23 (Taf. V) dargestellte, nur durch eine andere Formgebung des äußeren Laufradkranzes unterscheidet. Die in Fig. 23 gewählten Werte für $\beta\gamma$ und ω wurden auch hier beibehalten, dagegen die in der Niveaufläche N (Fig. I) vorhandene Durchflußgeschwindigkeit größer gewählt. Die in Fig. 24 dargestellte Form des äußeren Laufradkranzes weist gegenüber der in Fig. 23 dargestellten Anordnung den Vorteil eines leichteren Einbaues in das Saugrohr auf. Allerdings mußte dieser praktische Vorteil durch eine aus dem Winkelbilde (Fig. 24, III) ersichtliche schlechtere Wasserführung gegen die äußere Laufradbegrenzung hin erkauft werden.

Durch die in Fig. 24 getroffene Wahl einer größeren absoluten Austrittsgeschwindigkeit ist die Möglichkeit gegeben, durch geeignete Wahl der Austrittskante im Aufriß ein allzu starkes Anwachsen der Austrittswinkel gegen die Laufradachse zu vermeiden, wodurch die Ausbildung der Eintrittskante als ebene Kurve (Zylindererzeugende) noch statthaft ist. Die Austrittskante ist natürlich auch hier als eine durch das Winkelbild eindeutig bestimmte Raumkurve auszubilden und soll hier noch auf die interessante Tatsache hingewiesen werden, daß trotz der Verschiedenheit des in den Fig. 23 und 24 dargestellten Aufrisses der Austrittskante und der dadurch bedingten Austrittswinkelverhältnisse Form und Charakter der im Grundriß der beiden Figuren dargestellten Austrittskante voll erhalten bleibt, was mit Rücksicht auf die geforderte Stetigkeit in der Änderung der Winkelverhältnisse auch leicht erklärlich erscheint. Die in Fig. 24, II dargestellten Schichtenlinien ($\overline{26}\ \overline{26}$,

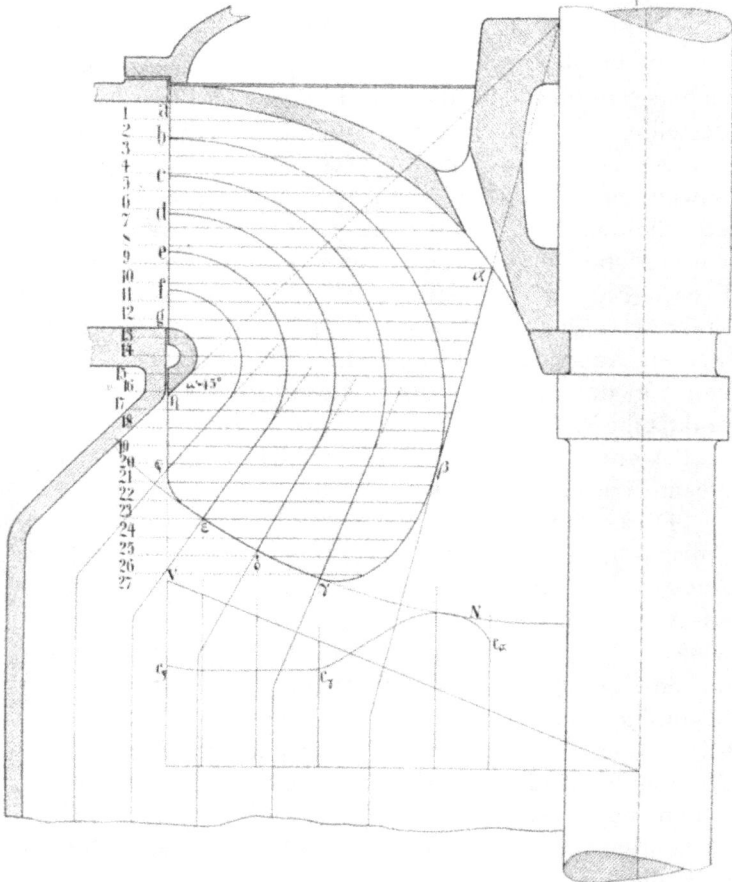

Fig. 24, I bis III. Ermittlung des Schaufelplanes
eines Schnelläufers mit Hilfe des Winkelbildes.

Bestimmungsgrößen:

$\alpha = 51^0\ 45'$ $D_1 = 1000$ mm

$\beta = 50^0$ $D_s = 1300$ mm

$\mu = {}^1/_4$ $B = 250$ mm

$\gamma = \dfrac{10}{13}$ $n = 77$ mm

$w = 45^0$ $Q = 1,84$ cbm/sek

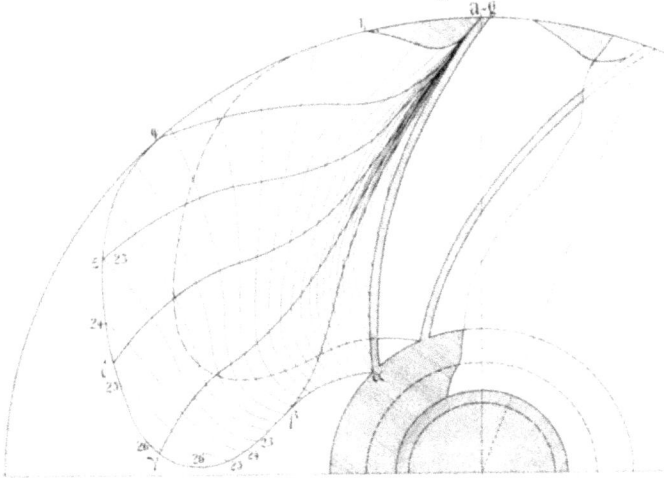

Fig. 24, II.

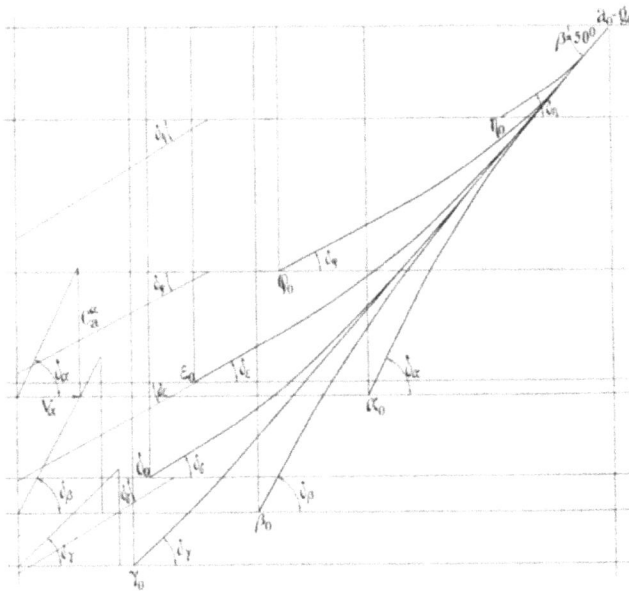

Fig. 24, III. Winkelbild.

25 25 usw.), welche nach dem zweiterwähnten Verfahren bestimmt wurden, zeigen infolge der erwähnten
geringen Winkeländerungen einen äußerst regelmäßigen Verlauf.

Da den beiden in den Fig. 23 und 24 dargestellten Laufrädern ein Eintrittswinkel $\beta = 50^0$ zugrunde gelegt wurde, so ergibt sich bei Berücksichtigung der in diesen eingetragenen Bestimmungsgrößen aus der angegebenen Zahlentafel (Seite 125):

$$v_e = 4{,}06 \sqrt{H}$$

daher für diese Schnelläufer bei dem gewählten Laufraddurchmesser von $D_1 = 1000$ mm und einer Gefällshöhe von $H = 1$ m

$$4{,}06 = \frac{1 \pi n}{60}; \quad n = 77.$$

Die Einheitsdrehzahl beträgt $n_0 = 104$.

Die verbrauchte Wassermenge bestimmt sich bei
einem angenommenen Austrittsverlust von $\varDelta = 0{,}1$ aus:

$$Q = c_s \, F_w = \frac{\psi D_s^2 \pi}{4} \sqrt{\varDelta \, 2 \, g \, H}$$

zu $Q^1) = 1{,}84$ cbm.

Durch Erfüllung der in den mathematisch
hydraulischen Grundlagen aufgestellten Forderungen
läßt sich, wie aus den angegebenen Drehzahlen
zu entnehmen ist, im Verein mit einer rationellen
Ausbildung der Schaufelfläche schon eine ganz be-
achtenswerte Erhöhung der · bisher als höchst bekannten Umlaufzahlen erzielen. So weisen beispielsweise die amerikanischen Ausführungsformen (Sam-
son- und Trumpturbinen), welche ja, wenigstens dem
Kataloge nach, als die schnellsten Turbinen der Welt

---

[1]) Wird $\psi = 1$, so erhöht sich die Wassermenge auf $Q = 1{,}87$ cbm.
Allerdings müßten, strenge genommen, auch die Winkel- und Geschwindigkeitsverhältnisse eine kleine Änderung erfahren.

gelten sollen, auf die gleichen Laufraddurchmesser
bezogen, nur Umlaufzahlen[1]) von $n = 65$ auf, was
einer Drehzahlverminderung von rund 19 bzw. 35 v. H.
gegenüber den angegebenen Laufradtypen gleich-
kommen würde.

Es liegt nun der Gedanke nahe, durch eine
weitere Verringerung der Einlaufbreite und des Eintrittswinkels bei gleichzeitiger Vergrößerung des Saugrohrdurchmessers auf eine noch erheblichere Drehzahlerhöhung des Schnelläufers hinzuwirken. Die
Benutzung des Winkelbildes lehrt aber, daß die in
den geometrischen Grundlagen aufgestellten Forderungen um so schwieriger zu erfüllen sind, je größer
die Drehzahl wird. Da daher die Beschreitung dieses
Weges keinesfalls ratsam erscheint, so können die
in den Fig. 23 und 24 gezeichneten Schaufelformen
bei der dortselbst gewählten Form der äußeren Laufradbegrenzung als Grenzfälle von rationell ausgebildeten Schnelläufern angesehen werden.

In den Fig. 25 (I, II, III, IV u. V) wurde noch ein
Schnelläufer[2]) zur Darstellung gebracht, dessen Aus-

---

[1]) In dem interessanten Aufsatz von Oberingenieur Schmitthenner (Z. d.
V. d. Ing., Jahrg. 1903, Heft 24 und 25) wird durch Bremsproben nachgewiesen, daß der Nutzeffekt einer Samsonturbine bei der angegebenen Drehzahl (auf 1000 mm Laufraddurchmesser umgerechnet) auf 64 v. H. heruntersinkt. Der größte Nutzeffekt (72 v. H.) ergab sich bei einer Drehzahl von
$n = 57$, weshalb die erstere auf Kosten des Nutzeffektes entschieden zu hoch
gewählt wurde. Legt man den Berechnungen ein normales Francisturbinenlaufrad mit $\beta = 90°$ und dem gleichen Laufraddurchmesser $D_1 = 1000$ mm zugrunde, so besitzt dasselbe nach der Zahlentafel Seite 125 eine Drehzahl
$n = 53,5$; also nur um 6,5 v. H. weniger als der bei dem größten Nutzeffekt arbeitende Samsonschnelläufer.

[2]) Die hier mitgeteilten Schaufelpläne sind teils praktischen Ausführungen des Verfassers entnommen, teils in den Konstruktionsübungen an der
hiesigen technischen Hochschule unter Aufsicht desselben angefertigt worden,
weshalb an dieser Stelle noch den Herren cand. techn. Bittner, Cermak,
Gold, Meyer, Neumaier, Scholz, Woharek und Zeilinger für die
sorgfältige Ausführung der besondere Dank des Verfassers ausgesprochen
werden soll.

I.

D·1100

d·200

B·275

d·190

D₂1430

a

α

β

γ

δ

ε

η

θ

III.

V·1085

V.

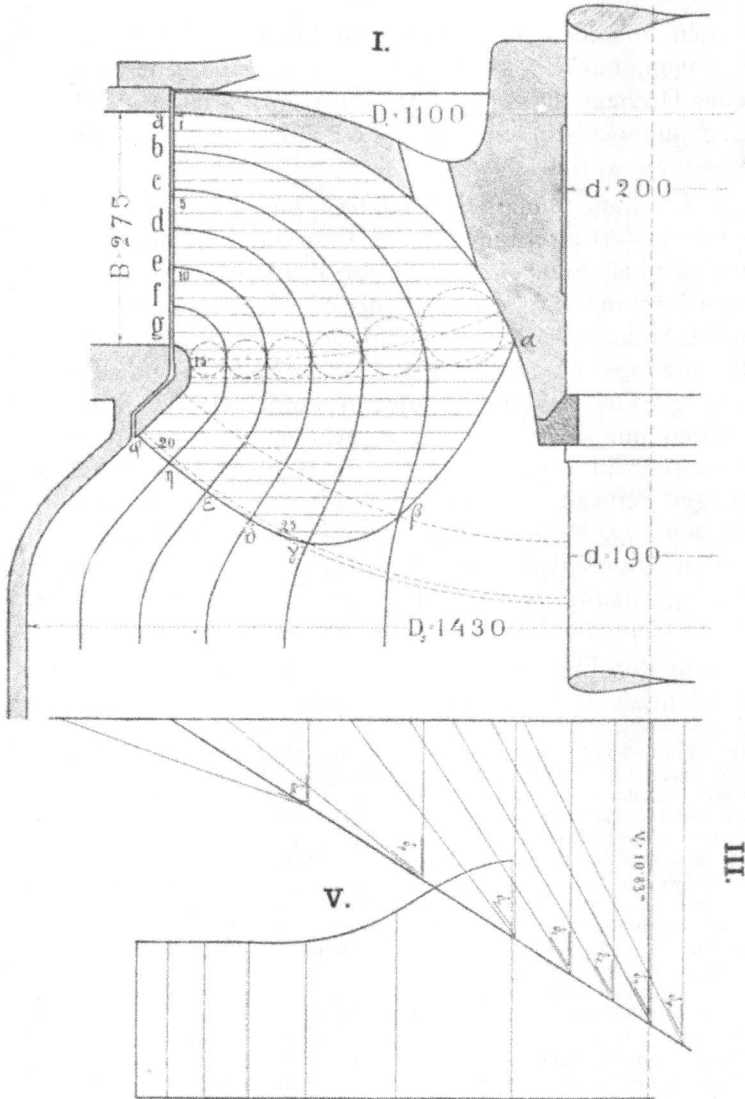

Fig. 25, I bis V. Schnelläufer

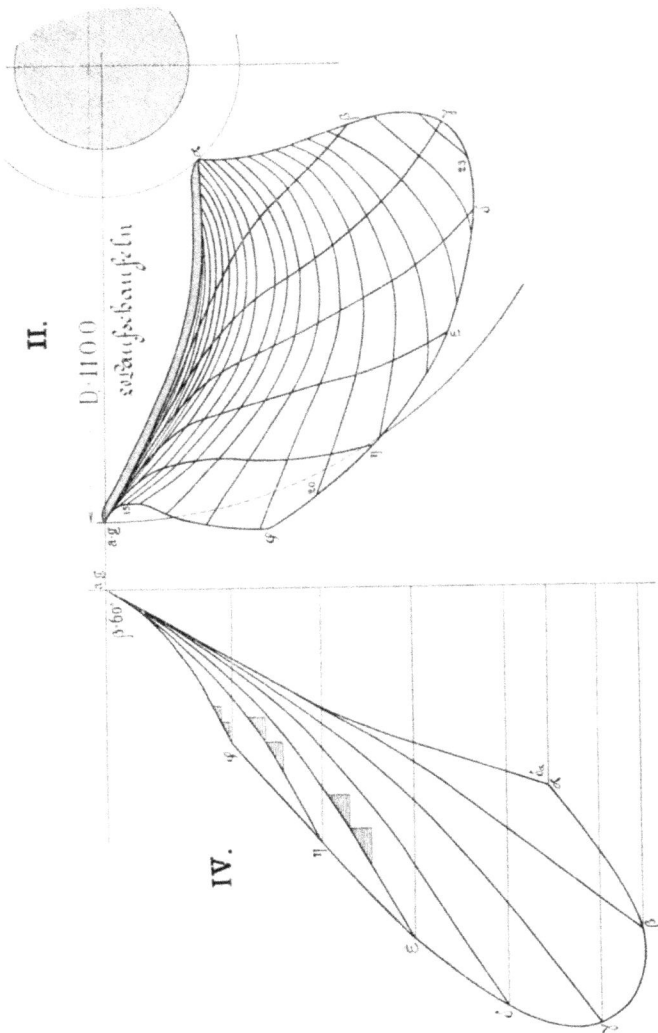

mit kürzeren Schaufeln.

trittskante behufs Erzielung kurzer Schaufeln nach
aufwärts verschoben wurde (vgl. Fig. 25 I). Dadurch
konnte dem Winkelbilde (Fig. IV) wegen der geringeren
Länge der Winkellinien eine kleinere Ausbreitung

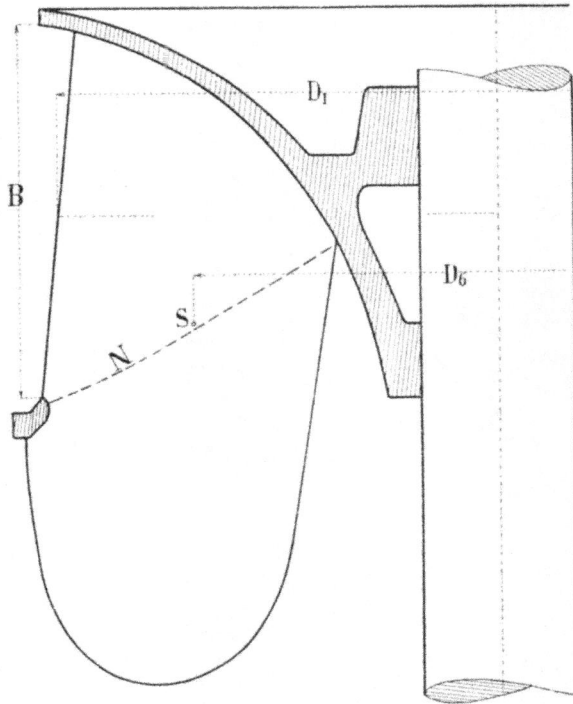

Fig. 26. Amerikanische Ausführungsform (Bauart Trump).

gegeben werden. Allerdings wachsen dadurch die
Austrittsgeschwindigkeiten, wie aus dem Schaubild
Fig. V hervorgeht, ganz beträchtlich, was anderseits,
wie aus Fig. III ersichtlich, ein erhebliches Anwachsen
der Austrittswinkel gegen die Laufradachse hin zur
Folge hat. Daß jedoch durch den eingangs erwähnten

Umstand die Schaufel tatsächlich kürzer ausfällt, ist aus dem Grundriß Fig. II ersichtlich.

Dieser Schnelläufer wurde für eine Wassermenge von $Q = 6,6$ cbm bei einem Gefälle von 9 m gebaut

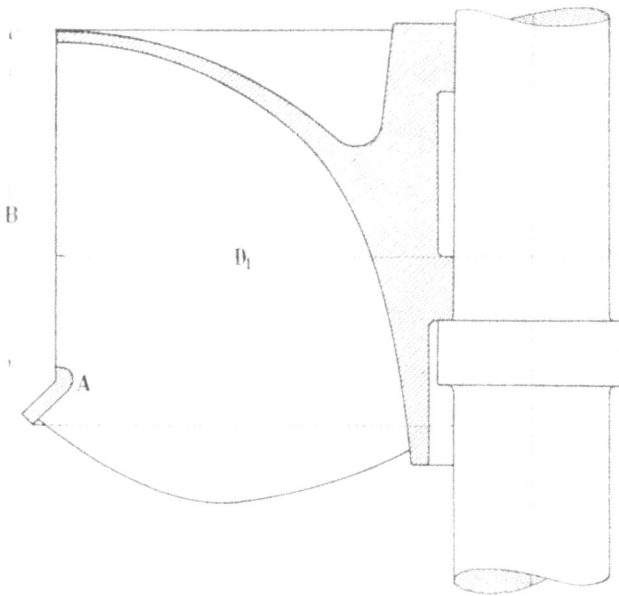

Fig. 27. Französische Ausführungsform.

und besitzt eine Drehzahl von $n = 188$ Uml./min. Die übrigen Bestimmungsgrößen sind

$\alpha = 49^0$	$\varDelta = 0,1$
$\beta = 60^0$	$D_1 = 1100$ mm
$\mu = {}^1/_4$	$D_s = 1430$ mm
$\gamma = {}^{10}/_{13}$	$B = 275$ mm,

die übrigen Hauptmaße sind aus dem Schaufelplan
zu entnehmen.

In den Fig. 26, 27 und 28 wurden verschiedene
Formen des Schaufelaufrisses zur Darstellung gebracht, wie diese in neuerer Zeit bei amerikanischen
und französischen Ausführungen anzutreffen sind.

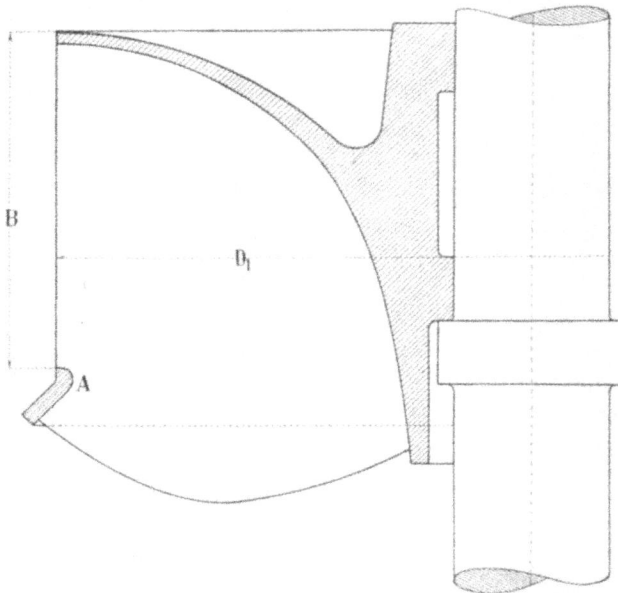

Fig. 28. Neuere Ausführungsform.

Fig. 26 stellt eine amerikanische Schaufel, Bauart Trump, vor. Auffallend an dieser ist die starke
Einschnürung des Laufraddurchmessers sowie eine,
wenn auch geringe Schrägstellung der Laufradeintrittskante. Untersucht man mit Hilfe des Winkelbildes die Krümmungsverhältnisse der Schaufelfläche,
so zeigt sich, daß dieselben die denkbar ungün-
stigsten sind, wozu der bei *A* (Fig. 26) vorhandene

plötzliche Übergang der Eintrittskante in den äußeren Laufradkranz nicht wenig dazu beiträgt. Von einer geordneten Wasserführung kann daher hier natürlich keine Rede sein. Ähnliche Ausführungsformen zeigen auch die Samsonturbinen, weshalb auch die in der Anmerkung 1, Seite 171, mitgeteilten Bremsergebnisse nicht überraschen können.

Fig. 27[1]), welche eine französische Ausführung zeigt, läßt schon auf den ersten Blick eine bessere Wasserführung erwarten. Eine Untersuchung mit Hilfe des Winkelbildes zeigt auch, daß die Krümmungsverhältnisse der Schaufel schon erheblich günstiger geworden sind, obwohl anderseits wegen des beträchtlichen Längenunterschiedes der einzelnen Wasserfäden von einer rationellen Ausbildung der Krümmungsverhältnisse der Schaufel nicht gesprochen werden kann. Ebenso hat man es hier nicht mit einem Schnelläufer zu tun, da die Drehzahl $n = 52$ bei $D_1 = 1000$ mm sogar unter jene eines normalen Laufrades gleichen Laufraddurchmessers heruntersinkt.

Fig. 28 zeigt schließlich eine Ausbildung der Schaufelfläche, wie sie in neuerer Zeit mehrfach zur Ausführung kommt. Unterzieht man dieselbe mit Hilfe des Winkelbildes einer näheren Untersuchung, so zeigt sich der schon bei französischen Ausführungsformen bemerkte Übelstand der ungleichen Länge der Flußlinien in solch erheblichem Maße, daß auch hier eine rationelle Ausbildung der Schaufelfläche, insbesondere wenn auf hohe Drehzahlen Gewicht gelegt wird, nicht durchgeführt werden kann.

---

[1]) Die Fig. 26 und 27 sind mit Bewilligung des Professors an der k. k. Techn. Hochschule in Wien, Ing. A. Budau, aus dessen trefflichen Skizzen zu den Konstruktionsübungen für den Bau der Wasserkraftmaschinen entnommen.

Kaplan, Schaufelformen. 12

Allen drei Typen gemeinsam ist aber der die Erzielung hoher Drehzahlen hindernde Übelstand einer viel zu groß gewählten Einlaufbreite, dessen Nachteil in den hydraulischen Grundlagen erkannt wurde.

Die bisher in der Literatur angegebenen Verfahren begnügen sich zumeist damit, Form und Krümmung der Schaufelfläche durch eine willkürlich im Grundriß angenommene Ein- und Austrittskante sowie durch eine „nach dem Gefühle" in den Grundriß eingetragene Flußlinienschar zu bestimmen.

Es braucht aber wohl nicht näher begründet zu werden, daß aus dem sanften Verlauf der Wasserlinien im Grundriß keinesfalls auf eine sanft verlaufende Krümmung der Flußlinien bzw. der Schaufelfläche im Raume geschlossen werden darf und ebenso umgekehrt. [1])

Wird daher, wie es derzeit allgemein gebräuchlich, die Horizontalprojektion der Austrittskante beliebig gewählt, so wird das Auge unwillkürlich verleitet, dem Grundriß derselben eine möglichst sanft gekrümmte Kurve zuzuschreiben. Dies ist aber, wie aus den angegebenen Darlegungen folgt, unrichtig, und muß zu sackartigen Vertiefungen und Ausbeulungen der Schaufelfläche führen, welche den Wirkungsgrad des Laufrades ungünstig beeinflussen.[2]) Aus den im Abschnitt L wiederge-

---

[1]) Der in Fig. 23 II im Grundriß dargestellte Verlauf der Wasserlinie $g\,\varphi$ gibt dafür einen augenscheinlichen Beweis. Die stetige räumliche Krümmung der Flußlinie $g\,\varphi$ bedingt die Ausbildung des auf der Zylinderfläche 8 7 liegenden Stückes derselben nach einer zylinderischen Schraubenlinie. Letztere muß daher auch im Grundriß erscheinen und wird nach dem angegebenen Verfahren durch das Bogenstück $\widehat{8\,7}$ zur Darstellung gebracht. Jede andere im Grundriß sanfter gekrümmte Kurve hätte daher eine stärker gekrümmte räumliche Flußlinie zur Folge.

[2]) Noch ungünstiger gestalten sich die Verhältnisse, wenn die Projektion der Austrittskante im Grundriß als gerade Linie angenommen wird.

gebenen Lichtbildern von Schaufelmodellen ist zu
erkennen, daß die im Grundriß der dargestellten
Schaufelpläne (Fig. 23, 24 u. 25) ersichtliche Einbiegung der Schaufelaustrittskante bei β eine notwendige Folge der aufgestellten Forderung eines
sanften und stetigen Verlaufes der Schaufelfläche ist und auch im Raume eine sanft gekrümmte Austrittskante gewährleistet (vgl. die
Lichtbilder Fig. 42 u. Fig. 43).

Faßt man die aus den bisherigen Darlegungen
gewonnenen Ergebnisse kurz zusammen, so lassen
sich folgende für alle Schnelläufer gültige Hauptleitsätze aufstellen:

1. Die Schaufelfläche ist als die Einhüllende einer Schar von gesetzmäßig verlaufenden Flußlinien aufzufassen, deren
günstigste Krümmungen aus den Winkellinien und deren vorteilhafteste Lage
aus dem Winkelbilde zu entnehmen ist.

2. Lage und Krümmung der Ein- und Austrittskante ist keinesfalls willkürlich,
sondern deren vorteilhafteste Ausgestaltung aus dem Winkelbilde zu entnehmen.

3. Hohe Umlaufzahlen erfordern nicht
nur eine entsprechende Verkleinerung
des Eintrittswinkels und des Laufraddurchmessers, sondern auch eine Verringerung der Einlaufbreite.

4. Bei stark veränderlichen Austrittsgeschwindigkeiten sowie bei besonders
hohen Drehzahlen ist die Ausbildung
der Eintrittskante als Raumkurve erforderlich.

Die hier mitgeteilten Ergebnisse sind durch die neuesten auf dem Gebiete des Schnelläuferbaues gewonnenen Erfahrungen bestätigt.

So weisen die von Briegleb Hausen in Gotha nach den Entwürfen von Prof. Dr. Ing. Camerer gebauten „Oberschnelläufer", welche wohl derzeit als die schnellsten, bei hohem Nutzeffekt arbeitenden Turbinen gelten dürfen, bei entsprechender Laufraderweiterung eine räumlich gekrümmte Austrittskante auf (vgl. die Abbildung 64 Seite 317). In der letzten Zeit ist auch die Leobersdorfer Maschinenfabrik in Leobersdorf zum Baue von hochwertigen Schnellläufern übergegangen und weisen die neuesten Ausführungsformen dieser Firma (entworfen von Dr. techn. Baudisch) neben einer räumlich gekrümmten Austrittskante auch eine als Raumkurve ausgebildete Eintrittskante auf, deren Vorteile auf Seite 98 u. f. und 160 besprochen wurden (vgl. die Abbildung 78 Seite 332). Die hier gefundenen Ergebnisse behalten auch bei den übrigen Laufradgruppen ihre Gültigkeit, weshalb späterhin auf diese nur kurz hingewiesen werden soll.

VII. Praktisches Beispiel zur zeichnerischen Ermittlung der Schaufelfläche.

Zur Erläuterung der zeichnerischen Darstellung soll die Schaufelfläche des auf Seite 142 u. f. bestimmten Schnelläufers dargestellt werden.

Gegeben ist: $H = 4$ m, $Q = 2,125$ cbm, $n = 180$.

Gefunden wurde: $\alpha = 38^0$ (normal), $\beta = 47^0$, $u = 1/3$, $\gamma = {}^{10}/_{14}$, $D_1 = 800$ mm, $D_s = 1120$ mm, $B = 270$ mm und $d = 130$ mm.

Hat man nach den auf Seite 150 u. f. gemachten Angaben die äußere und innere Laufradbegrenzung festgelegt (Fig. 29, I), so schreitet man an die Ermittlung der Flußflächen. Nach den Gesetzen über die Schwerpunktslage bestimmt sich der Schwerpunkt des Kreisbogens $\widehat{\varphi\alpha'}$ zu

$$\overline{\sigma S} = \frac{R \times \text{Sehne } \overline{\varphi\alpha'}}{\text{Bogen } \widehat{\varphi\alpha'}}$$

durch Messung der erforderlichen Längen aus Fig. 29, I ergibt sich

$$R = 0,57 \text{ m}$$
$$\text{Sehne } \overline{\varphi\alpha'} = 0,435 \text{ m}$$
$$\text{Bogen } \widehat{\varphi\alpha'} = 0,45 \text{ m}$$

Mithin wird

$$\overline{\sigma S} = \frac{0,57 \cdot 0,435}{0,45} = 0,55 \text{ m.}$$

Aus dem Aufriß ergibt sich nun der Schwerpunktshalbmesser r_σ des Bogens $\widehat{\varphi\alpha'}$ in bezug auf das Wellenmittel zu

$$r_\sigma = 0,275 \text{ m.}$$

Es ist daher der Flächeninhalt der Niveaufläche F_φ (angenäherte Kugelfläche)

$$F_\varphi = \widehat{\varphi\alpha'} \, 2 \, r_\sigma \, \pi = 0,45 \cdot 2 \cdot 0,275 \cdot \pi = 0,775 \text{ qm.}$$

Die Niveauflächengeschwindigkeit durch F_φ ergibt sich nach Formel 12 (S. 32) zu

$$c_a = \frac{Q}{F_\varphi \cdot \varrho'} = \frac{2,125}{0,775 \cdot 0,98} = 2,8 \text{ m}$$

wobei ϱ' mit 0,98 geschätzt wurde.[1]

Aus Gleichung 32 bestimmen sich nunmehr die der einzelnen Teilturbinen entsprechenden Kreisringdurchmesser. Wählt man 6 Teilturbinen und für ψ

---

[1] Die Versperrung des Durchflußquerschnittes tritt nur indirekt auf, weil sich hinter den Schaufelenden Wirbelräume bilden müssen. Eine Zuschärfung der Schaufelenden ist daher sehr zu empfehlen, weil dadurch die ersteren verringert werden können.

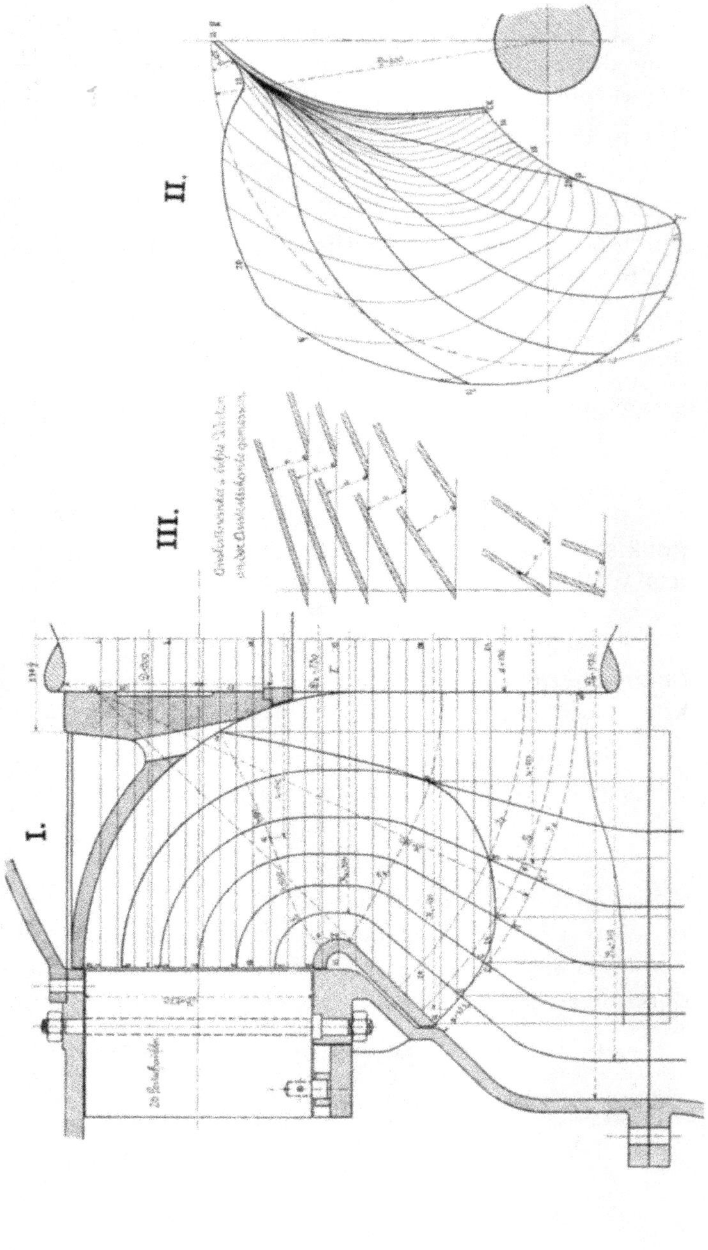
I.
II.
III.

den auf Seite 143 angegebenen Wert $\psi = 0,9865$, so wird

$$D_{s_1} = D_s \sqrt{1 - \frac{\psi}{n}} = D_s \sqrt{1 - \frac{0,9865}{6}} = 0,9146\, D_s$$

$$D_{s_2} = 0,8192\, D_s$$
$$D_{s_3} = 0,7119\, D_s$$
$$D_{s_4} = 0,5848\, D_s$$
$$D_{s_5} = 0,4218\, D_s$$
$$D_{s_6} = 0,1162\, D_s$$

Da es aus zeichnerischen Gründen bequemer ist, statt der Durchmesser D_s die Halbmesser R_s zu benützen, so gehen obige Formeln unter Berücksichtigung, daß für $D_s = 2R_s = 1120$ mm gefunden wurde, über in

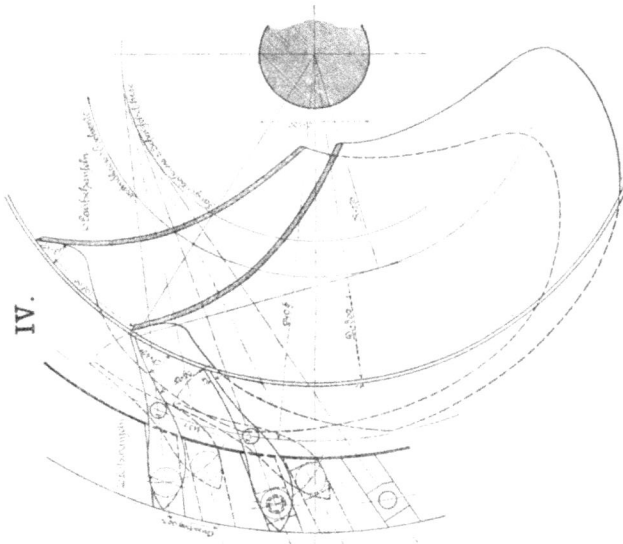

Fig. 29, I bis IV. Schnelläufer.
(Siehe das praktische Beispiel.)

$R_{s_1} = 512$ mm

$R_{s_2} = 458,9$ „

$R_{s_3} = 398,6$ „

$R_{s_4} = 327,5$ „

$R_{s_5} = 236$ „

$R_{s_6} = 65$ „

Der aus der letzten Gleichung bestimmbare Wellendurchmesser $D_{s_6} = 130$ mm stimmt mit den gemachten Annahmen vollauf überein.

Aus Gleichung 33 (Seite 155) bestimmt man nun die Größe des Produktes

$$y\,D_x = \frac{Q}{n\,\pi\,\varrho\,c_a} = \frac{2,125}{6\,\pi\,0,98\cdot 2,8} = 0,041.$$

In qmm ausgedrückt wird

$$y\,D_x = 41,000$$

führt man wieder statt der Durchmesser die Halbmesser ein, so ist

$$y\,R_x = 20500.$$

Wählt man daher $y_1 = \widehat{\varphi\,\eta} = 45,5$ mm, so wird nach Fig. 29, I das entsprechende $R_{x_1} = 450$ mm und mithin $y_1\,R_{x_1} = 450 \cdot 45,5 = 20500$, wie es Gleichung 33 verlangt. Durch versuchsweises Auftragen der Werte von y bei gleichzeitiger Bestimmung der zugehörigen Werte für R_x lassen sich, besonders mit Hilfe des Rechenschiebers die verlangten Punkte η ε' δ' γ' β' und α' leicht bestimmen.

Betrachtet man ferner die Ebene ZZ' als Niveaufläche (Fig. 29, I), so ergibt sich, da D_z aus der Zeichnung zu $D_z = 730$ mm angenommen werden kann,

$$\psi' = 1 - \frac{d^2}{D_z^2} = 1 - \frac{\overline{13}^2}{\overline{73}^2} = 0,9684.$$

Mithin wird nach Gleichung 32 a (Seite 156)

$R_{z_1} = 334$ mm

$R_{z_2} = 300$ „

$R_{z_3} = 260$ „

$R_{z_4} = 217$ „

$R_{z_5} = 160$ mm.

$R_{z_6} = \dfrac{d}{2} = 65$ mm.

Hier wurden wieder der Übersichtlichkeit halber die Halbmesser berechnet.

Teilt man schließlich die Eintrittskante in sechs gleiche Teile, so können nach den auf Seite 156 u. f. gemachten Angaben die Erzeugenden der Flußflächen bestimmt werden. Zur etwaigen Berichtigung derselben ist Gleichung 33 a zu benutzen. Nun entwirft man die Austrittskante $\alpha\beta\gamma\ldots\varphi$, legt durch diese Punkte die Niveauflächen F_α, $F_\beta \ldots F_\delta$ und bestimmt deren Flächeninhalt.

Für F_α findet man, da nach Fig. (29, I)

$$b = 290 \text{ mm} \quad r_\alpha = 242 \text{ mm}$$
$$F_\alpha = 2\, r_\alpha\, \pi\, b = 2 \cdot 0,242\, \pi \cdot 0,29 = 0,442 \text{ qm.}$$

Die in F_α vorhandene Niveauflächengeschwindigkeit wird nach Gleichung 12 (Seite 32), wenn für $\varrho' = 0,96$ gesetzt wird,

$$c_\alpha = \frac{Q}{F_\alpha\, \varrho'} = \frac{2,125}{0,442 \cdot 0,96} = 5 \text{ m.}$$

In gleicher Weise findet man für $F_\beta = 0,462$ qm und mithin $c_\beta = 4,75$ m, wobei für $\varrho' = 0,97$ gesetzt wurde. Ebenso findet man $F_\gamma = 0,641$ qm, daher $c_\gamma = 3,37$ m entsprechend $\varrho' = 0,97$ und schließlich wird $F_\delta = 0,735$ qm; mithin bei $\varrho' = 0,98$ $c_\delta = 2,95$ m. Die Niveauflächengeschwindigkeit c_ε ist nur wenig von c_α verschieden, weshalb eine genaue Berechnung nicht erforderlich ist. Der Verlauf der Niveauflächengeschwindigkeiten wurde in Fig. 29, I auch zeichnerisch dargestellt.

In gleicher Weise, wie in Fig. 23, III erläutert, bestimmt man nun die Laufradaustrittswinkel und aus diesen das Winkelbild. Durch die auf Seite 161 u. f. geschilderte Übertragung der Fehlerdreiecke in den Grundriß ergibt sich schließlich die in Fig. 29, II dargestellte Form der Schaufelfläche, aus welcher auch die Schichtenlinien behufs Herstellung des Schaufelklotzes eingetragen sind.

Behufs richtigen Einbaues der Schaufeln empfiehlt es sich, die in den Punkten $\alpha\,\beta\,\gamma \ldots$ usw. vorhandenen lichten Weiten und Austrittswinkel nach den auf S. 101 gemachten Angaben zu bestimmen. (Fig. 29, III.) In Fig. 29, IV ist noch der Einbau der Finkschen Drehschaufeln dargestellt. Der große Leitradwinkel verlangte eine erhebliche Vergrößerung der Leitschaufelzahl ($z_1 = 26$) — gegenüber 16 Laufschaufeln — um auch hier einen befriedigenden Schluß der Leitschaufeln zu ermöglichen. (Vgl. Abschnitt J.)

F. Berechnung und Konstruktion der Normalläufer mit großem Wasserverbrauch.

I. Allgemeine Grundlagen und Aufstellung von Zahlentafeln.

Nach der im Abschnitt B gegebenen Definition ist unter einem Normalläufer mit großem Wasserverbrauch ein Francisturbinenlaufrad mit einem Laufradeintrittswinkel von $\beta = 90^0$ zu verstehen, dessen Laufraddurchmesser kleiner ist als der Saugrohrdurchmesser.

Der Einbau eines solchen ist überall dort vorzunehmen, wo die Einheitsdrehzahlen innerhalb der Grenzwerte $n_0 = 55$ bis $n_0 = 75$ liegen. Durch die Bedingung $\beta = 90^0$ vereinfachen sich die im Abschnitt E für Schnelläufer angegebenen Formeln und · ergeben daher folgende Rechnungsgrundlagen

$$\operatorname{tg} \alpha = \sqrt{2\,C} \quad . \quad . \quad . \quad . \quad . \quad . \quad . \quad 9\,\mathrm{a}.$$

$$v_e = \sqrt{\varepsilon\,g\,H} \quad . \quad . \quad . \quad . \quad . \quad . \quad 2\,\mathrm{c}.$$

$$n = \frac{60\,v_e}{\pi\,\gamma\,\sqrt{\dfrac{4\,Q}{\psi\,\pi\,\sqrt{\varDelta\,2\,g\,H}}}} \quad . \quad . \quad . \quad 17.$$

$$C = \frac{\psi^2 \varDelta}{16\,\gamma^4\,\mu^2\,\varepsilon\,\varrho^2} \,. \quad \cdot \quad \cdot \quad \cdot \quad \cdot \quad 11.$$

$$2\,\alpha < 90^0 \quad \cdot \quad \cdot \quad \cdot \quad \cdot \quad \cdot \quad \cdot \quad 25a.$$

Aus Gleichung 25a folgt $\alpha < 45^0$
daher nach 9a $\operatorname{tg}\alpha = \sqrt{2\,C} < 1$
Mithin muß $C < \tfrac{1}{2}$
daher auch $\dfrac{\psi^2 \varDelta}{16\,\gamma^4\,\mu^2\,\varepsilon\,\varrho^2} < \tfrac{1}{2} \quad \cdot \quad \cdot \quad \cdot \quad \cdot \quad 34.$

Gleichung 2c und 17 lassen erkennen, daß auch in dem zu besprechenden Sonderfall eine nicht unerhebliche Drehzahlerhöhung möglich ist, nur darf nicht vergessen werden, daß auch gleichzeitig die Bedingung 34 zu erfüllen ist und daher besonders der Vergrößerung von $\varDelta$ eine Grenze gesetzt ist. Um die auftretenden Verhältnisse übersichtlicher zu gestalten, werde in Gleichung 17 der Wert für v_e eingesetzt. Nach einigen leicht zu übersehenden Umformungen ergibt sich dann schließlich

$$n = \frac{60}{\pi\gamma} \sqrt{\frac{\pi\,\psi\,g\,H\,(1-\lambda)\,(\varDelta^{1/2} - \varDelta^{3/2})}{4\,Q}} \quad . \; 17a.$$

Wäre $\varDelta$ nicht an die Bedingung 11 geknüpft, also von γ, μ usw. unabhängig, so könnte aus Gleichung 17a unmittelbar jener Wert für $\varDelta$ bestimmt werden, durch welchen die Drehzahl zu einem Maximum wird.

Setzt man daher

$$\frac{d\,n}{d\,\varDelta} = d\,(\varDelta^{1/2} - \varDelta^{3/2}) = \frac{1}{2\,\varDelta^{1/2}} - \tfrac{3}{2}\,\varDelta^{1/2} = 0$$

so wird $\varDelta = \tfrac{1}{3} = 0{,}333.$

Da nun aber, wie aus Gleichung 34 folgt, $\varDelta$ auch von γ und μ abhängig ist[1]), so verlangen solch hohe Werte von $\varDelta$ bei entsprechender Vergrößerung von μ

---

[1]) ψ und γ lassen eine willkürliche Wahl nicht zu.

auch eine ausgiebige Erhöhung von γ. Letztere steht aber, wie aus Gleichung 17 und 17a folgt, im Widerspruch mit der beabsichtigten Drehzahlerhöhung. Ebenso ist auch eine starke Vergrößerung von μ in praktischer Hinsicht nachteilig, da die geordnete Wasserführung längs der inneren Laufradbegrenzung dadurch erschwert, die Einlaufbreite übermäßig hoch und die Regulierung schwerfällig und teuer wird.

Ein weiterer in der neueren Literatur vielfach unterschätzter Umstand, welcher gegen die Zulassung allzu hoher Austrittsverluste spricht, ist der, daß die zur Überwindung der Wasserreibung erforderlichen Druckhöhen mit der Größe der Durchflußgeschwindigkeit durch das Saugrohr in ganz erheblichem Maße wachsen. Nach Prof. Pfarr[1]) ergibt sich die zur Überwindung der Reibungswiderstände in Rohrleitungen vom Kreisquerschnitte erforderliche Druckhöhe $h\varrho$ zu:

$$h\varrho = 0{,}00175 \; L \; \frac{Q^2}{D^5}$$

wobei L die Rohrlänge, Q die in der Sekunde durchströmende Wassermenge und D den Rohrdurchmesser bedeutet.

Mithin ist beispielsweise die Widerstandshöhe bei gleicher Rohrlänge und gleicher Wassermenge, aber halbem Rohrdurchmesser 32 mal so groß! Daß sich unter solchen Verhältnissen trotz Saugrohrerweiterung ein erheblicher Verlust am Nutzgefälle einstellen muß, ist wohl ohne weiteres einleuchtend.[2])

---

[1]) Die Turbinen für Wasserkraftbetrieb, Berlin 1907, Jul. Springer.

[2]) Der Verfasser sieht sich zu dieser ausführlichen Darlegung veranlaßt, weil in neuerer Zeit Vorschläge aufgetaucht sind, welche bezwecken, das für Langsamläufer (vgl. Abschnitt H) bewährte Laufradprofil auch den Schnelläufern zugrunde zu legen und durch eine Vergrößerung der oberen Saugrohrgeschwindigkeit auf eine Drehzahlerhöhung hinzuwirken. (Vgl. auch das über die Saugrohrerweiterung Gesagte Seite 119 u. f.)

Die Größe von μ ist, wie aus den angegebenen Formeln ersichtlich, auf die Höhe der Drehzahl von keinem Einfluß. Es ist dies ein besonderes Merkmal dieser Laufradgruppe, durch welches sie sich ganz wesentlich von den Schnelläufern unterscheidet.

Dagegen beeinflußt die Laufradhöhe den Leitradwinkel α in der Weise, daß große Einlaufbreiten kleinere Austrittswinkel erfordern. Weiter folgt aus Gleichung 17, daß größere Drehzahlen kleinere γ — also eine größere Laufraderweiterung erfordern. Im allgemeinen empfiehlt es sich jedoch $\gamma \gtrless {}^{10}/_{13}$ zu wählen und falls höhere Drehzahlen verlangt werden, einen Schnelläufer mit großem Wasserverbrauch auszuführen, um eine allzu starke Laufraderweiterung zu vermeiden.

In nebenstehender Zahlentafel V wurden für den praktischen Gebrauch die Bestimmungsgrößen von Normalläufern für verschiedene Laufraderweiterungen[1]) $(\gamma = {}^{10}/_{10} - {}^{10}/_{13})$ und für Laufbreiten $(\mu = {}^{1}/_{4} - {}^{1}/_{2})$ bei Austrittsverlusten von $\varDelta = 0,1$ und $\varDelta = 0,15$ eingetragen. Auch hier sind die letzteren als oberste Grenzwerte anzusehen, und es empfiehlt sich, falls ein höherer Nutzeffekt verlangt wird, $\varDelta < 0,1$ zu wählen. Der Querschnittsverengung durch die Turbinenwelle ψ, sowie dem Schaufelverengungsverhältnis ϱ wurden auch hier die konstanten Mittelwerte $\psi = 0,98$ und $\varrho = 0,93$ beigelegt. Aus der Zahlentafel V ersieht man die schon erwähnte Tatsache, daß die Einheitsdrehzahlen bei gleichem $\varDelta$ von μ unabhängig und gegenüber jenen der Schnelläufer schon erheblich gesunken sind.

---

[1]) $\gamma = {}^{10}/_{10}$ ist die unterste Grenze. Hier fällt der Begriff des Normalläufers mit großem Wasserverbrauch mit jenem für kleinem Wasserverbrauch zusammen.

Zahlentafel V.

Ermittlung der Bestimmungsgrößen von Normalläufern mit großem Wasserverbrauch.

$$\psi = 0,98, \quad \varepsilon = 0,93, \quad \beta = 90°.$$

$\gamma =$		$\mu = {}^1\!/_4$				$\mu = {}^1\!/_3$				$\mu = {}^1\!/_2$			
		$^{10}\!/_{10}$	$^{10}\!/_{11}$	$^{10}\!/_{12}$	$^{10}\!/_{13}$	$^{10}\!/_{10}$	$^{10}\!/_{11}$	$^{10}\!/_{12}$	$^{10}\!/_{13}$	$^{10}\!/_{10}$	$^{10}\!/_{11}$	$^{10}\!/_{12}$	$^{10}\!/_{13}$
$\varDelta = 0,1$	$\alpha =$	27°30'	32°40'	36°30'	41°30'	21°30'	25°30'	29°30'	33°30'	14°40'	17°30'	20°40'	25°50'
$\varDelta = 0,15$	$\alpha =$	33°30'	38°20'	43°10'	—	26°30'	31°	35°50'	40°10'	18°20'	22°	25°40'	29°20'
$\varDelta = 0,1$	$\dfrac{ve}{\sqrt{H}} =$	2,8	2,8	2,8	2,8	2,8	2,8	2,8	2,8	2,8	2,8	2,8	2,8
$\varDelta = 0,15$	$\dfrac{ve}{\sqrt{H}} =$	2,72	2,72	2,72	—	2,72	2,72	2,72	2,72	2,72	2,72	2,72	2,72
$\varDelta = 0,1$	$n_0 =$	55,5	61,0	66,2	72,0	55,5	61,0	66,2	72,0	55,5	61,0	66,2	72,0
$\varDelta = 0,15$	$n_0 =$	59,5	65,5	71,8	—	59,5	65,5	71,8	77,5	59,5	65,5	71,8	77,5

Untersucht man die Veränderlichkeit der Drehzahlen, welche sich bei einem Laufraddurchmesser
von $D_1 = 1$ m und gleichem μ und γ, aber verschiedenen Austrittsverlusten einstellen, so findet man,
wie Zahlentafel VI zeigt, daß mit wachsendem $\varDelta$ eine
A b n a h m e derselben verbunden ist — ein Ergebnis,
welches unmittelbar auch aus Gleichung 2 c S. 187
hervorgeht. Eine Abnahme des Austrittsverlustes,
oder mit anderen Worten, eine geringere Beaufschlagung hat auch hier — soll ein stoßfreier Wassereintritt gewahrt bleiben — eine Abnahme des Leitradaustrittswinkels zur Folge, was bekanntlich durch
Anwendung der Finkschen Drehschaufeln ermöglicht
wird (vgl. Seite 139).

Zahlentafel VI.

$\beta = 90^0$ $\mu = {}^1/_3$ $\gamma = {}^{10}/_{12}$ $D_1 = 1$ m

$\varDelta$	0,1	0,15
$\dfrac{v_e}{\sqrt{H}}$	2,8	2,72
$n_1 = \dfrac{60\, v_e}{1\,\pi\,\sqrt{H}}$	53,5	52
α	$29^0\ 30'$	$35^0\ 50'$

Was nun den praktischen Gebrauch der Zahlentafel V anbelangt, so kann auf das auf Seite 140 u. f. für
Schnelläufer Gesagte hingewiesen werden. Hier ist
noch zu bemerken, daß nur in den seltensten Fällen
eine Übereinstimmung der in der Zahlentafel für n_0
angegebenen Werte mit den berechneten möglich ist.
Eine Änderung des Laufradwinkels β ist jedoch —
soll das Laufrad nicht die Eigenschaften eines Normal-

läufers verlieren — unstatthaft. In allen diesen Fällen ist der rechnerische Weg nach folgendem Entwurf vorzuziehen.

II. Berechnungsvorgang zur Ermittlung der Bestimmungsgrößen von Normalläufern mit großem Wasserverbrauch.

Gegeben ist Q H und n. Man wähle mit Rücksicht auf das auf Seite 119 und Seite 189 Gesagte die Größe des Austrittsverlustes $\varDelta'$ und betrachte diese als vorläufige Annahme. Daraus bestimme man nach Gleichung 16 Seite 133 unter der vorherigen Wahl eines Verengungsverhältnisses des Saugrohrquerschnittes durch die Turbinenwelle von $\psi' \backsim 0,98$ die Größe des Saugrohrdurchmessers zu

$$D_s' = \sqrt{\frac{4\,Q}{\psi'\,\pi\,\sqrt{\varDelta'\,2\,g\,H}}} \quad . \quad . \quad . \quad . \quad 16.$$

Benutzt man ferner Gleichung 17, welche auch in der einfacheren Form geschrieben werden kann

$$n = \frac{60\,v_e'}{\pi\,\gamma'\,D_s'} \quad . \quad . \quad . \quad . \quad . \quad 17\,\mathrm{a}.$$

so kann daraus, da n gegeben ist und v_e' aus Gleichung 2 c zu $v_e' = \sqrt{\varepsilon'\,g\,H}$ bestimmt werden kann, die Größe der Saugrohrerweiterung γ' berechnet werden.

Im allgemeinen wird jedoch der aus Gleichung 17a bestimmte Wert von γ' in der Zahlentafel V nicht enthalten sein und ebenso das aus der Gleichung $D_1' = \gamma'\,D_s'$ erhaltene Maß für den Laufraddurchmesser kein auf 50 oder 100 abgerundetes Maß vorstellen.

Man geht nun ähnlich vor, wie auf Seite 134 u. f. gezeigt, indem man vor allem den Laufraddurch-

194   F. Normalläufer mit großem Wasserverbrauch.

messer auf das zunächstliegende gerade Maß ab-
rundet und gleichzeitig auch eine Verminderung
des Saugrohrdurchmessers in der Weise vornimmt,
daß γ' einen in der Zahlentafel V angegebenen Wert
vorstellt. Letzteres ist allerdings nicht unbedingt erforderlich, zur Erzielung geometrisch ähnlicher Laufradformen jedoch anzustreben. Jedenfalls ist aber
zu beachten, daß mit einer Vergrößerung von D_1'
auf D_1 ebenfalls eine Vergrößerung von D_s' auf
D_s zu verbinden ist und umgekehrt. Es wird dadurch in einfacher Weise ein Ausgleich erzielt, da
durch die erstere eine Verkleinerung und durch die
letztere, wie aus den angegebenen Formeln folgt,
eine Vergrößerung der Drehzahl hervorgeht. Durch
Abrundung von D_1' und γ' auf D_s bezw. γ ist nun
auch der Wert von D_1 festgelegt.

Der genaue Wert von ψ folgt dann aus der
Gleichung 27 Seite 134 zu

$$\psi = 1 - \frac{d^2}{D_s{}^2} \quad \cdots \cdots \quad 27.$$

wobei d nach den auf Seite 135 gemachten Angaben
bestimmt werden kann.

Ebenso folgt die Größe der Saugrohrgeschwindigkeit aus der Beziehung

$$c_s = \frac{4\,Q}{\pi\,\psi\,D_s{}^2} \quad \cdots \cdots \quad 28.$$

Mithin ist auch $\varepsilon = (1-\lambda)\,(1-\varDelta)$ bekannt. Die
neue Umlaufgeschwindigkeit folgt aus

$$v_e = \sqrt{\varepsilon\,g\,H}$$

Als weitere Kontrolle kann nun noch die bekannte Beziehung

$$n = \frac{60\,v_e}{D_1\,\pi}$$

benutzt werden.

Die aus dieser Gleichung ermittelte Drehzahl wird in den meisten Fällen in voller Übereinstimmung mit der geforderten stehen. Sollte sich aber dennoch eine kleine Abweichung zeigen, welche aus irgendwelchen Gründen unerwünscht ist, so kann durch eine leicht zu übersehende Änderung von γ eine beliebig genaue Annäherung an die gewünschte Drehzal erreicht werden.[1])

Nun wählt man noch μ innerhalb der angegebenen Grenzen (ein guter Anschluß der inneren Laufradbegrenzung an die Turbinenwelle wird mit $\mu = \frac{1}{3}$ erzielt), wodurch. auch die Einlaufbreite B festgelegt ist.

Durch die endgültig festgesetzten Werte von γ, μ, ψ und $\varDelta$ ist durch die Gleichung 11 bzw. 9a auch der Leitradwinkel α bestimmt. Man findet

$$C = \frac{\psi^2 \varDelta}{16\,\gamma^1 \mu^2 \varepsilon \varrho^2} \quad \ldots \quad \ldots \quad 11.$$

$$\operatorname{tg} \alpha = \sqrt{2\,C} \quad \ldots \quad \ldots \quad 9\mathrm{a}.$$

Sollte ein möglichst kleiner Wert von α gewünscht werden, so läßt sich dies durch eine Vergrößerung von μ erzielen. Die bisher gefundenen Bestimmungsgrößen erleiden dadurch keine Änderung.

Der aus Gleichung 9a bestimmte Leitradwinkel ist bei der normalen Wassermenge Q einzuhalten. Wie aber im Abschnitt E ausführlich dargelegt, ist es im praktischen Turbinenbau jedoch üblich, den Leitradwinkel so zu bemessen, daß die Turbine auch eine größere Wassermenge Q_1 verarbeiten kann. Der Rechnungsvorgang ist bei gleichzeitiger Berücksichtigung des auf Seite 137 u. f. Gesagten kurz folgender:

---

[1]) Bei kleinen Laufraddurchmessern ist jedoch hier als auch bei den Normalläufern mit kleinem Wasserverbrauch eine weitgehende Abrundung von D_s' nicht durchführbar.

Die neue Saugrohrgeschwindigkeit ergibt sich zu

$$c_{s_1} = \frac{4\,Q_1}{\psi\,\pi\,D_s^{\;2}} \quad \cdots \quad \cdots \quad 28\,\text{a.}$$

Mithin wird der Austrittsverlust

$$\varDelta_1 = \frac{c_{s_1}^{\;2}}{2\,g\,H} \quad \cdots \quad \cdots \quad 26\,\text{b.}$$

Daher geht auch ε über in

$$\varepsilon_1 = (1-\lambda)\,(1-\varDelta_1)$$

Die Radkonstante C ändert sich auf

$$C_1 = \frac{\psi^2\,\varDelta_1}{16\,\gamma^4\,\mu^2\,\varepsilon_1\,\varrho^2} \quad \cdots \quad \cdots \quad 11\,\text{a.}$$

oder $\qquad C_1 = C\,\dfrac{\varDelta_1\,\varepsilon}{\varepsilon_1\,\varDelta}$

Mithin wird der bei ganz geöffnetem Leitapparat erforderliche Leitradwinkel α_1

$$\operatorname{tg}\alpha_1 = \sqrt{2\,C_1} = \operatorname{tg}\alpha\,\sqrt{\frac{\varDelta_1}{\varepsilon_1}\cdot\frac{\varepsilon}{\varDelta}} \quad \cdots \quad 30\,\text{b.}$$

Gleichung 29 oder 9 b gibt schließlich noch folgenden interessanten Aufschluß über die Regulierfähigkeit des Normalläufers. Es ist nämlich nach Gleichung 9 b

$$\operatorname{tg}\beta = \frac{2\,C\operatorname{tg}\alpha}{\operatorname{tg}^2\alpha - 2\,C} \quad \cdots \quad \cdots \quad 9\,\text{b.}$$

Berücksichtigt man gleichzeitig Gleichung 9 a, so erkennt man, daß sowohl für die normale Wassermenge Q, als auch für die Höchstwassermenge Q_1 der Nenner der Gleichung 9 b immer Null sein muß, was für beide Beaufschlagungen den Wert $\beta = 90^0$ zur Folge hat. Dies ist ein nicht zu unterschätzender Vorteil des Normalläufers gegenüber dem Schnelläufer, weil der erstere auch bei wechselnder Beaufschlagung einen stoßfreien Wassereintritt und mithin gute Wir-

kungsgrade gewährleistet.[1]) Diese theoretische
Erkenntnis wurde auch durch die praktische Erfahrung bestätigt gefunden und mag wohl auch ein
Grund sein, weshalb man bei Schnelläufern eine allzu starke Verkleinerung des Leitradwinkels zu vermeiden sucht.

Was die zeichnerische Durchbildung der Schaufelfläche anbelangt, so erfolgt dieselbe nach den gleichen
Gesichtspunkten wie diese für Schnelläufer auf Seite 150
u. f. ausführlich besprochen wurde. Das Winkelbild
vereinfacht sich in diesem Sonderfall, da $\beta = 90^0$
auszuführen ist; die Schaufeln werden kürzer als
jene der Schnelläufer und eine sanfte Krümmung
derselben ist meist ohne Ausbildung der Eintrittskante als Raumkurve möglich. Immerhin ist eine
Schräglegung derselben (vgl. Abschnitt M III) empfehlenswert und besonders dann unbedingt erforderlich, wenn, wie es derzeit noch vielfach geschieht,
die Austrittskante als ebene Kurve ausgebildet wird.
An einem praktischen Beispiel soll der einzuhaltende
Vorgang noch genauer besprochen werden.

III. Praktisches Beispiel.

Es soll das Laufrad einer horizontalen Francisturbine für eine sekundliche Wassermenge von
$Q = 4,25$ cbm bei einem Gefälle von 6,78 m entworfen werden. Dabei ist eine Drehzahl desselben
von $n = 157$ einzuhalten.

Nach Gleichung 19 Seite 110 ist ersichtlich, daß
in diesem Falle vorteilhaft ein Normalläufer mit

---

[1]) Die Drehzahländerung ist, wie aus Zahlentafel VI, Seite 192, folgt,
bei wechselnder Belastung sehr gering. Allerdings bleiben auch hier die
erwähnten Störungen beim Wasseraustritt aus dem Laufrade bestehen, welche,
wenn auch in geringem Maße auf die Eintrittsverhältnisse rückwirkend sind.

großem Wasserverbrauch Verwendung finden kann. Wählt man daher, vorbehaltlich einer späteren Berichtigung $\varDelta' = 0{,}075$ und $\psi' = 0{,}98$, so wird

$$c_s' = \sqrt{\varDelta' \, 2\, g\, H} = \sqrt{0{,}075\, 2\, g\, 6{,}78} = 3{,}15 \text{ m}$$

Daher wird der Saugrohrdurchmesser

$$D_s' = \sqrt{\frac{4\, Q}{\psi' \, \pi \, c_s'}} = \sqrt{\frac{4 \cdot 4{,}25}{\pi \cdot 0{,}98 \cdot 3{,}15}} = 1{,}322 \text{ m}$$

Man findet die diesen Annahmen entsprechende Umlaufgeschwindigkeit bei Berücksichtigung, daß

$$\varepsilon' = (1 - \varDelta')\, (1 - \lambda) = (1 - 0{,}075)\, (1 - 0{,}11) = 0{,}823$$

$$v_e' = \sqrt{\varepsilon' \, g\, H} = \sqrt{0{,}82\, 3\, g \cdot 6{,}78} = 7{,}4 \text{ m}$$

Da die Drehzahl vorgeschrieben ist, so findet man den vorläufigen Wert von

$$\gamma' = \frac{60\, v_e'}{\pi \, n \, D_s'} = \frac{60 \cdot 7{,}4}{157 \cdot 1{,}322 \cdot \pi} = 0{,}682$$

daher wird $D_1' = 0{,}682 \cdot 1{,}322 = 0{,}905$ m.

Rundet man den Laufraddurchmesser nach unten ab, so ist der gleiche Vorgang auch beim Saugrohrdurchmesser vorzunehmen. Da der Wert von γ' ungefähr der Größe von $\gamma = {}^9/_{13}$ entspricht, so soll dieser — abweichend von dem bisher eingehaltenen Vorgange — der weiteren Berechnung zugrunde gelegt werden.

Man findet daher als endgültig festgelegte Werte

$$D_1 = 900 \text{ mm} \quad D_s = \frac{13}{9}\, 900 = 1300 \text{ mm}$$

Die Leistung der Turbine bestimmt sich angenähert aus Gleichung 20a Seite 114 zu

$$N = 10 \cdot 6{,}78 \cdot 4{,}25 = 287 \text{ PS}$$

Daher wird der Wellendurchmesser

$$d = 130 \sqrt[3]{\frac{N}{n}} = 130 \sqrt[3]{\frac{287}{157}} = 160 \text{ mm}$$

Im Saugrohr wurde nach Fig. 30 I die Welle abgesetzt auf $d_1 = 120$ mm. Mithin bestimmt sich der neue Wert von ψ aus

$$\psi = 1 - \frac{d_1{}^2}{D_s{}^2} = 1 - \frac{\overline{0,12}^2}{1,3^2} = 0,99$$

Ebenso ergibt sich nun die neue Saugrohrgeschwindigkeit aus

$$c_s = \frac{4 Q}{\pi \psi D_s{}^2} = \frac{4 \cdot 4,25}{\pi \cdot 0,99 \cdot 1,3^2} = 3,23 \text{ m}$$

Der unter dieser Annahme vorhandene Austrittsverlust wird

$$\Delta = \frac{c_s{}^2}{2 g H} = \frac{\overline{3,23}^2}{2 g \cdot 6,78} = 0,079 \sim 0,08$$

Für ε findet man

$$\varepsilon = (1 - 0,11)(1 - 0,08) = 0,82$$

Daher wird $v_c = \sqrt{\varepsilon g H} = \sqrt{0,82 \, g \cdot 6,78} = 7,4$ m und mithin die Drehzahl

$$n = \frac{60 \, v_c}{\pi \cdot D_1} = \frac{60 \cdot 7,4}{\pi \cdot 0,9} = 157$$

wie es das Projekt verlangt.

Der für normale Beaufschlagung erforderliche Leitradwinkel folgt aus

$$\operatorname{tg} \alpha = \sqrt{2C} = \sqrt{2 \, \frac{0,98 \cdot 0,08 \cdot 9}{16 \cdot 0,2292 \cdot 0,82 \cdot 0,865}} = 0,736$$

Mithin wird $\alpha = 36^\circ 20'$.

Setzt man voraus, daß die Turbine etwa mit 10 v. H. der normalen Wassermenge überlastet werden kann, so ergibt sich

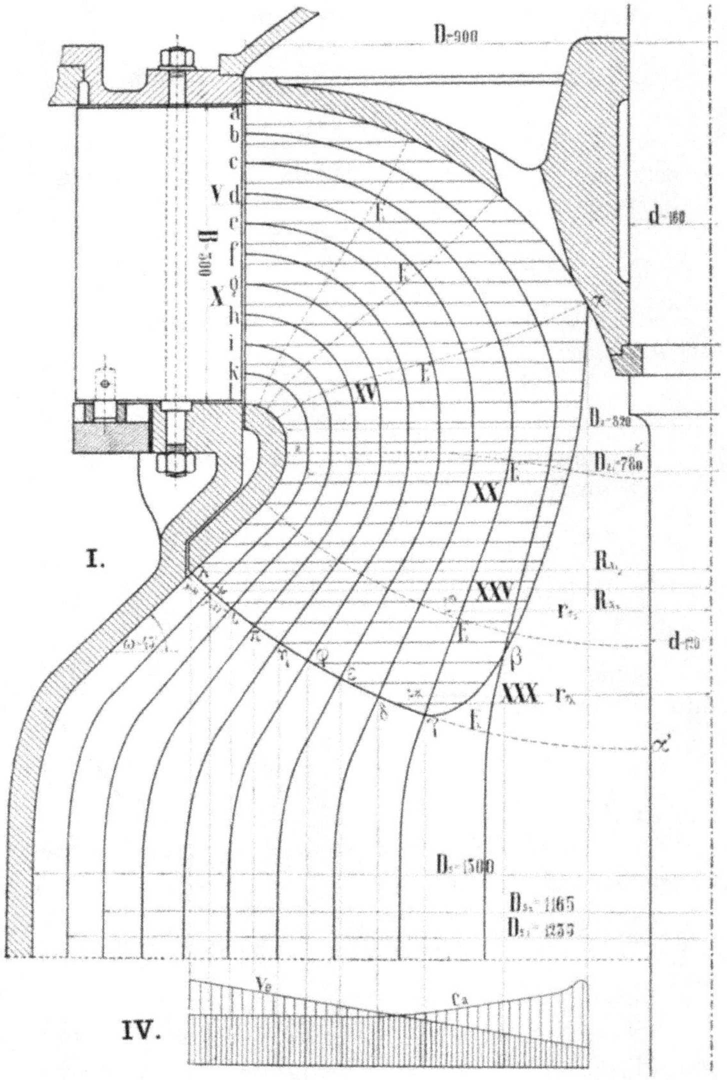

Fig. 30, I bis IV. Normalläufer
(Siehe das prak-

II.

III.

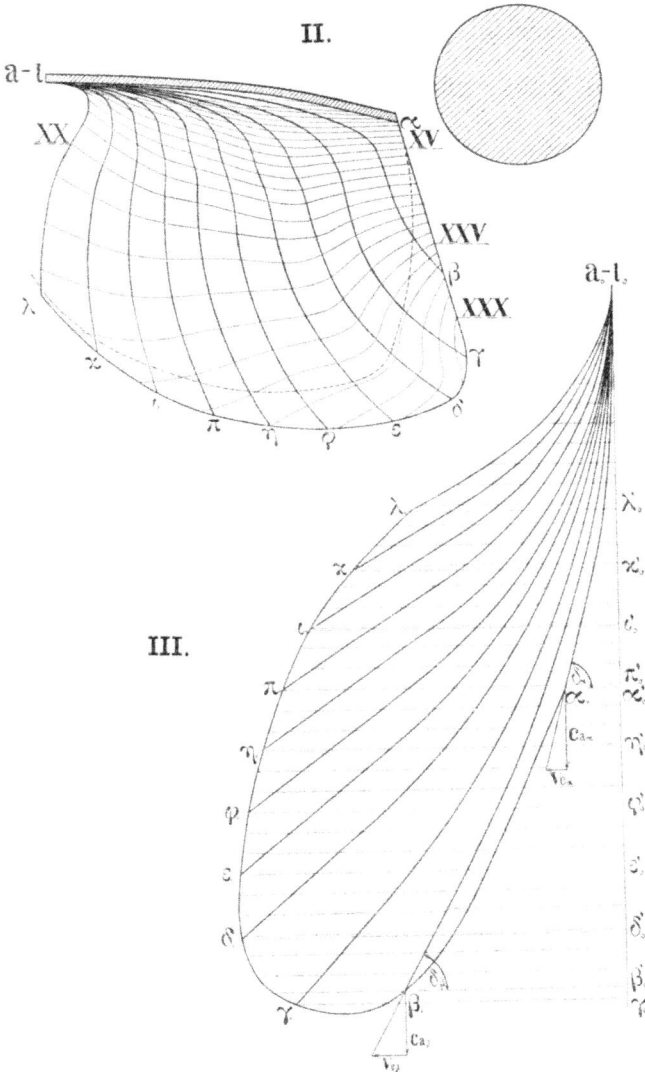

mit großem Wasserverbrauch.
tische Beispiel.)

$$Q_1 = Q + \frac{1}{10} Q = 4,25 + 0,425 = 4,68 \text{ cbm}$$

Die dazu erforderliche Saugrohrgeschwindigkeit folgt aus

$$c_{s1} = \frac{4 Q_1}{\psi \pi D_s^2} = \frac{4 \cdot 4,68}{0,99 \pi \cdot 1,3^2} = 3,56 \text{ m}$$

Der neue Austrittsverlust wird

$$\varDelta_1 = \frac{c_{s_1}^2}{2 g H} = \frac{\overline{3,56}^2}{2 \cdot g \cdot 6,78} = 0,095$$

Daher wird

$$\varepsilon_1 = (1 - \lambda)(1 - \varDelta_1) = (1 - 0,11)(1 - 0,095) = 0,805$$

Mithin wird die neue Radkonstante

$$C_1 = C \frac{\varDelta_1 \varepsilon}{\varepsilon_1 \varDelta} = 0,271 \frac{0,095 \cdot 0,82}{0,805 \cdot 0,08} = 0,327$$

daher $\operatorname{tg} \alpha_1 = \sqrt{2 C_1} = \sqrt{2 \cdot 0,327} = 0,808$

$$\alpha_1 \backsim 39^0.$$

Nachdem die Bestimmungsgrößen des Laufrades endgültig festgelegt sind, kann mit der zeichnerischen Darstellung der Schaufelfläche begonnen werden. Da sich der dabei einzuhaltende Vorgang mit jenem deckt, welcher bei Schnelläufern ausführlich erörtert wurde, ist hier nur eine Wiedergabe der wichtigsten Ergebnisse an Hand des Schaufelplanes Fig. 30, I, II u. III erforderlich.

Nach Festlegung der äußeren und inneren Laufradbegrenzung schreitet man an die Ermittlung der Flußflächen. Der Schwerpunktshalbmesser r_σ der Niveaufläche $\lambda a'$ (Fig. 30 I) ergibt sich zu $r_\sigma = 0,29$ m. Ebenso findet man $\widehat{\lambda a'} = 0,485$ m.

Mithin wird der Flächeninhalt von F_λ

$$F_\lambda = \widehat{\lambda a'} \cdot 2 \pi r_\sigma = 0,485 \cdot 2 \pi \cdot 0,29 = 0,888 \text{ qm}$$

Die Durchflußgeschwindigkeit durch F_λ ergibt sich daher zu

$$c_a = \frac{Q}{\varrho'\,F_\lambda} = \frac{4,25}{0,98 \cdot 0,888} = 4,8 \text{ m}$$

wobei ϱ' wieder mit $\varrho' = 0,98$ geschätzt wurde.[1] Bestimmt man nach Gleichung 32 die den einzelnen Teilturbinen entsprechenden Kreisringdurchmesser und setzt man eine Unterteilung in 10 Teilturbinen voraus, so ergibt sich mit Rücksicht auf den ermittelten Wert von ψ

$$D_{s_1} = D_s \sqrt{1 - \frac{\psi}{n}} = 1300 \sqrt{1 - \frac{0,99}{10}} = 1235$$

$$\begin{aligned}
D_{s_2} &= 1163 & D_{s_7} &= 723 \\
D_{s_3} &= 1089 & D_{s_8} &= 596 \\
D_{s_4} &= 1010 & D_{s_9} &= 430 \\
D_{s_5} &= 925 & D_{s_{10}} &= d_1 = 120. \\
D_{s_6} &= 833
\end{aligned}$$

Ferner bestimmt man aus Gleichung 33 das Produkt $y D_x$, aus welchem die Lage der Flußflächen auf F_λ ermittelt werden kann. Man findet

$$y D_x = \frac{Q}{n\,\pi\,\varrho\,c_a} = \frac{4,25}{10\,r \cdot 0,98 \cdot 4,8} = 0,0288 \text{ qm}$$

daher in qmm ausgedrückt

$y D_x = 28800$ oder bequemer $y R_x = 14,400$ qmm.

Wählt man daher $y_1 = 30$ mm, so wird nach Zeichnung Fig. 30 I $R_{r_1} = 480$ mm. Da das Produkt beider Werte tatsächlich die obige Gleichung erfüllt, so ist dadurch schon die Lage der äußersten Flußfläche (Punkt χ) auf F_λ festgelegt. Das angegebene Verfahren wiederholt, ergibt die übrigen Punkte der Flußflächen auf dem Bogen $\lambda\,\alpha'$.

---

[1] Vgl. die Anmerkung 1, Seite 181.

Die Ebene zz' (Fig. 30 I) als Niveaufläche betrachtet, ergibt neue Anhaltspunkte für die Bestimmung der Flußflächen. Der erforderliche Wert von
ψ' bestimmt sich aus

$$\psi' = 1 - \frac{d^2}{D_z^2} = 1 - \frac{\overline{0{,}16}^2}{\overline{0{,}82}^2} = 0{,}92$$

wobei D_z aus Fig. 30 I mit $D_z = 820$ mm ermittelt
wurde. Mithin wird nach Gleichung 32 a

$$
\begin{aligned}
R_{z_1} &= 390 \text{ mm} & R_{z_6} &= 266 \text{ mm} \\
R_{z_2} &= 369 \text{ ,, } & R_{z_7} &= 234 \text{ ,, } \\
R_{z_3} &= 348 \text{ ,, } & R_{z_8} &= 197 \text{ ,, } \\
R_{z_4} &= 322 \text{ ,, } & R_{z_9} &= 150 \text{ ,, } \\
R_{z_5} &= 297 \text{ ,, } & R_{z_{10}} &= 80 \text{ ,, }
\end{aligned}
$$

Teilt man schließlich die Eintrittskante in 10
gleiche Teile, so können nach den auf Seite 156 u. f.
gemachten Angaben die Erzeugenden der Flußflächen
bestimmt werden. Erst jetzt entwickelt man die
Austrittskante $\alpha\beta\ldots\lambda$, indem man den unteren Teil
derselben (λ bis γ) vorteilhaft in die Niveaufläche F_λ
legt und den oberen Teil in der gezeichneten Weise
an die obere Laufradbegrenzung anschließt.

Abweichend von dem bei der zeichnerischen
Durchbildung der Schaufelfläche eines Schnelläufers
angegebenen Verfahren wurde hier an beliebigen
Stellen der Schaufelfläche eine neue Schar von
Niveauflächen gelegt (F_1, $F_2 \ldots F_5$), die Niveauflächengeschwindigkeit bestimmt und dadurch die
Lage der Flußlinien kontrolliert bzw. berichtigt, wodurch die ursprünglich gewählte Niveaufläche zz'
die Form F_4 erhielt. Aus Fig. 30 IV ist das Schaubild der absoluten Austrittsgeschwindigkeiten längs
der Austrittskante zu ersehen, deren Größen nach

den gleichen Gesichtspunkten bestimmt wurde, wie auf Seite 32 und Seite 185 angegeben.

Bestimmt man nun nach der bekannten Hilfskonstruktion (Fig. 23 III) die Größe der Austrittswinkel, so kann hernach mit dem Entwurfe des Winkelbildes (Fig. 30 III) begonnen werden. Da $\beta = 90^0$ wird, so ist ein befriedigender Verlauf der Winkellinien in einfacher Weise zu erzielen. Ein Schieflegen der Schaufeleintrittskante [1] bzw. die Ausbildung derselben aus Raumkurve wird nur in Fällen stark veränderlicher Austrittsgeschwindigkeiten erforderlich sein.

Durch das auf Seite 161 u. f. angegebene Verfahren können nun die gezeichneten Fehlerdreiecke in den Grundriß übertragen werden, wodurch die Horizontalprojektion der Flußlinien, sowie die zur Herstellung des Schaufelklotzes erforderlichen Schichtenlinien erhalten werden. (Vgl. Fig. 30 II u. III.)

Nicht ohne Interesse ist schließlich das Ergebnis, daß es bei Normalläufern gelingt, durch entsprechende Formgebung der Schaufelaustrittskante im Aufriß, bei gleichzeitiger Berücksichtigung des Winkelbildes (Fig. 30 III) die sonst bei Schnelläufern auftretende Einbiegung der Schaufelaustrittskante (vgl. Seite 179) zu vermeiden. Damit ist jedoch keinesfalls gesagt,

---

[1] Über den Wert und die Ursache der Schieflegung derselben herrschen sowohl in der Praxis als auch in der Literatur die verschiedensten Meinungen. Wenn von dem Vorteil einer gleichmäßigeren Querschnittsverengung beim Wassereintritt abgesehen wird, so hat die Neigung der Eintrittskante lediglich den Zweck, eine bessere räumliche Krümmung der Schaufelfläche bei einer ebenen Austrittskante derselben zu ermöglichen (vgl. Seite 304). Dieser Hauptgrund scheint jedoch bei vielen praktischen Ausführungen noch nicht erkannt worden zu sein, da sich nicht selten Laufräder vorfinden, deren Eintrittskante im verkehrten Sinne geneigt ist, wodurch die räumlichen Krümmungsverhältnisse der Schaufelfläche natürlich noch ungünstiger ausfallen, als wenn von einer Schrägstellung derselben überhaupt abgesehen worden wäre.

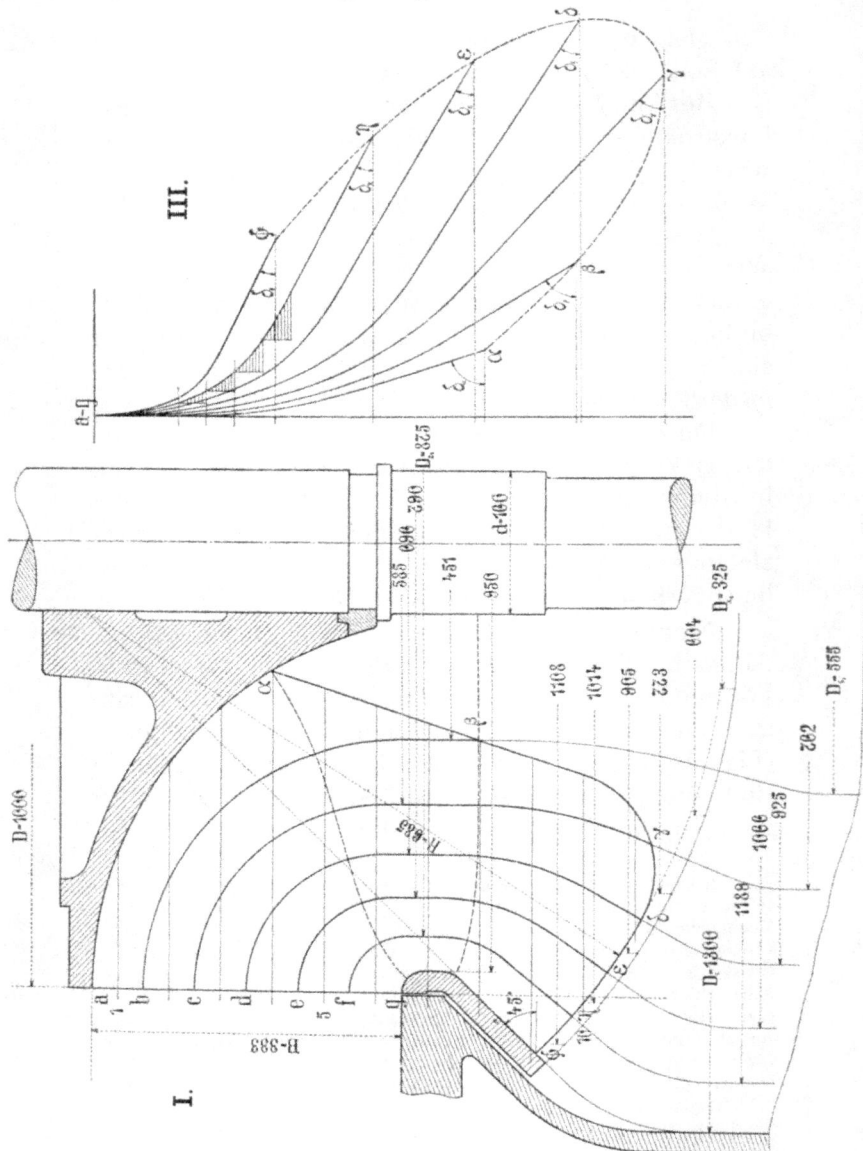

daß etwa die räumliche Krümmung einer solchen
Schaufelfläche vollkommener wäre, was übrigens
auch aus dem Vergleiche der Lichtbilder Fig. 43
und 44 hervorgeht.

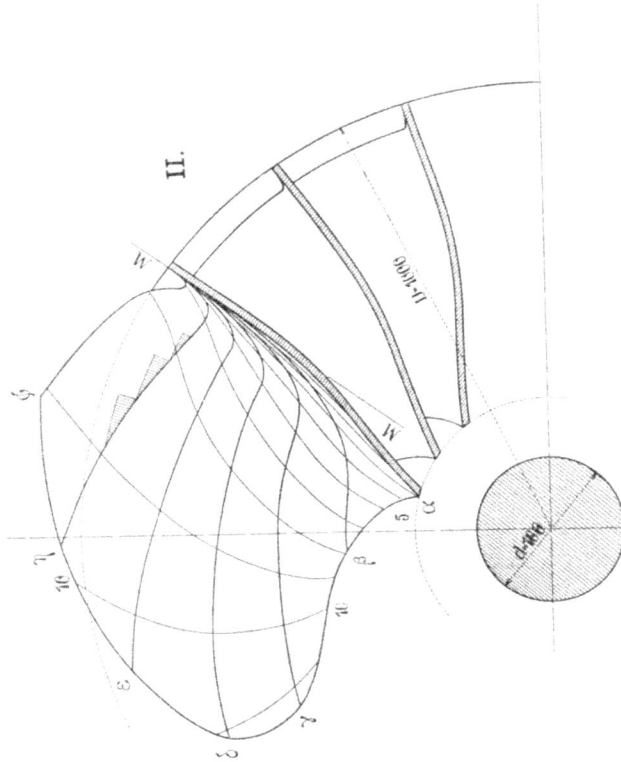

Fig. 31, I bis III. Normalläufer mit großem Wasserverbrauch.

IV. Verschiedene Ausführungsformen.

Da die Praxis zwischen Schnelläufern und Normalläufern mit großem Wasserverbrauch keinen Unterschied macht, so finden sich auch bei dieser Laufradgruppe die gleichen Ausführungsformen, wie sie

bei Schnelläufern ausführlich besprochen wurden. In
Fig. 31 (I, II und III) wurde ein Normalläufer mit
großem Wasserverbrauch mit folgenden Bestimmungsgrößen zur Darstellung gebracht:

$$H = 9\,\text{m} \qquad \mu = {}^1\!/_3 \qquad \alpha = 34^0 \qquad D_1 = 1000\,\text{mm}$$
$$Q = 4{,}95\,\text{qm} \quad \gamma = {}^{10}\!/_{13} \quad \beta = 90^0 \quad D_s = 1300\,\text{,,}$$
$$n = 162 \qquad \Delta = 0{,}08 \quad n_0 = 69{,}5 \qquad B = 333\,\text{,,}$$

Hier ist die starke Beeinflussung der Wahl der
Austrittskante im Aufriß auf die Formgebung der-
selben im Grundriß besonders deutlich bemerkbar
(Punkt β).

Die Hauptabmessungen des Laufrades sind aus
den eingetragenen Maßen zu entnehmen.

G. Berechnung und Konstruktion der Normalläufer mit kleinem Wasserverbrauch.

I. Allgemeine Grundlagen und Aufstellung von Zahlentafeln.

Die in diese Gruppe fallenden Laufräder bilden die Ursprungsform der Francisturbine. Sie besitzen auch heute noch bei mittleren Gefällen und Wassermengen ein weites Verwendungsgebiet ($n_0 = 40 - 55$) und zeichnen sich gegenüber den bisher besprochenen Laufradgruppen durch verhältnismäßig große Einfachheit im Aufbaue der Schaufelfläche aus.

Nach der im Abschnitt B gegebenen Definition ist unter einem Normalläufer mit kleinem Wasserverbrauche ein Francisturbinenlaufrad mit einem Laufradeintrittswinkel von $\beta = 90^0$ zu verstehen, dessen Laufraddurchmesser g r ö ß e r ist als der Saugrohrdurchmesser. Auch hier vereinfachen sich durch die Bedingung $\beta = 90^0$ die im Abschnitt E für Schnellläufer angegebenen Formeln und nehmen die schon bei Normalläufern mit großem Wasserverbrauche angegebene Form an. Der Übersichtlichkeit halber mögen diese hier nochmals angeführt werden.

$$\operatorname{tg}\alpha = \sqrt{2\,C} \quad \cdots \quad \cdots \quad \cdots \quad 9\,\text{a}.$$

$$v_e = \sqrt{\varepsilon\,g\,H} \quad \cdots \quad \cdots \quad \cdots \quad 2\,\text{c}.$$

$$n = \frac{60\,v_e}{\pi\,\gamma\,\sqrt{\dfrac{4\,Q}{\psi\,\pi\,\sqrt{\varDelta\,2\,g\,H}}}} \quad \cdots \quad 17.$$

$$C = \frac{\psi^2\,\varDelta}{16\,\gamma^4\,\mu^2\,\varepsilon\,\varrho^2} \quad \cdots \quad \cdots \quad 11.$$

$$\frac{\psi^2\,\varDelta}{16\,\gamma^4\,\mu^2\,\varepsilon\,\varrho^2} < \tfrac{1}{2} \quad \cdots \quad \cdots \quad 34.$$

Aus Gleichung 17 folgt, daß die Drehzahl mit wachsendem γ immer mehr und mehr abnimmt. Wohl läßt sich auch hier, wie auf Seite 189 u. f. gezeigt wurde, durch Vergrößerung von $\varDelta$ eine Drehzahlerhöhung erzielen, doch geschieht dies, wie eben dortselbst gezeigt wurde, auf Kosten des Wirkungsgrades. Der Versuch, einen Normalläufer mit kleinem Wasserverbrauch durch Zulassung großer oberer Saugrohrgeschwindigkeiten in einen Schnelläufer zu verwandeln, muß daher von vornherein als verfehlt bezeichnet werden. So würde beispielsweise ein Normalläufer mit den Bestimmungsgrößen $\beta = 90^0$ $\gamma = {}^{10}/_9$ $u = {}^1/_1$ bei einem Austrittsverlust von $\varDelta = 0{,}2$ eine Einheitsdrehzahl von $n_0 = 56$ aufweisen. Setzt man an dessen Stelle einen Normalläufer mit großem Wasserverbrauche, so genügt schon ein viermal geringerer Austrittsverlust $\varDelta = 0{,}05$, um bei dem gleichen Laufradeintrittswinkel und der gleichen Einlaufbreite die gleiche Einheitsdrehzahl von $n_0 = 56$ zu erhalten. Wenn daher berücksichtigt wird, daß im ersten Falle die Reibungswiderstände rund sechsmal so groß wie im zweiten Falle sind, so wird der praktische Vorteil einer Laufraderweiterung bei großem Wasserverbrauche ohne weiteres verständlich.[1])

Die Größe der Einlaufbreite ist auch hier, wie aus den angegebenen Formeln unmittelbar folgt, auf die Drehzahl von keinem Einfluß, doch nimmt die Größe des Laufradwinkels α mit wachsender Einlaufbreite ab.

Zahlentafel VII.

Ermittlung der Bestimmungsgrößen von Normalläufern mit kleinem Wasserverbrauch.

$\psi = 0,98, \; \varrho = 0,93, \; \beta = 90°.$

			$\mu = {}^1/_5$			$\mu = {}^1/_4$		
$\gamma =$			$^{10}/_8$	$^{10}/_9$	$^{10}/_{10}$	$^{10}/_8$	$^{10}/_9$	$^{10}/_{10}$
$\varDelta$	0,08	$\alpha -$	$20°30'$	$25°30'$	$30°30'$	$17°-$	$20°50'$	$25°10'$
$\varDelta$	0,1	$\alpha -$	$22°40'$	$28°-$	$33°30'$	$18°40'$	$23°-$	$27°30'$
$\varDelta$	0,08	$\dfrac{v_e}{\sqrt{H}} =$	2,81	2,81	2,81	2,81	2,81	2,81
$\varDelta$	0,1	$\dfrac{v_e}{\sqrt{H}} =$	2,80	2,80	2,80	2,80	2,80	2,80
$\varDelta = 0,08$		$n_0 =$	42,—	47,2	52,6	42,—	47,2	52,6
$\varDelta$ 0,1		$n_0 =$	44,—	49,5	55,1	44,—	49,5	55,1

Die Bestimmungsgrößen dieser Laufradgruppe sind aus der Zahlentafel VII zu entnehmen.

Dem Verhältnis γ wurden der Reihe nach die Werte $^{10}/_8$, $^{10}/_9$ und $^{10}/_{10}$ beigelegt, wobei der letztere den Übergang zu den Normalläufern mit großem Wasser verbrauche bildet. Für μ wurden die praktisch meist vorkommenden Verhältnisse $\mu = {}^1/_5$ und $\mu = {}^1/_4$ festgelegt, welche Werte eine rationelle Führung des

[1]) Vgl. auch Seite 119 u. f. sowie den Aufsatz des Verfassers: „Über die rationelle Ausbildung der Laufradbegrenzung von Schnellläufern." Z. f. d. g. Turbw., Jahrg. 1907, Seite 234 bis 236.

Wassers längs der inneren Laufradbegrenzung ermöglichen. Für die Austrittsverluste wurden in der
Zahlentafel die Werte $\varDelta = 0{,}08$ und $\varDelta = 0{,}1$ angenommen, welche wieder als obere Grenzwerte zu be-
trachten sind. (Vgl. Seite 132.)

Auch hier ist die Benutzung der Zahlentafel mit
Rücksicht auf das auf Seite 140 u. f. Gesagte verständlich. Da jedoch eine Änderung des Laufradwinkels β unstatthaft ist, so führt meist eine rechnerische Ermittlung schneller zum Ziele. Der dabei

Zahlentafel VIII.

$$\beta = 90^{\circ} \quad \mu = {}^{1}/_{4} \quad \gamma = {}^{10}/_{8} \quad D_1 = 1\,\text{m}$$

$\varDelta$	0,08	0,1
$\dfrac{v_c}{\sqrt{H}}$	2,81	2,8
$n_1 = \dfrac{60\,v_c}{1.\pi \sqrt{H}}$	53,6	53,5
α	17°	$18^{\circ}\,40'$

einzuhaltende Weg deckt sich vollkommen mit dem
auf Seite 193 u. f. angegebenen Berechnungsvorgange
für Normalläufer mit großem Wasserverbrauche. In
gleicher Weise erfolgt auch die Ermittelung der Bestimmungsgrößen bei der Höchstwassermenge Q_1.
(Seite 195 u. f.) Die dortselbst abgeleiteten Schlüsse
über die Regulierfähigkeit usw. behalten auch hier
ihre Gültigkeit, was auch aus Zahlentafel VIII zu ersehen ist. In dieser wurden die Drehzahlen und
Umlaufgeschwindigkeiten eines Normalläufers von
1 m Laufraddurchmesser bei Austrittsverlusten von
$\varDelta = 0{,}08$ und $\varDelta = 0{,}1$ eingetragen.

Die aus der letzten Spalte zu entnehmenden Leitschaufelwinkel geben die Veränderlichkeit derselben bei verschiedenen Beaufschlagungen an.

Was nun die zeichnerische Durchbildung der Schaufelfläche anbelangt, so ergeben sich in dieser Sondergruppe nicht unwesentliche Vereinfachungen, welche in der Ausbildung der Laufradbegrenzungen begründet sind.

II. Zeichnerische Durchbildung der Schaufelfläche.

Auf Seite 153 wurde gezeigt, daß es bei Schnellläufern infolge der Erweiterung der äußeren Laufradbegrenzung ausgeschlossen ist, an verschiedenen Stellen der Austrittskante gleichgroße absolute Austrittsgeschwindigkeiten zu erhalten. Es mußten daher die an verschiedenen Stellen der Austrittskante vorhandenen Austrittsgeschwindigkeiten aus dem Flächeninhalt der Niveaufläche bestimmt und je nach Größe derselben der Austrittswinkel δ festgelegt werden.

Die bei Normalläufern mit kleinem Wasserverbrauch einzuhaltende Bedingung $D_s < D_1$ hat nun eine Einschnürung der äußeren Laufradbegrenzung auf die Größe des Saugrohrdurchmessers zur Folge. Die durch die erstere festgelegte Profilbegrenzung gestattet ohne weiteres beliebig viele Niveauflächen gleichen Flächeninhaltes derart festzulegen, daß der eine Endpunkt der Erzeugenden derselben in die äußere, der andere in die innere Laufradbegrenzung zu liegen kommt. (Vgl. N_α und N_μ Fig. 35.) Durch diesen Vorgang ist aber die innere Laufradbegrenzung nicht mehr frei wählbar, sondern durch die erwähnten Endpunkte der Niveauflächenerzeugenden festgelegt. Dies hat zwar einesteils zur Folge,

daß ein sanfter Übergang der inneren Laufradbegrenzung in die axiale Richtung des abfließenden Wassers
in manchen Fällen schwieriger durchführbar ist, da-

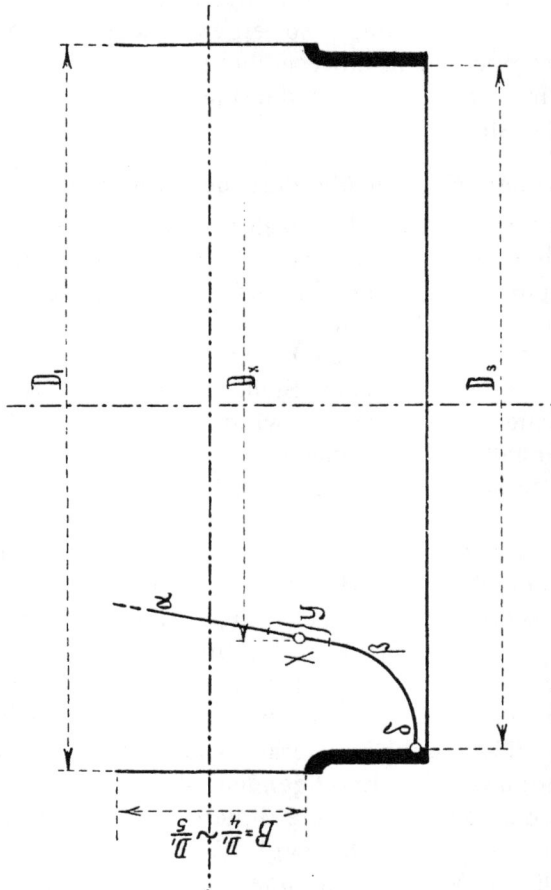

Fig. 32. Entwurf des Normalläufers mit kleinem Wasserverbrauch.

für aber den großen Vorteil, daß die absoluten Austrittsgeschwindigkeiten in allen Punkten der Austrittskante von gleicher Größe bleiben, was, wie

leicht einzusehen, den Wirkungsgrad vorteilhaft beeinflußt. Der letzt erwähnte Umstand gestattet nun,
durch folgende Überlegung die zeichnerische Darstellung der Schaufelfläche zu vereinfachen.

Da nach dem im vorigen Abschnitt angegebenen
Rechnungsvorgang die Größe des Laufraddurchmessers D_1, sowie auch jene des Saugrohrdurchmessers D_s festgelegt ist, so kann vorderhand Fig. 32
gezeichnet werden.

Die Form und Lage des Austrittsbogens wird in
dieser, der Einfachheit halber etwa aus Kreisbogen
und Geraden zusammengesetzt eingezeichnet und
nach obenhin vorderhand unbegrenzt gelassen.

Die schon erwähnte Niveauflächengleichheit hat
nun zur Folge, daß die Lage des Punktes δ die Form
des Laufradbodens nur unmerklich verändert oder
mit anderen Worten, daß mit einer Tieferlegung von δ
keinesfalls auch ein Heruntersinken des Laufradbodens
(oberste Schaufelbegrenzung) verbunden ist. Eben-
sowenig hat auch eine Verdrehung der Austrittskante
um den Punkt δ etwa nach rechts oder nach links
bei richtig konstruiertem Laufradboden eine merk-
liche Veränderung der durchfließenden Wassermenge
zur Folge.

Zeichnet man sich nunmehr nach dem Vorgange
Prof. Eschers (Schw. Bauztg. v. 17. u. 25. Januar 1903)
das Austrittsdiagramm (Fig. 33), wählt die Schaufelzahl z und deren Stärke s, so kann für einen beliebigen Punkt der Austrittskante die Lage und Richtung der Schaufelenden festgelegt werden.

Ist nun t_x die Teilung, v_x die Umfangsgeschwindigkeit des Laufrades, δ_x der Austrittswinkel an dieser
Stelle x (Fig. 32 u. 33), so ändern sich zwar an
jeder Nachbarstelle diese angeführten Größen, doch

kann für eine kleine Strecke y des Austrittsbogens mit hinreichender Genauigkeit angenommen werden, daß diese Werte als Mittelwerte für den Fall gelten, wenn Punkt x die Strecke y halbiert. Teilt man daher, wie bekannt, die Laufradbreite B (Fig. 32) in eine Anzahl gleicher Teile n, so wird unter der Annahme, daß durch jede dieser Teilturbinen die gleiche Wassermenge $\dfrac{Q}{n}$ hindurchfließt, die dieser Annahme entsprechende Breite y des Austrittsbogens wie folgt

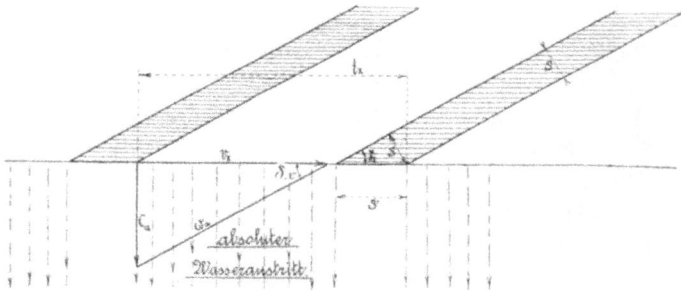

Fig. 33. Austrittsdiagramm.

berechnet werden können. Bezeichnet z die Schaufelzahl, dann ist

$$z\,(t_x - s')\,y \cdot c_a = \frac{Q}{n}$$

s ist aber, da c_a in jedem Punkte senkrecht auf v stehen soll, variabel und diese Veränderlichkeit muß auch in obiger Formel zum Ausdruck gebracht werden.

Nach Fig. 33 ist aber

$$s' = \frac{s}{\sin \delta_x}; \quad c_a = w_a \cdot \sin \delta_x$$

$$\sin \delta_x = \frac{c_a}{w_a} = \frac{c_a}{\sqrt{v_x^2 + c_a^2}}$$

daher ist $$s' = \frac{s \cdot \sqrt{v_x^2 + c_a^2}}{c_a}$$

Eine Substitution dieses Wertes in obige Gleichung läßt aber erkennen, daß letztere eine ziemlich verwickelte Gestalt annimmt. Da aber δ_x bei Normalläufern nicht sehr groß ist, so kann im Hinblick auf die sonstigen unvermeidlichen Ausführungsfehler für die Praxis hinlänglich genau:

$$\sin \delta_x \sim \operatorname{tg} \delta_x$$

gesetzt werden. Aus Fig. 33 ist

$$\operatorname{tg} \delta_x = \frac{c_a}{v_x} \sim \sin \delta_x$$

Setzt man, wie es bei Normalläufern der Fall ist, den Eintrittswinkel in das Laufrad $\beta = 90^0$, so ist die Umlaufgeschwindigkeit der Eintrittskante desselben ohne weiteres gegeben durch die allgemeine Gleichung:

$$v_e = \sqrt{g \varepsilon H}.$$

Fällt man auf dem einen Endpunkt des Laufradhalbmessers $\frac{D_1}{2}$ ein Lot und trägt den Wert von v_e auf diesem auf, so läßt sich für den Punkt x das zugehörige v_x, wie aus Fig. 34 ersichtlich ist, durch Übertragung von $\frac{D_x}{2}$ leicht bestimmen. Aus der Ähnlichkeit der beiden Dreiecke in Fig. 34 folgt:

$$v_e : v_x = D_1 : D_x$$

$$v_x = \frac{D_x}{D_1} v_e.$$

Daher ist auch:

$$y \cdot c_a [z t_x - z s'] = \frac{Q}{n}$$

und nachdem $z t_x = D_x \pi$, so ist

$$[D_x \pi - z s'] y \cdot c_a = \frac{Q}{n} \quad . \quad . \quad . \quad . \quad 35.$$

Nach früheren ist $s' = \dfrac{s}{\sin \delta_x} \backsim \dfrac{s}{\text{tg } \delta_x}$

$$\dfrac{s}{\text{tg } \delta_x} = \dfrac{s \cdot v_x}{c_a} = \dfrac{s \cdot D_x \cdot v_e}{D_1 c_a} \backsim s'$$

daher geht Gleichung 35 bei Benutzung des zuletzt gefundenen Wertes für s' über in

$$D_x \, \pi \, c_a \, y - \dfrac{z \cdot s \cdot D_x \, v_e \, y}{D_1} = \dfrac{Q}{n}$$

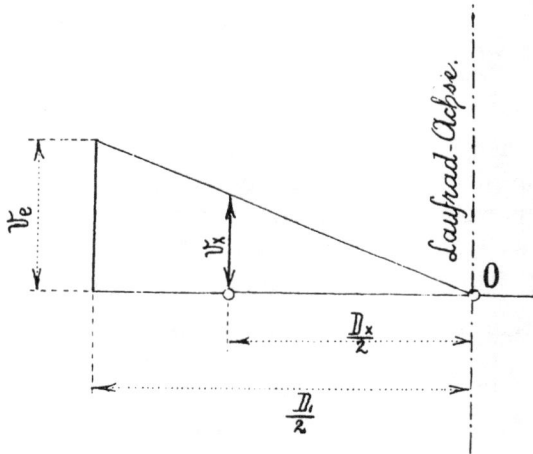

Fig. 34. Hilfskonstruktion.

Daher ist $\quad D_x y = \dfrac{Q}{n \left[\pi \, c_a - \dfrac{z \cdot s \cdot v_e}{D_1} \right]}$ . . . 36.

und da die rechte Seite der Gleichung 4 nur Konstante enthält, muß

$$D_x y = A \quad . \; . \; . \; . \; . \; . \; 37.$$

sein, wenn A die für den gegebenen Fall berechnete Konstante vorstellt.

Setzt man in obiger Gleichung $s = 0$, so kommt man zu einer Gleichung, wie sie auch in ähnlicher

Form von Ing. Baaßhuus (Z. d. V. d. Ing. 1901 Heft 45, Seite 1602) aufgestellt und zur Bestimmung der Flußflächen benutzt wurde.

Die Konstantheit des Produktes $D_x \cdot y$ läßt nun auch sofort erkennen, daß eine Veränderung der Lage und Form der Austrittskante $\alpha\beta\delta$ (Fig. 32) die Menge des durchfließenden Wassers nicht beeinträchtigt, wenn auch die äußere Schaufelbegrenzung (Laufradboden) nach der zugehörigen Flußfläche $am\alpha$ (Fig. 35) gekrümmt ist. Daraus ist weiter der Schluß zu ziehen, daß es in diesem Sonderfall verfehlt erscheint, die Krümmung des oberen Laufradbodens willkürlich festzusetzen, ohne vorher den Verlauf der Wasserfäden im Aufriß zu bestimmen. Dann erscheint auch die Frage, ob die Austrittskante oder die halbierende der lichten Austrittsweiten zweier Nachbarschaufeln den Austrittsverhältnissen zugrunde zu legen ist, für die durchfließende Wassermenge von untergeordneter Bedeutung. Da es aber aus konstruktiven Rücksichten einfacher und übersichtlicher erscheint mit der Austrittskante das Austrittsgeschwindigkeitsdreieck zu vereinigen, so soll eben die letztere bei der Konstruktion benutzt werden.[1] Selbstverständlich gelten obige Ergebnisse nur mit jener Genauigkeit, welche dem ganzen Rechnungsvorgange zugrunde gelegt wurde.

Was die Größe der absoluten Austrittsgeschwindigkeit c_a anbelangt, so muß diese — was ja aus dem angegebenen Rechnungsgang ohne weiteres

---

[1] Nach den neuesten, von Prof. Dr. Camerer auf Grund experimenteller Untersuchungen (Dinglers Pol. Journal, Band 319, Heft 52 u. f.) gewonnenen Resultaten läßt dieser Vorgang auch eine bessere Übereinstimmung der berechneten mit der tatsächlich durch das Laufrad fließenden Wassermenge erwarten.

hervorgeht — gleich der Saugrohrgeschwindigkeit im oberen Saugrohrende, mithin

$$c_a = c_s$$

gesetzt werden.

Die Anzahl n der Teilturbinen kann je nach der Laufradhöhe mit $n = 4$ bis 8 festgelegt werden. Die Schaufelstärke s sowie die Schaufelzahl ist aus den auf Seite 29 bzw. 252 gemachten Angaben zu entnehmen. Mit-

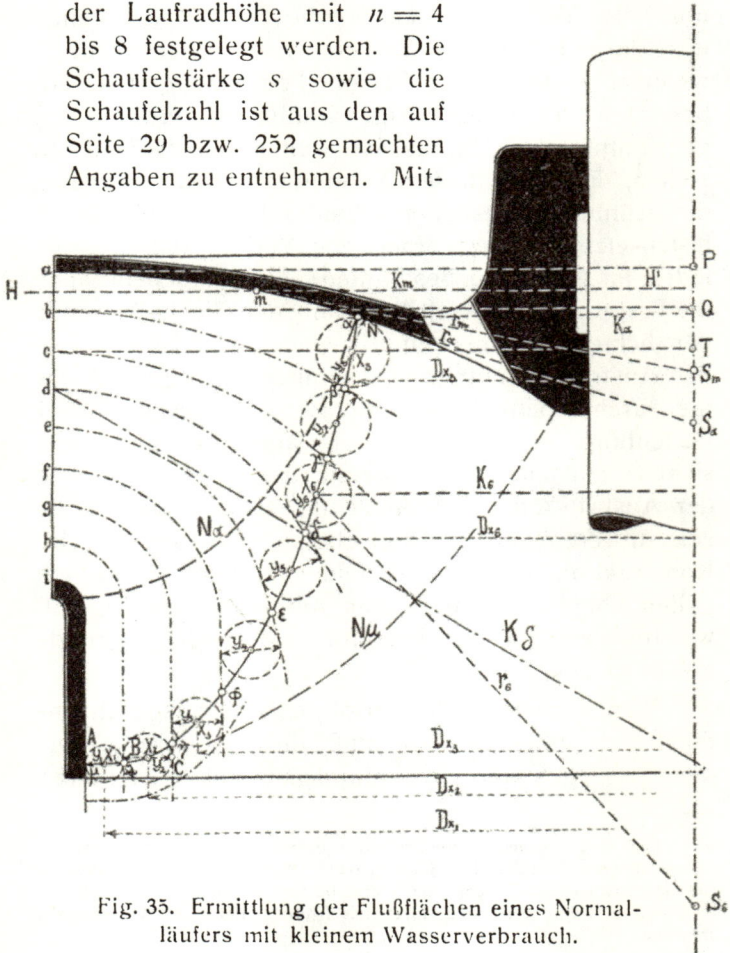

Fig. 35. Ermittlung der Flußflächen eines Normalläufers mit kleinem Wasserverbrauch.

hin ist der Wert der Konstanten A für jeden Sonderfall bekannt.

Hat man daher das Laufrad nach den eingangs erwähnten Angaben entworfen (Fig. 35), so wählt man schätzungsweise einen Wert für D_e und trägt denselben in der aus Fig. 35 ersichtlichen Weise symmetrisch zur Drehachse des Laufrades auf. Der Normalabstand des Punktes X_1 von der äußeren Laufradbegrenzung[1]), verdoppelt, ergibt die Größe von y_1. Das Produkt beider Maße muß nun die Gleichung 37 befriedigen, was sich durch einige Versuche leicht erzielen läßt.

Es erscheint nun vorteilhaft, mit der Bestimmung der notwendigen Laufradbodenhöhe gleich die zeichnerische Darstellung der in die Bildebene zurückgeklappten Wasserfäden (Flußflächen) zu verbinden, wie dies in Fig. 35 angedeutet erscheint.'

Schlägt man daher mit y_1 als Durchmesser einen Kreis, dessen Mittelpunkt x_1 mit genügender Genauigkeit auf der Austrittskante angenommen werden kann, und welcher die Außenbegrenzung des Laufrades in der gezeichneten Weise tangiert, so muß im Endpunkt B Fig. 35 des durch A gezeichneten Durchmessers der zweite Wasserfaden hindurchgehen. Er kann nun daher nach bekannten Grundsätzen gezeichnet werden. Jetzt schlägt man wieder mit y_2 einen Kreis, der den Wasserfaden $h\lambda$ tangiert, und erhält dadurch den Punkt C usw.

Schließlich kommt man zu einem Punkte N, welcher einen Punkt der Begrenzungslinie des Laufradbodens vorstellt. Der weitere Verlauf der Kurve $am\alpha$ richtet sich nach jenem des Wasserfadens $b\beta$,

---

[1]) Streng genommen stellt y_1 die orthogonale Trajektorie zweier benachbarter Flußlinien vor.

Hat man auf diese Weise die einzelnen Flußlinien-
scharen entworfen, so kann an eine Kontrolle derselben geschritten werden.

Zu diesem Behufe legt man durch den Punkt α
eine neue Niveaufläche N_α (Fig. 35) derart, daß die
angenommene Flußlinienschar senkrecht durchschnitten wird (orthogonale Trajektorie) und bestimmt
deren Flächeninhalt. Sollten sich erhebliche Unterschiede zwischen N_α und N_μ zeigen, so ist die Lage
der Flußlinien sowie die der inneren Laufradbegrenzung entsprechend zu berichtigen. Aus vielen praktischen Ausführungen hat sich jedoch ergeben, daß
eine solche Berichtigung nur in den seltensten Fällen
erforderlich wird.

An dieser Stelle soll nur kurz darauf hingewiesen
werden, daß es auch ohne weiteres zulässig ist, auf
die den angegebenen Berechnungsgang zugrunde
liegende Gleichheit der absoluten Austrittsgeschwindigkeiten längs der Austrittskante zu verzichten und
die innere Laufradbegrenzung nach den auf Seite 150
für Schnelläufer mitgeteilten Angaben festzulegen.
In diesem Falle haben die Gleichungen 33 usw. sinngemäße Anwendung zu finden. Die Austrittsverhältnisse ergeben sich durch diesen Vorgang zwar etwas
ungünstiger, doch müßten erst einwandfreie praktische Versuche zeigen, ob dieser Nachteil nicht durch
die bessere Überführung des Wassers aus der radialen in die axiale Richtung ausgeglichen werden
kann.

Wollte man noch den weiteren Verlauf der Flußlinien gegen das Saugrohr hin ermitteln, so kann
dies nach Gleichung 32 geschehen. Für die weitere
Ausbildung der Schaufelfläche ist jedoch die Kenntnis
des ersteren nicht erforderlich.

Nach diesen Vorarbeiten ist es nun möglich, das Winkelbild zu entwerfen, aus welchem in gleicher Weise — wie auf S. 95 u. f. sowie S. 161 u. f. erörtert — Lage und Krümmung der Schaufelfläche bestimmt ist.

III. Praktisches Beispiel.

Gegeben $H = 5$ m
$\qquad\quad Q = 1,94$ cbm
$\qquad\quad n = 120$.

Es sei vorausgesetzt, daß der Besteller weniger Wert auf hohe Nutzeffekte als auf eine billige Anlage legt.

Aus diesem Grunde werde $\Delta' = 0,08$ gewählt. Es ist daher

$$c_s' = \sqrt{\Delta' \, 2 \, gH} = \sqrt{0,08 \cdot 2 \, g \cdot 5} = 3,1 \text{ m}$$

Mithin wird der angenäherte Saugrohrdurchmesser bei einem vorläufig angenommenen Wert von $\psi' = 0,97$

$$D_s' = \sqrt{\frac{4 \, Q}{\psi' \, \pi \, c_s'}} = \sqrt{\frac{4 \cdot 1,94}{\pi \cdot 0,97 \cdot 3,1}} = 0,905 \text{ m}$$

Man findet die dieser Annahme entsprechende Umlaufgeschwindigkeit bei Berücksichtigung, daß

$$\varepsilon' = (1 - \Delta') \, (1 - \lambda) = (1 - 0,08) \, (1 - 0,11) = 0,828$$
$$v_e' = \sqrt{\varepsilon' \, gH} = \sqrt{0,828 \cdot g \cdot 5} = 6,34 \text{ m}$$

Aus der vorgeschriebenen Drehzahl ermittelt sich nun der vorläufige Wert von

$$\gamma' = \frac{60 \, v_e'}{\pi \, n \, D_s'} = \frac{60 \cdot 6,34}{\pi \cdot 120 \cdot 0,905} = 1,12$$

daher wird

$$D_1' = \gamma' \, D_s' = 1,12 \cdot 0,905 = 1,01 \text{ m}$$

da, wie erwähnt, sowohl $D_1{}'$ als auch $D_s{}'$ im selben Sinne abzurunden sind, so wird man vorteilhaft

$$D_1 = 1000 \text{ mm}$$

festsetzen.

Der Wert $\gamma' = 1{,}12$ unterscheidet sich wenig von $\gamma = \dfrac{10}{9} = 1{,}111$, mithin wird sich die Festsetzung $\gamma = \dfrac{10}{9}$ empfehlen. Dann wird

$$D_s = \frac{9}{10} \cdot 1000 = 900 \text{ mm}$$

Die Leistung bestimmt sich angenähert aus

$$N = 10 \, Q \, H = 10 \cdot 1{,}94 \cdot 5 = 97 \text{ PS}$$

daher wird der Wellendurchmesser, gute Lagerung und gutes Material vorausgesetzt:

$$d = 120 \sqrt[3]{\frac{N}{n}} = 120 \sqrt[3]{\frac{97}{120}} = 110 \text{ mm}$$

Wegen Keilnut ausgeführt $d_1 = 120$ mm

Der neue Wert für ψ folgt aus

$$\psi = 1 - \frac{d_1{}^2}{D_s{}^2} = 1 - \frac{\overline{0{,}12}^2}{\overline{0{,}9}^2} = 0{,}985$$

Mithin wird

$$c_s = \frac{4 \, Q}{\pi \, \psi \, D_s{}^2} = \frac{4 \cdot 1{,}94}{\pi \cdot 0{,}985 \cdot \overline{0{,}9}^2} = 3{,}1 \text{ m}$$

Da der endgültig festgelegte Wert von c_s mit dem durch die vorläufige Wahl von $\varDelta'$ ermittelten übereinstimmt, ist eine Berichtigung von $\varDelta'$ nicht vorzunehmen. Man kann daher setzen

$$\varDelta = \varDelta' = 0{,}08$$
$$\varepsilon = \varepsilon' = 0{,}828$$
$$v_e = v_e{}' = 6{,}34$$

Prüft man die durch diese Annahme bestimmte Drehzahl, so ergibt sich

$$n = \frac{60\,v_e}{D_1\,\pi} = \frac{60 \cdot 6{,}34}{1 \cdot \pi} = 120$$

woraus die Übereinstimmung mit der geforderten Drehzahl hervorgeht.

Wählt man mit Rücksicht auf einen befriedigenden Anschluß der inneren Laufradbegrenzung an die Turbinenwelle für $\mu = {}^1/_5$, so wird die Radkonstante

$$C = \frac{\psi^2\,\varDelta}{16\,\gamma^4\,\mu^2\,\varepsilon\,\varrho^2} = \frac{\overline{0{,}985}^2 \cdot 0{,}08 \cdot \overline{9}^4 \cdot 25}{16 \cdot 10^4 \cdot 0{,}828 \cdot \overline{0{,}93}^2} = 0{,}113$$

wobei gußeiserne Schaufeln vorausgesetzt wurden.

Daher wird

$$\operatorname{tg} \alpha = \sqrt{2\,C} = \sqrt{2 \cdot 0{,}113} = 0{,}4754$$
$$\underline{\alpha = 25^0 30'}$$

Setzt man schließlich voraus, daß die Turbine im Bedarfsfalle mit 15 v. H. der normalen Wassermenge überlastet werden kann, so ergibt sich

$$Q_1 = Q + \frac{15}{100}Q = 1{,}94 + \frac{15}{100}1{,}94 = 2{,}23 \text{ cbm}$$

daher wird

$$c_{s_1} = \frac{4\,Q_1}{\pi\,\psi\,D^{\,2}} = \frac{4 \cdot 2{,}23}{\pi \cdot 0{,}985 \cdot \overline{0{,}9}^2} = 3{,}56 \text{ m}$$

und

$$\varDelta_1 = \frac{c_{s_1}^{\;2}}{2\,gH} = \frac{\overline{3{,}56}^2}{295} = 0{,}13$$

für ε_1 findet man

$$\varepsilon_1 = (1 - \varDelta_1)(1 - \lambda) = 0{,}87 \cdot 0{,}89 = 0{,}775$$

Daher wird

$$\frac{\varDelta}{\varepsilon} = \frac{0{,}08}{0{,}828} = 0{,}098$$

$$\frac{\varDelta_1}{\varepsilon_1} = \frac{0{,}13}{0{,}775} = 0{,}168$$

I.

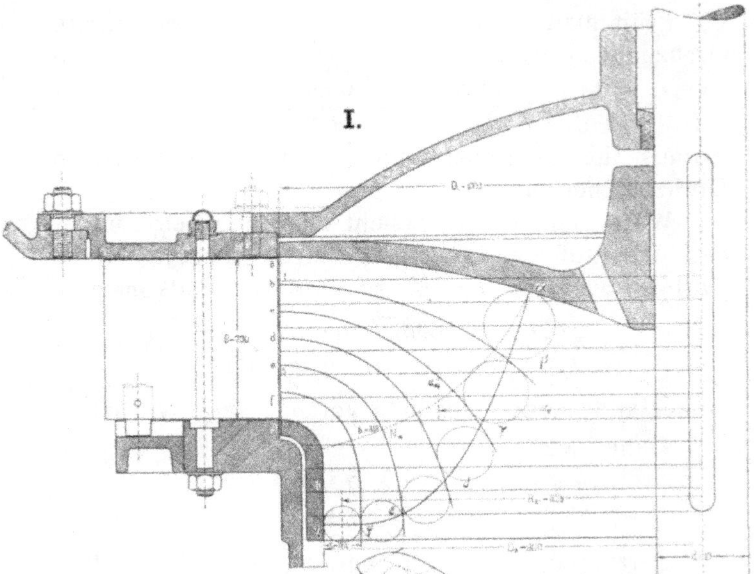

II.

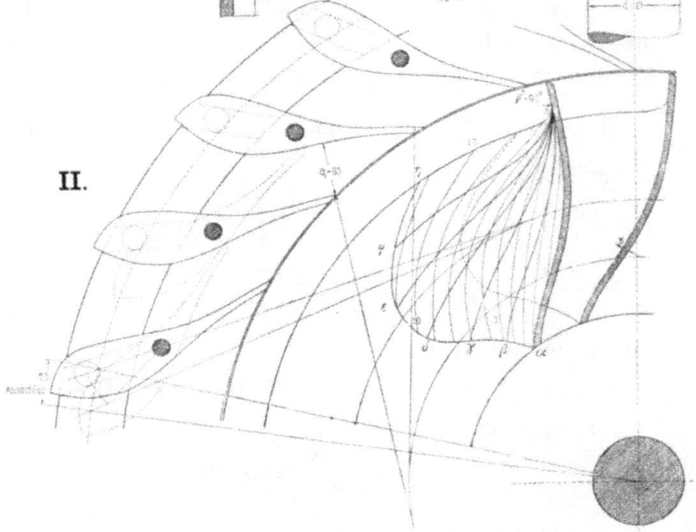

Fig. 36, I bis IV. Normalläufer mit kleinem Wasserverbrauch.
(Siehe das praktische Beispiel.)

Mithin
$$tg\ \alpha_1 = 0,4754\ \sqrt{\frac{0,168}{0,098}} = 0,65$$

$$\alpha_1 = 33^0$$

Nunmehr schreitet man an die zeichnerische Darstellung der Schaufelfläche (Fig. 36 I, II, III u. IV).

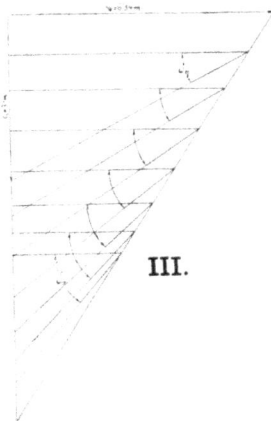

Nach Gleichung 36 Seite 218 wird

$$D_x\,y = \frac{Q}{n\left(\pi\,c_a - \dfrac{z\,s\,v_e}{D_1}\right)} = A$$

$$= \frac{1,94}{6\left(\pi\,3,1 - \dfrac{20\cdot 0,008\cdot 6,34}{1}\right)}$$

$$= 0,0377\ \text{qm}$$

wobei eine Unterteilung in $n = 6$ Teilturbinen vorausgesetzt ist. Ferner wurden $z = 20$ Schaufeln von $s = 8$ mm Stärke gewählt.

Wird A in qmm ausgedrückt und setzt man hier wieder der Einfachheit halber

$$D_x = 2\,R_x$$

so findet man

$$R_x\,y = 18850$$

Wählt man beispielsweise $y_1 = 44$ mm (Fig. 36, I), so ergibt sich nach der Zeichnung $R_{x1} = 428$. Mithin wird

$$R_{x1}\cdot y_1 = A = 428\cdot 44 \backsim 18850$$

In gleicher Weise können die übrigen, die Fluß-linien tangierenden Kreise berechnet und eingezeichnet werden, weshalb auch der Anschluß der inneren Laufradbegrenzung keine Schwierigkeit bietet.

Als Kontrolle wurde durch den Punkt α eine neue Niveaufläche (N_α) (Fig. 36 I) gelegt und der Flächeninhalt derselben bestimmt.

Man findet $b = 0,328$ m, $r_\alpha = 0,314$ m daher

$$F_\alpha = b \cdot 2\, r_\alpha \cdot \pi = 0,328 \cdot 2 \cdot 0,314 \cdot \pi = 0,645 \text{ qm}$$

Mithin wird

$$c_\alpha = \frac{Q}{F_\alpha\, \varrho} = \frac{1,94}{0,645 \cdot 0,97} = 3,1 \text{ m}$$

wobei ϱ einen Schaufelverengungskoeffizienten vorstellt, welcher zu $\varrho = 0,97$ geschätzt wurde.

Man ersieht, daß zwischen c_α und c_s kein Unterschied besteht, weshalb auch eine Berichtigung der Flußlinien bzw. der inneren Laufradbegrenzung nicht erforderlich ist.

Nun schreitet man mit Hilfe der in Fig. 36 III dargestellten Hilfskonstruktion an die Ermittlung des Winkelbildes. Erstere vereinfacht sich hier noch dadurch, daß die absoluten Austrittsgeschwindigkeiten an jedem Punkte der Austrittskante von gleicher Größe sind. Die Ermittlung des letzteren, sowie die Übertragung der Winkellinien in den Grundriß (Fig. 36 II) erfolgt nach den gleichen Gesichtspunkten wie auf Seite 159 bzw. Seite 161 u. f. ausführlich erörtert.

IV. Verschiedene Ausführungsformen.

Man könnte auch, wie auf Seite 222 flüchtig erwähnt, auf die Gleichheit der absoluten Austrittsgeschwindigkeiten längs der Austrittskante verzichten und durch Herabziehen der inneren Laufradbegrenzung für eine bessere Wasserführung in der Nähe der Turbinenwelle Sorge tragen, wie dies durch Fig. 37 angedeutet ist.

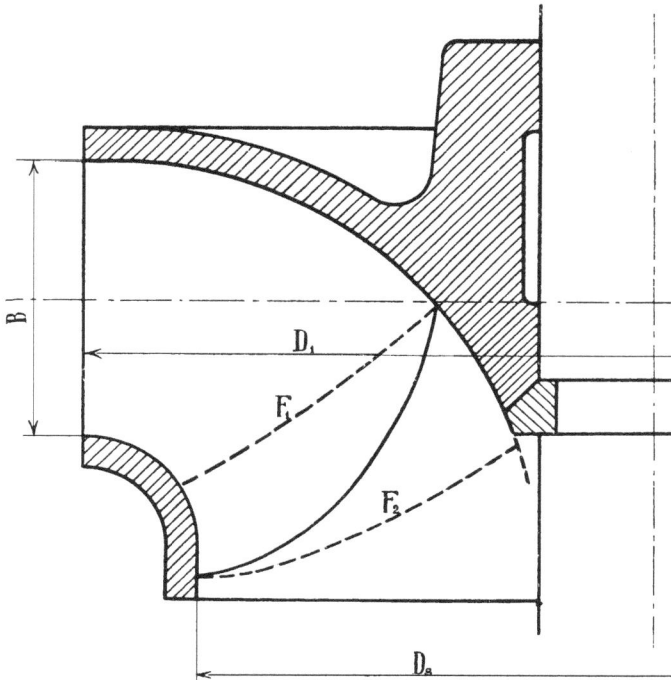

Fig. 37. Normalläufer mit kleinem Wasserverbrauch mit herabgezogenem Innenkranze.

Bestimmt man jedoch an einem unter diesen Gesichtspunkten entworfenen Laufrad den Flächeninhalt der Niveaufläche F_1 bzw. F_2, so findet man, daß der erstere sich nicht unerheblich gegen F_2 verringert hat, weshalb auch die Austrittsgeschwindigkeiten längs der Austrittskante in nicht mehr zu vernachlässigender Größe voneinander abweichen.

Es darf deshalb auch nicht Formel 37 zur Anwendung kommen, sondern es ist jener Berechnungs- und Zeichnungsvorgang einzuhalten, wie dieser für Schnelläufer erörtert wurde.

In der Praxis findet man auch bei Normalläufern für kleinen Wasserverbrauch häufig eine Schrägstellung der Schaufeleintrittskante, deren Vorteile auf Seite 205 besprochen wurden. (Vgl. auch die Abbildungen ausgeführter Laufräder Seite 314 u. f.) Im Abschnitt M III finden sich solche Konstruktionen, sowie auch andere Ausführungsformen dargestellt und besprochen.

H. Berechnung und Konstruktion der Langsamläufer mit kleinem Wasserverbrauch.

I. Allgemeine Grundlagen und Aufstellung von Zahlentafeln.

Nicht selten tritt der Fall ein, daß bei großen Gefällshöhen und verhältnismäßig kleinen Wassermengen die Drehzahl eines Normalläufers mit kleinem Wasserverbrauche solch hohe Werte annimmt, daß aus wirtschaftlichen Gründen eine Erniedrigung derselben erwünscht ist.

Dies kann nun durch Einbau eines Langsamläufers erzielt werden. Wie im Abschnitt D angegeben, ist es dadurch möglich, die Einheitsdrehzahl innerhalb der Grenzen $n_o = 40 - 25$ herabzudrücken. Dortselbst wurde als Kennzeichen eines Langsamläufers ein Anwachsen des Laufradwinkels über 90^0 bei gleichzeitig positiver Tangente des Leitradwinkels α gefunden. An gleicher Stelle wurde auch auf die Vorteile einer großen Radkonstanten hingewiesen und es soll nun untersucht werden, durch welche Maßnahmen dieser Forderung entsprochen werden

kann. Zu diesem Behufe sollen die bekannten Be-
stimmungsgleichungen näher untersucht werden. [1]

$$\operatorname{tg} \alpha = \frac{C}{\operatorname{tg} \beta} + \sqrt{\left(\frac{C}{\operatorname{tg} \beta}\right)^2 + 2\,C} \quad . \quad . \quad . \quad 9.$$

$$v_e = \sqrt{\varepsilon\, g\, H \left(1 + \frac{\operatorname{tg} \alpha}{\operatorname{tg} \beta}\right)} \quad . \quad . \quad . \quad . \quad 2\,\text{a.}$$

$$n = \frac{60\, v_e}{\pi\, \gamma \sqrt{\dfrac{4\,Q}{\psi\, \pi \sqrt{\varDelta\, 2\, g\, H}}}} \quad . \quad . \quad . \quad 17.$$

$$C = \frac{\psi^2\, \varDelta}{16\, \gamma^4\, \mu^2\, \varepsilon\, \varrho^2} \quad . \quad . \quad . \quad . \quad 11.$$

$$2\,\alpha < 180 - \beta \quad . \quad . \quad . \quad . \quad 25.$$

Die Forderung einer großen Radkonstanten würden, falls man nur Gleichung 11 in Betracht zieht,
bei großen Werten für ψ und $\varDelta$, kleine Werte für
γ, μ und ϱ Genüge leisten. Da jedoch gleichzeitig
auch Gleichung 17 erfüllt werden muß, so ist ersichtlich, daß ein hoher Austrittsverlust $\varDelta$ sowie ein
kleines γ eine Drehzahlerhöhung zur Folge hätte,
was mit der verlangten Drehzahlverringerung im Widerspruch stünde.

Es darf daher die Vergrößerung der Radkonstanten nicht auf Kosten der oben genannten Werte
vor sich gehen, sondern es muß vielmehr getrachtet
werden, die erstere bei kleinem $\varDelta$ und 'großem γ
durch entsprechende Vergrößerung von ψ bzw. Verringerung von μ und ϱ zu erzielen. Von den letzt-
genannten Werten lassen ψ und ϱ eine willkürliche
Wahl nicht zu, mithin wird vor allem zu trachten
sein, μ klein, d. h. die Einlaufbreite gegenüber dem

---

[1] Der durch Gleichung 9 ausgedrückte Drehungssinn des Laufrades
deckt sich mit dem für Schnell- und Normalläufer angegebenen. (Vgl. Fig. 19
Seite 106.)

Laufraddurchmesser möglichst gering zu wählen, damit der Bedingung einer großen Radkonstanten auch durch kleine Werte von ./ Genüge geleistet werden kann.

Es ist nicht ohne Interesse, den Einfluß der Querschnittsverengung durch die Turbinenwelle sowie durch die Schaufelstärke zu untersuchen. Da nun niedrige Drehzahlen ein großes ψ und ein kleines ϱ verlangen, so folgt unmittelbar, daß starke Wellendurchmesser und große Schaufeldicken[1]) unter sonst gleichen Verhältnissen der Erzielung kleiner Drehzahlen förderlich sind.

Stellt man daher die gefundenen Ergebnisse der Übersichtlichkeit halber zusammen, so lassen sich folgende zur Erzielung der niedrigsten Drehzahlen zu beobachtende Hauptleitsätze aufstellen.

1. Der Laufradeintrittswinkel ist größer als 90⁰ zu wählen. Sein Höchstwert hängt von Fall zu Fall von der Möglichkeit der rationellen Ausbildung der Schaufelfläche ab.

2. Der Laufraddurchmesser ist gegenüber dem Saugrohrdurchmesser so viel als möglich zu vergrößern.

3. Die Einlaufbreite ist gering zu wählen.

4. Die Austrittsverluste sind gering zu halten.
   (Im Mittel $\varDelta = 0,04 - 0,06$.)

5. Große Schaufelstärken und Wellendurchmesser verringern unter sonst gleichen Verhältnissen die Drehzahl.

---

[1]) Praktisch wird man die letzteren behufs Einschränkung von Wirbelbildungen natürlich so gering als möglich wählen.

Zahlen-
Ermittlung der Bestimmungsgrößen von
$$\psi = 0,98, \quad \varrho = 0,93$$

$\mu = {}^1/_8$		$\beta = 140°$			$\beta = 130°$		
$\gamma =$		$10/6$	$10/7$	$10/8$	$10/6$	$10/7$	$10/8$
$\Delta = 0,04$	$\alpha =$	11°30'	15°10'	17°30'	12°—	15°30'	19°10'
$\Delta = 0,06$	$\alpha =$	13°40'	17°20'	19°40'	15°—	18°10'	22°—
$\Delta = 0,08$	$\alpha =$	15°20'	18°50'	—	16°20'	20°20'	24°20'
$\Delta = 0,04$	$\dfrac{v_e}{\sqrt{H}}$	2,5	2,36	2,27	2,62	2,52	2,42
$\Delta = 0,06$	$\dfrac{v_e}{\sqrt{H}}$	2,4	2,25	2,16	2,52	2,42	2,32
$\Delta = 0,08$	$\dfrac{v_e}{\sqrt{H}}$	2,3	2,16	—	2,44	2,33	2,2
$\Delta = 0,04$	$n_0 =$	23,5	26,—	27,9	24,6	27,5	30,—
$\Delta = 0,06$	$n_0 =$	24,9	27,4	30,—	26,2	28,4	32,—
$\Delta = 0,08$	$n_0 =$	26,—	28,3	—	27,5	30,4	32,7
$\mu = {}^1/_7$							
$\gamma =$		$10/6$	$10/7$	$10/8$	$10/6$	$10/7$	$10/8$
$\Delta = 0,04$	$\alpha =$	8°20'	12°10'	13°40'	8°40'	12°30'	15°—
$\Delta = 0,06$	$\alpha =$	10°—	13°10'	16°20'	10°20'	13°50'	17°20'
$\Delta = 0,04$	$\dfrac{v_e}{\sqrt{H}} =$	2,62	2,5	2,43	2,69	2,6	2,55
$\Delta = 0,06$	$\dfrac{v_e}{\sqrt{H}} =$	2,54	2,42	2,3	2,62	2,54	2,45
$\Delta = 0,04$	$n_0 =$	24,6	27,5	30,2	25,2	28,5	31,7
$\Delta = 0,06$	$n_0 =$	26,4	29,5	32,—	27,3	31,—	34,—

tafel IX.

Langsamläufern mit kleinem Wasserverbrauch.

$\psi = 0,98$, $\varrho = 0,93$.

$\mu = {}^1/_8$								
$\beta = 120°$			$\beta = 110°$			$\beta = 100°$		
10/6	10/7	10/8	10/6	10/7	10/8	10/6	10/7	10/8
12°20'	16°—	20°10'	12°40'	16°30'	20°50'	13°—	16°40'	21°40'
15°30'	19°10'	23°40'	16°—	20°—	24°30'	16°30'	20°30'	26°—
17°20'	21°20'	26°20'	17°30'	22°20'	27°30'	18°20'	23°10'	28°50'
2,7	2,64	2,55	2,75	2,73	2,67	2,82	2,79	2,78
2,62	2,55	2,46	2,7	2,65	2,61	2,78	2,75	2,73
2,55	2,47	2,37	2,64	2,58	2,53	2,71	2,7	2,67
25,4	28,8	31,7	26,—	29,8	33,1	26,5	30,5	34,4
27,—	31,—	34.2	28,—	32,3	36,3	28,8	33,6	37,7
28,6	32,2	35,2	29,7	33,5	37,7	30,5	35,—	39,7

$\mu = {}^1/_7$								
10/6	10/7	10/8	10/6	10/7	10/8	10/6	10/7	10/8
8°50'	13°—	15°30'	9°—	13°20'	16°—	9°10'	13°30'	16°30'
10°40'	14°10'	17°50'	11°—	14°40'	18°30'	11°20'	15°10'	19°10'
2,75	2,68	2,65	2,8	2,76	2,74	2,85	2,83	2,82
2,7	2,64	2,58	2,74	2,72	2,69	2,8	2,77	2,75
26,—	29,4	32,9	26,4	30,2	34,—	26,8	31,—	35,—
28,—	32,—	35,7	28,5	33,—	37,2	29,—	33,8	38,—

Auch in diesem Sonderfall wurde zur Gewinnung von sog. normalen Laufradtypen die Zahlentafel IX eingefügt. In dieser wurden für μ die Werte $\mu = \frac{1}{8}$ und $\frac{1}{7}$ gewählt und dem Verhältnisse γ die Werte $\gamma = \frac{10}{6}$, $\frac{10}{7}$ und $\frac{10}{8}$ zugeschrieben. Der Laufradwinkel β wurde in Abstufungen von 10 zu 10^0 von $\beta = 100^0$ auf $\beta = 140^0$ vergrößert. Dem geforderten niedrigen Austrittsverluste wurde durch $\varDelta = 0{,}04$, $0{,}06$ und

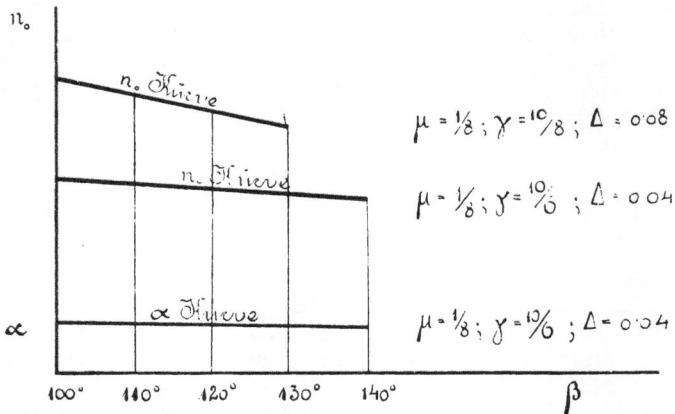

Fig. 38. Darstellung der μ und n_0-Kurven.

$0{,}08$ Rechnung getragen. Von einer Änderung der Werte für ψ und ϱ wurde auch hier der Übersichtlichkeit halber abgesehen und für $\psi = 0{,}98$ und $\varrho = 0{,}93$ als konstante Mittelwerte angenommen.

Die Zahlentafel IX läßt erkennen, daß die durch Veränderung von β bei sonst gleichen Verhältnissen erzielbare Drehzahländerung eines Langsamläufers geringer ist als bei Schnelläufern. Es können daher auch Langsamläufer mit besonders groß gewähltem

Laufradwinkel keine wesentliche Drehzahlerniedrigung bieten.

Von größerem Belange ist die Abnahme der Einheitsdrehzahl durch Vergrößerung von γ bei gleichzeitiger Verkleinerung von μ, wie dies aus der Zahlentafel IX hervorgeht.

Das auf Seite 128 für Schnelläufer gefundene Ergebnis, daß der Laufradeintrittswinkel β sowohl mit α als auch mit n_0 in angenähert linearer Beziehung steht, läßt sich, wie aus Fig. 38 folgt, auch für Langsamläufer nachweisen und für den Berechnungsvorgang verwerten.

Zahlentafel X.

$\beta = 120^0 \quad \gamma = {}^{10}/_7 \quad \mu = {}^1/_8 \quad D_1 = 1 \text{ m.}$

$\varDelta$	0.04	0,06	0,08
$\dfrac{v_e}{\sqrt{H}}$	2,64	2,55	2,47
$n_1 \quad \dfrac{60\, v_e}{1\, \pi \sqrt{H}}$	50,2	48,6	47,3
α	16^0	$19^0{}_{10}{}'$	$21^0{}_{20}{}'$

Was die unter sonst gleichen Verhältnissen auf 1 m Laufraddurchmesser bezogene Drehzahländerung unter verschiedenen Austrittsverhältnissen anbelangt, so kann auf Zahlentafel X verwiesen werden.

Man ersieht, daß dieselbe mit wachsendem $\varDelta$ abnimmt, doch sind auch hier die Unterschiede gering. Bezüglich der Änderung von α gilt das auf Seite 131 Gesagte.

II. Berechnungsvorgang zur Ermittlung der Bestimmungsgrößen von Langsamläufern mit kleinem Wasserverbrauch.

Q und H sind wieder durch den Entwurf der Turbinenanlage als gegeben anzusehen, wogegen die Drehzahl n entweder durch die Forderung einer unmittelbaren Kupplung mit der Arbeitsmaschine vorgeschrieben, oder mit Rücksicht auf vorhandene Schaufelmodelle bestimmt ist.

Beschreitet man zuerst den rechnerischen Weg, so kann in ähnlicher Weise, wie bei Schnelläufern erörtert, vorgegangen werden.

Vorerst ist die Wahl der Größe des Austrittsverlustes zur Entscheidung zu bringen, wobei die auf Seite 133 angegebenen Rücksichten zu beachten sind. Im allgemeinen empfiehlt es sich, bei großen Gefällshöhen kleine Austrittsverluste anzuwenden, um ein allzustarkes Anwachsen der Saugrohrgeschwindigkeit und der damit verbundenen Widerstandsverluste zu vermeiden. Sollten es die Verhältnisse gestatten, bei besonders großen Gefällshöhen eine Erniedrigung des Austrittsverlustes auf etwa $\mathit{l} = 0,01$ zu ermöglichen, so ist dessen Anwendung in jeder Hinsicht empfehlenswert.

Durch eine vorläufige Annahme von $\mathit{\Delta}'$ ist auch die Saugrohrgeschwindigkeit durch

$$c_s' = \sqrt{\mathit{\Delta}' \, 2 \, g \, H} \quad . \quad . \quad . \quad . \quad 26.$$

bestimmt.

Mithin wird der Saugrohrdurchmesser

$$D_s' = \sqrt{\frac{4 \, Q}{\psi' \, \pi \, c_{s'}}} \quad . \quad . \quad . \quad . \quad 16.$$

Für ψ' ist hier, vorbehaltlich einer späteren Berichtigung, $\psi' = 0,94 - 0,96$ zu setzen, wobei schon

im vorhinein bei großen Leistungen der kleinere
Wert zu wählen ist. Durch die Beziehung

$$D_1' = \gamma D_s'$$

ist durch die Wahl von γ auch D_1' gegeben. Wird
eine beträchtliche Drehzahlerniedrigung gegenüber
einem Normalläufer angestrebt, so sind mit Rücksicht auf das auf Seite 232 Gesagte, für γ große
Werte zu wählen, weil dadurch im vorhinein einer
unrationellen Vergrößerung von β vorgebeugt wird.

Auch hier wird sich in den meisten Fällen ergeben, daß eine Abrundung von D_1' auf das zunächstliegende, durch 50 oder 100 teilbare Maß erforderlich
ist. Bezeichnet man wie früher mit D_1 den abge-
rundeten Wert des Laufraddurchmessers, so ergibt
die Beziehung

$$D_s = \frac{D_1}{\gamma}$$

den nun endgültig festgelegten Wert des Saugrohrdurchmessers, und aus Gleichung 27 läßt sich nun
der Verengungskoeffizient ι'' bestimmen.

$$\iota'' = 1 - \frac{d^2}{D_s^2} \quad \ldots \quad \ldots \quad 27.$$

wobei a nach den auf Seite 135 gemachten Angaben
zu berechnen ist. Bei erheblicherem Unterschied
zwischen ι'' und ι'' ist der Rechnungsgang unter
Zugrundelegung des aus Gleichung 27 erhaltenen
Wertes für ι'' zu wiederholen.

Nun ermittelt man die genaue Saugrohrgeschwindigkeit aus.

$$c_s = \frac{4\,Q}{\psi\,D_s^2\,\pi} \quad \ldots \quad \ldots \quad 28.$$

und ebenso

$$\varDelta = \frac{c_s^2}{2\,gH} \quad \ldots \quad \ldots \quad 26\,\text{a}.$$

wobei bei erheblicherem Unterschied zwischen $\varDelta$ und $\varDelta'$ in gleicher Weise eine Nachrechnung erforderlich ist.

Macht man nun von der bekannten Beziehung Gebrauch

$$v_e = \frac{D_1 \pi n}{60}$$

so läßt sich tg α bestimmen aus

$$\text{tg } \alpha = \frac{K v_e}{\sqrt{H}} \quad \ldots \ldots \quad 30.$$

wobei K bestimmt ist durch

$$K = \frac{0,1127 \, \psi \, \sqrt{\varDelta}}{\gamma^2 \, \mu \, \varepsilon \, \varrho} \quad \ldots \ldots \quad 31.$$

In Gleichung 31 läßt nur mehr μ eine freie Wahl zu.[1]) Gemäß den auf Seite 232 aufgestellten Forderungen ist jedoch μ — falls eine beträchtliche Drehzahlerniedrigung verlangt wird — entsprechend zu verkleinern ($\mu = 1/_8$ bis $1/_{14}$). Durch Gleichung 29 ist schließlich auch β bestimmt.

Man findet

$$\text{tg } \beta = \frac{\varepsilon \, g \, H \, \text{tg } \alpha}{v_e^2 - \varepsilon \, g \, H} \quad \ldots \ldots \quad 29.$$

Sollten sich aus dieser Gleichung für β zu große Werte ergeben, so lassen sich diese durch eine in dem angegebenen Sinne vorzunehmende Änderung von γ und μ verringern.

Auch hier kann die Forderung aufgestellt werden, daß die Turbine im Bedarfsfalle noch eine größere Wassermenge Q_1 verarbeiten kann. Der in diesem Falle einzuhaltende Berechnungsvorgang deckt sich mit jenem für Schnelläufer angegebenen, weshalb eine nähere Besprechung desselben entfallen kann.

---

[1]) ϱ ist durch die Angaben Seite 29 bestimmt.

III. Ermittlung der Bestimmungsgrößen eines Langsamläufers mit Hilfe der angegebenen Zahlentafeln.

Auch hier bieten sich gegenüber dem bei Schnellläufer angegebenem Vorgang keine wesentlichen Unterschiede, weshalb ein kurzer Hinweis mit Angabe der erforderlichen Rechnungsgrundlagen genügen dürfte.

Gegeben sei Q, H und n. Man bestimme nach Gleichung 19 (Seite 110) die Einheitsdrehzahl

$$n_0 = \frac{n \sqrt{Q}}{\sqrt[4]{H^3}} \quad \ldots \quad (19)$$

und sucht diese in Zahlentafel IX auf.

Dabei ist jedoch vorausgesetzt, daß die dortselbst angeführten Werte für ϱ, r'' und $\varDelta$ mit jenen des vorliegenden Entwurfes im Einklang stehen. Ist die gewünschte Einheitsdrehzahl in der Zahlentafel nicht enthalten, so macht man von der auf Seite 127 u. f. erwähnten linearen Beziehung zwischen der ersteren und den Winkeln α und β Gebrauch, wodurch sich die letzteren in einfacher Weise bestimmen lassen.

Nunmehr bestimmt man aus Gleichung 16

$$D_s' = \sqrt{\frac{4\,Q}{\psi\,\pi\,\sqrt{\varDelta\,2\,g\,H}}} = \sqrt{\frac{4\,Q}{\psi\,\pi\,c_s}} \quad \ldots \quad 16$$

und wählt γ, wodurch der vorläufige Wert des Laufdurchmessers festgelegt ist durch

$$D_1' = \gamma D_s'$$

Auch hier muß in den meisten Fällen eine Abrundung von D_1' und D_s' vorgenommen werden (Vgl. Seite 133 u. f.)

Kaplan, Schaufelformen.   16

IV. Zeichnerische Durchbildung der
Schaufelfläche.

Die geringen Einlaufbreiten im Vereine mit der starken Einschnürung der äußeren Laufradbegrenzung gestatten hier in allen Fällen die gewünschte Flächengleichheit der an beliebigen Stellen der Austrittskante gelegten Niveauflächen herzustellen. Da sich auch gleichzeitig ein befriedigender Anschluß der inneren Laufradbegrenzung an die Turbinenwelle erzielen läßt, so ist — abgesehen von seiner Einfachheit — das bei Besprechung der Normalläufer für kleinem Wasserverbrauch angegebene Verfahren der zeichnerischen Darstellung der Schaufelfläche vorteilhaft auch hier anzuwenden. Bestimmt man daher, wie dortselbst gezeigt, aus der Gleichung

$$D_x y = \cfrac{Q}{n \left[\pi\, c_a - \cfrac{z \cdot s \cdot v_e}{D_1} \right]} = A \quad . \quad . \ 36.$$

die Konstante A, wobei wieder $c_a = c_s$ zu setzen ist, so können die Flußflächen sowie die innere Laufradbegrenzung unmittelbar entworfen werden.

Was die Lage und Form der Austrittskante im Aufriß anbelangt, so genügt es hier einen schwach gekrümmten Bogen anzunehmen (Fig. 39, I Seite 246), der mit größerer oder geringerer Annäherung nach einer Niveaulinie gekrümmt ist oder am einfachsten mit einer solchen zusammenfällt.

Der bei Langsamläufern immer auftretende stetige und sanfte Verlauf der Flußflächen ermöglicht einen einfachen Entwurf des Winkelbildes, welches die günstigste Schaufelform ohne weiteres erkennen läßt.

V. Praktisches Beispiel.

Es ist ein hydroelektrisches Kraftwerk von rund 400 PS zu errichten. Das zur Verfügung stehende Gefälle betrage $H = 25$ m, die sekundliche Wassermenge $Q = 1,6$ cbm. Behufs direkter Kuppelung mit einem Drehstromgenerator ist eine Drehzahl der Turbinenwelle von $n = 250$ einzuhalten.

Aus den im Abschnitt D gemachten Angaben ist zu ersehen, daß eine direkte Kuppelung nur durch Einbau eines Langsamläufers möglich ist.

Wählt man vorläufig $\varDelta' = 0,05$, so wird

$$c_s' = \sqrt{\varDelta' \, 2 \, g \, H} = \sqrt{0,05 \cdot 2 \, g \cdot 25} = 4,94 \text{ m.}$$

Wird ψ' vorderhand mit $\psi' = 0,95$ geschätzt, so folgt der angenäherte Saugrohrdurchmesser aus

$$D_s' = \sqrt{\frac{4 \, Q}{\psi' \, \pi \, c_s'}} = \sqrt{\frac{4 \cdot 1,6}{0,95 \, \pi \cdot 4,94}} = 0,66 \text{ m}$$

$$D_s' = 660 \text{ mm.}$$

Mit Rücksicht, daß ein Langsamläufer mit mittleren Drehzahlen vorliegt, werde $\gamma = \dfrac{10}{7}$ und $\mu = {}^1/_8$ gewählt.

Mithin wird

$$D_s' = \frac{10}{7} \cdot 660 = 943 \text{ mm.}$$

Nimmt man eine Abrundung von D_1' auf $D_1 = 1000$ mm vor, so wird

$$D_s = \frac{7}{10} \cdot 1000 = 700 \text{ mm.}$$

Die Leistung der Turbine bestimmt sich angenähert aus

$$N_e = 10 \, Q H = 10 \cdot 1,6 \cdot 25 = 400 \text{ PS.}$$

Mithin wird der Wellendurchmesser unter der Voraussetzung vorzüglichen Materiales und guter Lagerung der Welle

$$d = 120 \sqrt[3]{\frac{N}{n}} = 120 \sqrt[3]{\frac{400}{250}} = 140 \text{ mm}$$

Mit Rücksicht auf Keilnut werde festgesetzt $d_1 = 145$ mm.

Daher wird

$$\psi = 1 - \frac{d_1{}^2}{D_s{}^2} = 1 - \frac{\overline{0,145^2}}{0,7^2} = 0,9572$$

welcher Wert von der ursprünglichen Annahme nur unwesentlich abweicht.

Die wirklich vorhandene Saugrohrgeschwindigkeit ergibt sich aus

$$c_s = \frac{4\,Q}{\psi\,D_s{}^2\,\pi} = \frac{4 \cdot 1{,}6}{0,957 \cdot 0,7^2\,\pi} = 4{,}36 \text{ m}$$

und daher

$$l = \frac{c_s{}^2}{2\,gH} = \frac{4{,}36^2}{2\,g \cdot 25} = 0{,}0387$$

ein Wert, der für Langsamläufer beibehalten werden kann. Man bestimmt nun v_e aus

$$v_e = \frac{D_1\,\pi\,n}{60} = \frac{1 \cdot \pi\,250}{60} = 13{,}1 \text{ m}$$

Ebenso wird

$$K = \frac{0,1127\,\psi\,\sqrt{l}}{\gamma^2\,\mu\,\varepsilon\,\varrho} = \frac{0,1127 \cdot 0,957\,\sqrt{0,0387 \cdot 49 \cdot 8}}{100 \cdot 0,855 \cdot 0,93} = 0{,}105$$

Daher

$$\operatorname{tg} \alpha = \frac{K\,v_e}{\sqrt{H}} = \frac{0,105 \cdot 13,1}{\sqrt{25}} = 0{,}277$$

$$\alpha = 15^0\,30'$$

Für β ergibt sich, da

$$\varepsilon = (1 - \lambda)\,(1 - \Delta) = (1 - 0,11)\,(1 - 0,038) = 0{,}855$$

$$\operatorname{tg} \beta = \frac{\varepsilon\,g\,H\,\operatorname{tg} \alpha}{v_e{}^2 - \varepsilon\,g\,H} = \frac{0,855 \cdot g \cdot 25 \cdot 0,277}{13,1^2 - 0,855 \cdot g \cdot 25} = 1{,}55$$

$$\beta = 123^0$$

Soll die Turbine noch mit 10 v. H. der angegebenen Wassermenge überlastet werden können,
so ist

$$Q_1 = Q + {}^1/_{10}\, Q = 1,6 + 0,16 = 1,76 \text{ cbm}$$

$$c_{s1} = \frac{4\,Q_1}{\pi\,\psi\,D_s{}^2} = \frac{4 \cdot 1,76}{\pi \cdot 0,957 \cdot \overline{0,7^2}} = 4,8 \text{ m}$$

und daraus $\varDelta_1 = 0,0472$; mithin wird

$$\varepsilon_1 = (1-\lambda)\,(1 = \varDelta_1) = (1-0,11)\,(1-0,0472) = 0,848$$

Daher

$$\frac{\varepsilon}{\varepsilon_1} = \frac{0,855}{0,848} = 1,01$$

$$\sqrt{\frac{\varDelta_1}{\varDelta}} = \sqrt{\frac{0,0472}{0,0387}} = 1,1$$

$$\operatorname{tg} \alpha_1 = \frac{\varepsilon}{\varepsilon_1} \sqrt{\frac{\varDelta_1}{\varDelta}} \operatorname{tg} \alpha = 1,01 \cdot 1,1 \cdot 0,277 = 0,308$$

$$\alpha_1 = 17^0$$

Es ist daher bei ganz geöffnetem Leitapparat ein
Leitradaustrittswinkel von $\alpha_1 = 17^0$ erforderlich.

Nun kann an die zeichnerische Ermittlung der
Schaufelfläche geschritten werden. Die Konstante A
ergibt aus

$$D_x\, y = \frac{Q}{n\left(\pi\, c_a - \dfrac{z\, s \cdot v_e}{D_1}\right)} =$$

$$= A = \frac{1,6}{5\left(\pi \cdot 4,36 - \dfrac{20 \cdot 0,008 \cdot 13,1}{1}\right)} = 0,0242 \text{ qm}$$

wobei die Zahl der Teilturbinen mit $n = 5$, die
Schaufelzahl mit $z = 20$ und die Dicke der Schaufel
mit $s = 8$ mm festgelegt wurde. (Vgl. Fig. 39 I, II,
III und IV.)

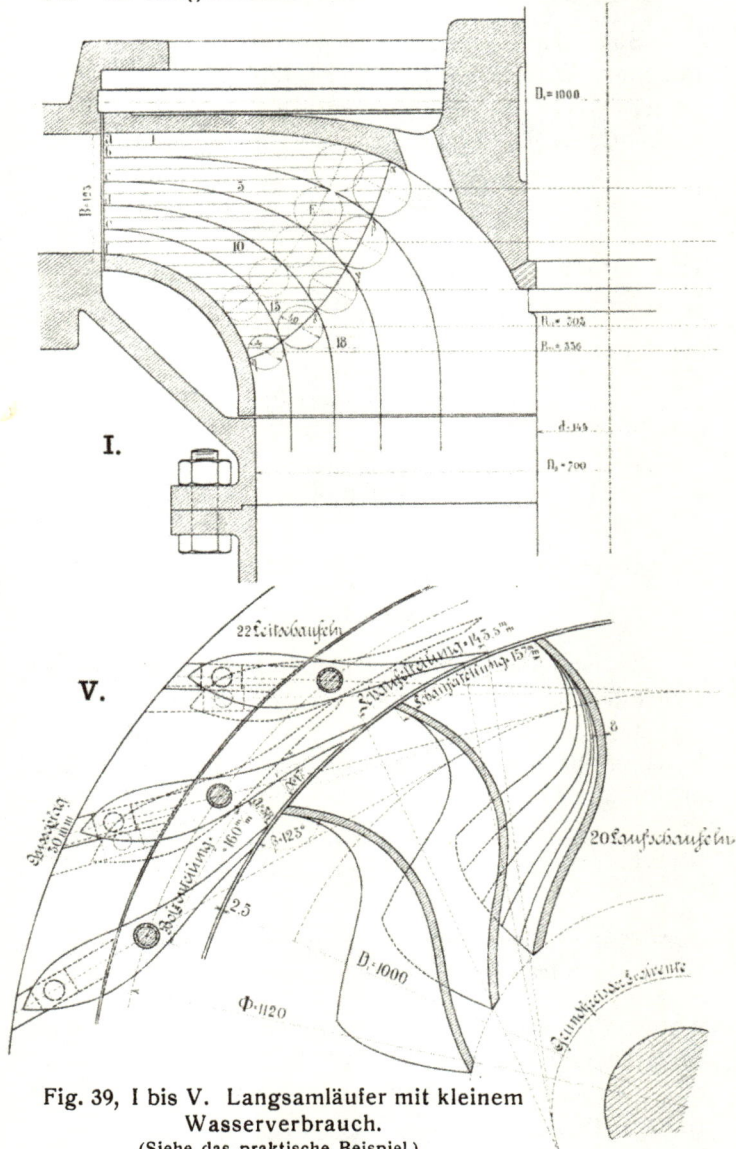

Fig. 39, I bis V. Langsamläufer mit kleinem
Wasserverbrauch.
(Siehe das praktische Beispiel.)

III.

$D_r 1000$

II.

IV.

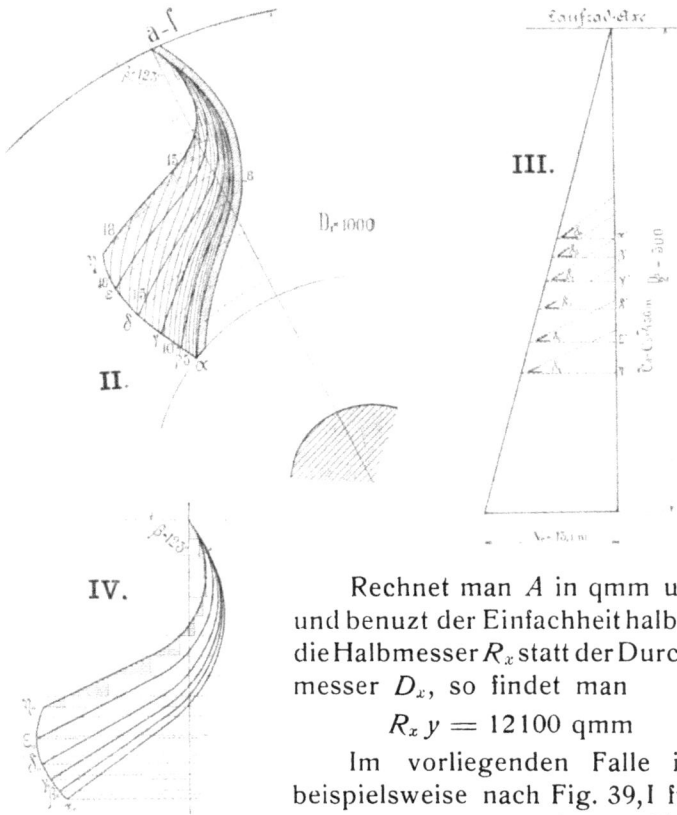

Rechnet man A in qmm um und benuzt der Einfachheit halber die Halbmesser R_x statt der Durchmesser D_x, so findet man

$$R_x y = 12100 \text{ qmm}$$

Im vorliegenden Falle ist beispielsweise nach Fig. 39,I für $y_1 = 36$ mm zu wählen. Man findet dann für das zugehörige $R_{x_1} = 336$ mm. Das Produkt beider Werte befriedigt tatsächlich die obige Gleichung. Ebenso findet man

$$y_2 = 40 \text{ mm}$$
$$R_{x_2} = 303 \text{ mm usw.}$$

Als Kontrolle wurde noch der Flächeninhalt von F_1 bestimmt (Fig. 39,I), welcher sich zu $F_1 = 0,38$ qm ergab.

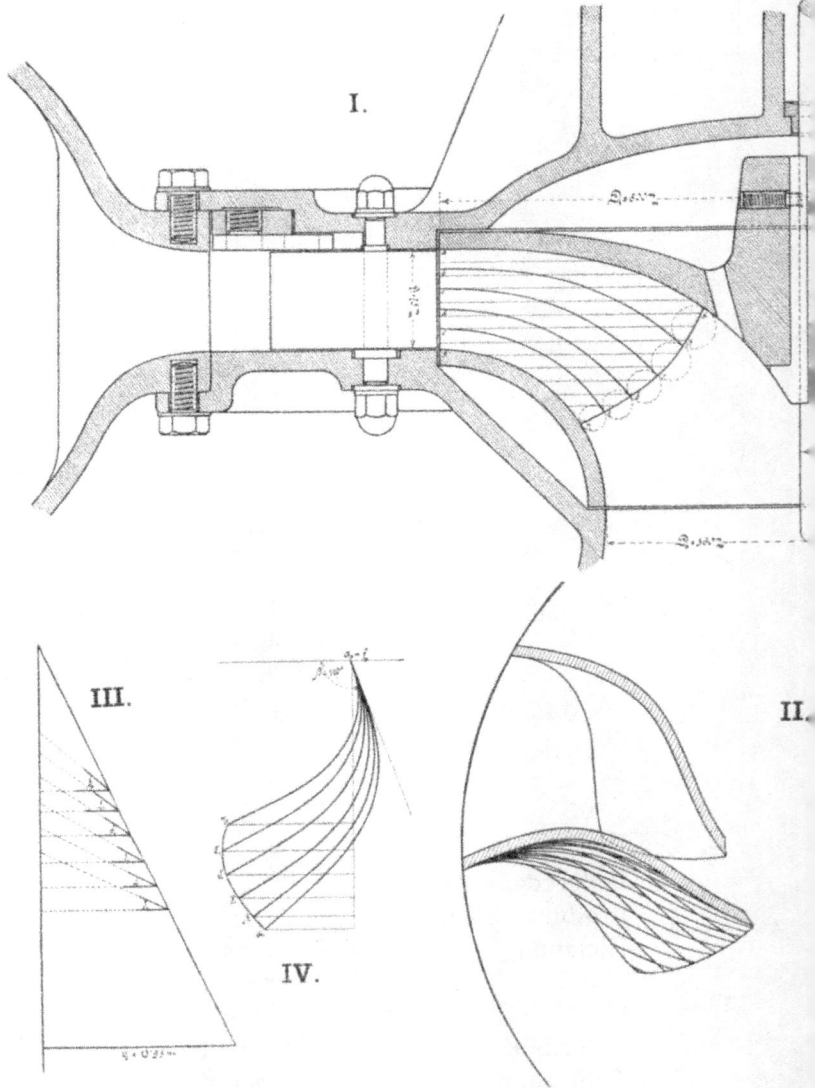

Fig. 40, I bis V. Langsamläufer mit kleinem Wasserverbrau
samt Leitapparat.

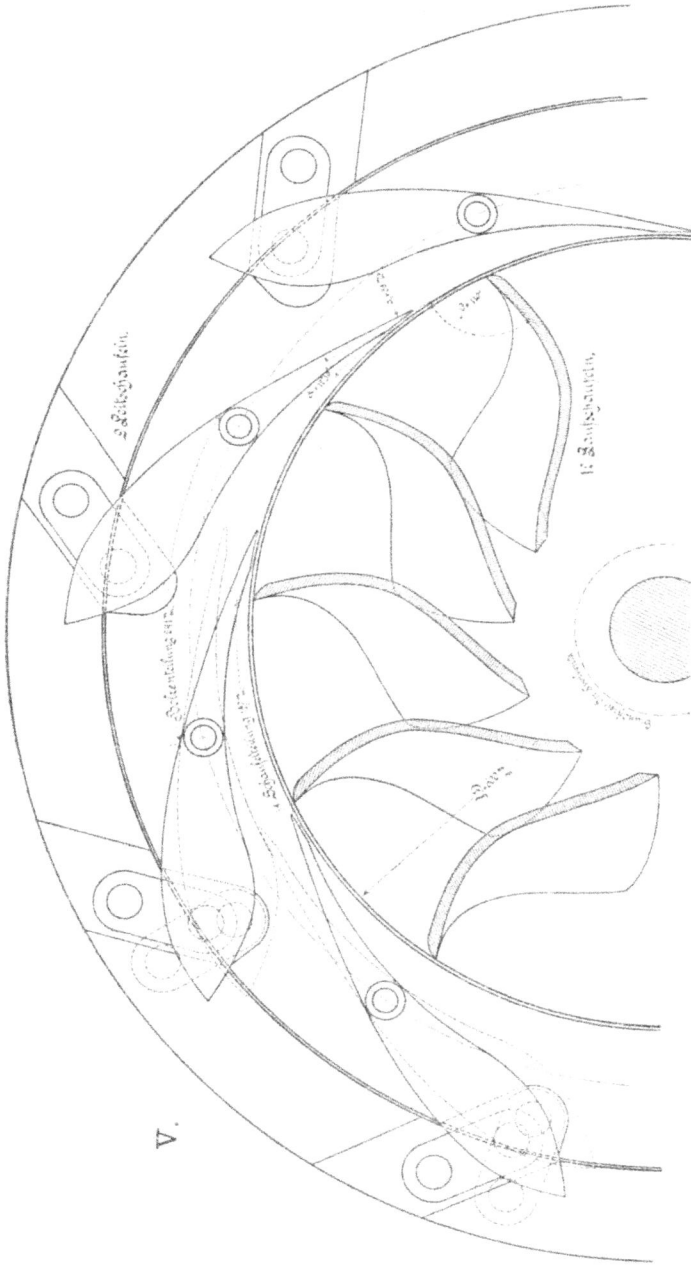

V.

Die in F_1 vorhandene Niveauflächengeschwindigkeit ergibt sich mithin bei Berücksichtigung von etwa $\varrho = 0,97$

$$c_{s1} = \frac{Q}{F_1 \, \varrho} = \frac{1,6}{0,38 \cdot 0,97} = 4,36 \text{ m}$$

Da dieser Wert nicht nur mit der Saugrohrgeschwindigkeit, sondern auch mit der absoluten Austrittsgeschwindigkeit längs der Austrittskante übereinstimmt, so wurde auch die innere Laufradbegrenzung richtig eingezeichnet.

Die Bestimmung des Winkelbildes sowie des Grundrisses erfolgt nach den gleichen Gesichtspunkten, wie auf Seite 95 und Seite 161 ausführlich angegeben und ist auch aus den Figuren 39 II, III und IV zu entnehmen.

Schließlich wurde in Fig. 39 V der Grundriß des Leitapparates zur Darstellung gebracht, dessen Einzelheiten (Schaufelzahlen usw.) aus diesen entnommen werden können.

VI. Verschiedene Ausführungsformen.

In der Fig. 40 wurde noch ein anderer Langsamläufer zur Darstellung gebracht, dessen Bestimmungsgrößen durch $\beta = 110^0$, $\gamma = {}^{10}/_6$, $\mu = {}^1/_8$, $\varDelta = 0,04$, $D_1 = 600$ mm, $Ds = 360$ mm und $B = 75$ mm gegeben sind. Dieser Langsamläufer verarbeitet bei einem Gefälle von $H = 25$ m eine Wassermenge von $Q = 4,35$ cbm bei einer minutlichen Drehzahl von $n = 445$ Uml./min. Wie aus der Betrachtung der Zahlentafel IX hervorgeht, nehmen die Leitradaustrittswinkel mit zunehmender Einlaufbreite ganz erheblich ab, was leicht auf konstruktive Schwierigkeiten stoßen kann. (Wie beispielsweise aus Fig. 40 hervorgeht, beträgt dieser nur mehr $\alpha = 12^0 \, 30'$.)

Es empfiehlt sich daher, bei besonders kleinen Wassermengen und großen Gefällshöhen den Wert von μ noch weiter zu verkleinern (etwa $\mu = \frac{1}{10}$ bis $\frac{1}{11}$), was, wie praktische Ausführungen zeigen (Escher-Wyß), noch ohne weiteres statthaft ist. Dadurch gelingt es auch, die Einheitsdrehzahlen noch unter den in den Zahlentafeln angegebenen Werten herabzudrücken.

Vielfach findet sich in der Praxis bei Langsamläufern eine gegen die Mitte der Schaufel hin zunehmende Verdickung derselben vor, welche einen gleichmäßigen Verlauf der Relativgeschwindigkeiten innerhalb der Laufradzellen bezwecken soll. Aber auch in solchen Fällen kann das Winkelbild zur Bestimmung des Schaufelrückens herangezogen werden.

Zu diesem Behufe ist nur erforderlich, die in das erstere übertragenen Winkellinien des Schaufelrückens mit Hilfe des auf Seite 161 u. f. angegebenen Verfahrens in den Grundriß zu übertragen.

J. Lauf- und Leitschaufelzahlen.

———

Die Bestimmung der Leit- und Laufschaufelzahlen auf rein theoretischem Wege begegnet unüberwindlichen Schwierigkeiten.

Obwohl es einesteils behufs rationeller Wasserführung vorteilhaft erscheint, die lichten Zellenweiten gering, die Schaufelzahlen also groß zu wählen, so wächst andererseits die Wasserreibung mit der Größe der benetzten Oberfläche, was wieder zu Gunsten einer kleinen Schaufelzahl spricht. Auserdem sind aber noch rein praktische Rücksichten maßgebend, welche die Anwendung besonders kleiner Zellenweiten von vornherein ausschließen. Das Wasser führt immer Unreinigkeiten (Äste, Laub, Sand usw.) mit sich, welche auch die beste Rechenanlage nicht vollständig zurückhalten kann und die ein Verstopfen allzuenger Radkanäle zur Folge haben können. Aus den angegebenen Gründen dürften wohl lichte Austrittsweiten von etwa 30 mm ein Mindestmaß vorstellen, dessen Unterschreitung keinesfalls mehr ratsam erscheint. Im allgemeinen wird man sich dabei vorteilhaft an die bei praktischen Ausführungen bewährten Schaufelzahlen zu richten haben.

Müller kommt in seinem Werke[1]) auf Grund von Vergleichen einer Anzahl guter Francisturbinen zu folgenden Erfahrungsregeln:

$$z_1 = \sqrt{2\,p_1\,x}; \quad z_2 = \sqrt{2\,p_2\,x},$$

wobei z_1 bzw. z_2 die Zahl der Leitrad- bzw. Laufradschaufeln, x den Laufraddurchmesser in cm und $2p$

Zahlentafel XI. Leitschaufelzahlen.

Laufraddurch-messer D_1	α 20 ^{0}	$\alpha \lessgtr \begin{matrix} 33^0 \\ 20^0 \end{matrix}$	$\alpha > 33^0$
200—600	10	12	16
650—950	12	16	20
1000—1400	20	24	28
2200—2900	24	28	32
3000	--	32	36

eine Konstante bedeutet, welche für Leitschaufeln mit $2\,p_1 = 47$ und für Laufradschaufeln mit $2\,p_2 = 40$ anzunehmen ist.

Nach den Erfahrungen des Verfassers geben jedoch diese Angaben nur für die Laufschaufelzahlen von Normalläufern sichere Anhaltspunkte. Bei Schnell- und Langsamläufern ist wegen des stark schwanken-

---

[1]) Die Francisturbinen von Wilh. Müller, 1905, Verlag von Gebr. Jänike in Hannover.

den Leitradaustrittswinkels und den damit verbundenen Verschiedenheiten der lichten Leitschaufelweiten eine Abhängigkeit der Schaufelzahl von den Winkelverhältnissen vorzuziehen, wie dies G e l p k e in seinem Werke[1]) zum Ausdruck bringt.

Dortselbst finden sich die in Zahlentafel XI wiedergegebenen Erfahrungswerte.

G e l p k e bringt auch die Laufschaufelzahlen in Abhängigkeit vom Laufraddurchmesser und setzt erfahrungsgemäß:

Zahlentafel XII.   Laufschaufelzahlen.

Laufrad-durch-messer D_1	$\beta \gtreqless 140^0$	$\beta \sim 120^0$	$\beta \lesseqgtr 90^0$	$\beta \lesseqgtr 65^0$	$\beta \gtreqless 50^0$
200—600	15—17	15	13	11	9
650—950	19—21	19	15	13	9
1000—1400	23—25	21	17	15	11
1500—2100	27—29	25	19	15	11
2200—2900	31—33	29	23	17	13
> 3000	—	—	25	19	13

Aus diesen Angaben ist zu entnehmen, daß bei gleichem Laufraddurchmesser die L a u f schaufelzahl bei Langsamläufern am größten ist und von dort stetig abnimmt, je mehr man sich dem Gebiete

---

[1]) T u r b i n e n und T u r b i n e n a n l a g e n von Viktor G e l p k e, Berlin 1906, Verlag von Jul. Springer.

des Schnelläufers nähert. Die Leitschaufelzahl ist
hingegen bei Schnelläufern größer zu wählen, als
bei Langsamläufern, was auch mit den eingangs erwähnten Gründen übereinstimmt. Nach diesen Angaben ergibt sich mithin die Notwendigkeit, bei Schnell-
läufern die Leitschaufelzahl rund doppelt so groß
zu wählen, als die Laufschaufelzahl, was sich auch
mit den Erfahrungen des Verfassers gut deckt. Bei
praktischen Ausführungen desselben wurde die Leitschaufelzahl der Schnelläufer zu $z_2 = z_1 + {}^2\!/_3\, z_1$ angenommen, wobei z_1 nach vorhandenen Ausfüh-
rungen ähnlich den auf Seite 253 gemachten Angaben
bestimmt wurde. Es ergeben sich unter diesen
Voraussetzungen lichte Leitschaufelweiten von 50 bis
60 mm, wodurch bei Abschützung des Leitapparates
noch eine befriedigende Winkelstellung der Leitschaufeln erzielt werden kann. (Vgl. die in den
Fig. 29, 36, 39, 40 und 59 dargestellten Leiträder.)

K. Prüfung des mitgeteilten Berechnungsvorganges auf Grund von Bremsproben an ausgeführten Turbinenanlagen.

———

Die Umsetzung einer theoretischen Erkenntnis in die praktische Tat erfordert eine große Zahl von Maßnahmen, die sich einer unmittelbaren Vorausberechnung vollständig entziehen. Abgesehen von der Unvollkommenheit der technischen Hilfsmittel, welche Abweichungen von den theoretisch als richtig erkannten Grundlagen unvermeidlich machen, sieht sich auch die wissenschaftliche Hydraulik bei dem derzeitigen Stand unserer Erkenntnis gezwungen, dem Wasser manche physikalischen Eigenschaften abzusprechen, welche nicht selten die beim tatsächlichen Betriebe auftretenden Verhältnisse in entscheidender Weise beeinflußen.

Hier öffnen sich dem wissenschaftlichen Versuche die weitesten und fruchtbarsten Wege, und die auf diesen gewonnenen Ergebnisse dürften für die weitere Entwicklung des Turbinenbaues von ausschlaggebender Bedeutung sein. Der Firma Briegleb Hansen in

Gotha gebührt das große Verdienst, durch in großem
Maßstabe angestellte Versuche auf diesem Gebiete
bahnbrechend gewirkt zu haben.[1]

Um die Brauchbarkeit der hier niedergelegten
Rechnungsgrundlagen zu prüfen, wurde eine Anzahl
von Bremsproben an neueren Turbinenanlagen in der
Weise einer Untersuchung unterzogen, daß einesteils
die beim größten Nutzeffekt abgebremste Drehzahl
des Laufrades mit der aus den Rechnungsgrundlagen
erhaltenen verglichen, andererseits aus den praktisch
ermittelten Bestimmungsgrößen des Laufrades die
Winkelverhältnisse desselben geprüft wurden.[2]

Turbinenanlage des Eisenwerkes Zolyom Brézo der Kraftzentrale Lopér,

ausgeführt von Ganz & Co., Budapest.

(Durchführung der Bremsprobe: 20. März 1906.)

$Q = 6,6$ cbm, $H = 7,1$ m. Die Anlage wurde mit
Zwillingsschnelläufern ausgestattet. Daher für ein
Laufrad $Q = 3,3$ cbm.

Dem Laufrade wurden folgende Bestimmungsgrößen gegeben

$D_1 = 1050$, $D_s = 1200$, $B = 307$, $\beta = 90^0$, $\alpha = 32^0$.

Als vorteilhafteste Drehzahl wurde bei der Bremsung $n = 140$ Uml./min festgestellt, bei welcher sich
ein effektiver Wirkungsgrad von rund $\eta = 80$ v. H.
ergab.

---

[1] Neuere Schnelläuferturbinen von V. Graf und D. Thoma.
Z. d. V. D. Ing., Jahrg. 1907, Seite 1005 bis 1014.
[2] Eine ausführlichere Besprechung findet sich in dem Aufsatz des Verfassers: „Nachweis der Richtigkeit der derzeitigen Turbinentheorie auf Grund von Bremsproben an ausgeführten Turbinenanlagen. Z. f. d. ges. Turbw., Jahrg. 1907, Heft 12 und 13.

Kaplan, Schaufelformen. 17

Die Werte für γ und μ bestimmen sich aus

$$\gamma = \frac{D_1}{D_s} = \frac{1050}{1200} = 0,875$$

$$\mu = \frac{B}{D_1} = \frac{307}{1050} = 0,292$$

Es ist, wie erwähnt, im praktischen Turbinen-bau üblich, das Laufrad derart zu bemessen, daß dasselbe auch noch eine größere Wassermenge — gewöhnlich $\frac{4}{3} Q$ — wenn auch mit einem geringeren Wirkungsgrade, verarbeiten kann.

In diesem Falle kann daher die Turbine noch mit $Q_1 = \frac{4}{3} Q = 4{,}4$ cbm überlastet werden. Daraus bestimmt sich bei einer Querschnittsverengung des Saugrohres von 1 v. H. durch die Turbinenwelle die entsprechende Saugrohrgeschwindigkeit zu

$$c_{s_1} = \frac{Q_1}{\psi \dfrac{D_s{}^2 \pi}{4}} = \frac{4{,}4}{0{,}99 \cdot 1{,}13} = 3{,}92 \text{ m}$$

und daraus aus der bekannten Beziehung

$$c_{s_1} = \sqrt{\varDelta\, 2\, gH}$$

die Größe des Austrittsverlustes $\varDelta$ zu

$$\varDelta_1 = \frac{c^2{}_{s_1}}{2\, gH} = \frac{3{,}92}{2 \cdot 9{,}81 \cdot 7{,}1} = 0{,}11$$

Da nun die Größe des hydraulischen Wirkungs-grades auch in der Form geschrieben werden kann

$$\varepsilon_1 = (1 = \varDelta_1)\, (1 - \lambda)$$

so bestimmt sich derselbe, falls für λ wie früher $\lambda = 0{,}11$ gesetzt wird.

$$\varepsilon_1 = (1 - 0{,}11)\, (1 - 0{,}11) = 0{,}792$$

Die gemachten Berechnungen genügen, um eine Kontrolle über die richtige Wahl des Leitradwinkels anzustellen.

Da $\beta = 90^0$ gewählt wurde, so ergibt sich α aus

$$\operatorname{tg} \alpha = \sqrt{2\,C} \quad . \quad . \quad . \quad . \quad . \quad 9\,\text{a.}$$

wobei C

$$C = \frac{\psi^2\,\varDelta}{16\,\gamma^4\,\mu^2\,\varepsilon\,\varrho^2} = \frac{0,98 \cdot 0,11}{16 \cdot 0,586 \cdot 0,0852 \cdot 0,792 \cdot 0,865} = 0,198$$

Da das Laufrad mit gußeisernen Schaufeln ausgestattet wurde, ist der auf Seite 29 angegebene Wert für $\varrho = 0,93$ einzusetzen.

Es ist daher

$$\operatorname{tg} \alpha = \sqrt{2\,C} = \sqrt{0,396} = 3,63$$

daraus folgt

$$\underline{\alpha = 32^0\,10'}$$

Es unterscheidet sich daher der ausgerechnete von dem wirklich ausgeführten Wert des Leitradwinkels nur um $10'$. Für normalen Betrieb, bei welchem der Turbine eine Wassermenge von $Q = 3,3$ cbm zufließt, ergibt sich daher

$$c_s = \frac{Q}{\psi\,\dfrac{D_s^2\,\pi}{4}} = 2,95 \quad \text{und mithin, wie früher}$$

$$\varDelta = \frac{8,7}{2 \cdot 9,81 \cdot 7,1} = 0,0625$$

$$\varepsilon = (1 - 0,11)\,(1 - 0,0625) = 0,832$$

Die Turbine hat daher bei der angegebenen Beaufschlagung von $Q = 3,3$ cbm einen hydraulischen Wirkungsgrad von $\eta_h = 83$ v. H., welcher durch konische Erweiterung des Saugrohres noch etwas erhöht werden kann.

17*

Mithin ergibt sich nach Gleichung 17 (Seite 187) bei Berücksichtigung des Wertes für v_e und des Wurzelausdruckes

$$n = \frac{60 \sqrt{\varepsilon\, g H}}{\gamma\, \pi\, D_s} = \frac{60 \sqrt{0{,}832 \cdot 9{,}81 \cdot 7{,}1}}{0{,}875\, \pi\, 1{,}2} = 140$$

Es ist daher eine vollkommene Übereinstimmung der rechnerischen Ergebnisse mit den tatsächlich durch Bremsung erzielten nachgewiesen.

Hydroelektrische Zentrale der Stadt Beszterczebanya (Ungarn)

ausgeführt von Ganz & Co., Budapest.

Bremsung am 15. März 1906.

Dieses Kraftwerk wurde mit modernen Schnell-läufern versehen. Es wurde eine Zwillingsturbine für folgende Verhältnisse eingebaut

$$Q = 6{,}95 \text{ cbm}, \quad H = 9{,}1 \text{ m}$$

Es sind daher die Bestimmungsgrößen e i n e s Laufrades gegeben durch

$$Q = 3{,}475 \text{ cbm}, \quad H = 9{,}1 \text{ m}$$

Der Berechnung wurde ein Schnelläufer mit folgenden Bestimmungsgrößen zugrunde gelegt:

$D_1 = 900$, $D_s = 1200$, $B = 335$, $\alpha = 35^0$, $\beta = 60^0$.

Die größte zulässige Saugrohrgeschwindigkeit ergibt sich unter Zugrundelegung einer Wassermenge

$$Q_1 = \frac{4}{3} Q = 4{,}63 \text{ cbm} \quad \text{zu} \quad c_{s_1} = \frac{4{,}63}{1{,}13} = 4{,}1 \text{ m}$$

mithin ist der Austrittsverlust

$$l_1 = \frac{16{,}8}{2} \frac{}{9{,}81 \cdot 9{,}1} = 0{,}095 \text{ m}$$

Der hydraulische Wirkungsgrad ε bestimmt sich aus

$$\varepsilon_1 = (1 - 0,11)\ (1 - 0,095) = 0,807$$

Es ergibt sich daher der für die maximale Wassermenge Q_1 erforderliche Leitradaustrittswinkel nach Gleichung 30a (Seite 138) zu

$$\operatorname{tg}\, a_1 = \frac{K_1\, v_e}{\sqrt{H}} \quad \ldots \quad \ldots \quad 30\,\text{a.}$$

Die Konstante K_1 bestimmt sich, da nach den erwähnten Angaben

$$\gamma = \frac{9}{12} \quad \mu = \frac{335}{900} = \frac{67}{180} \quad \varepsilon_1 = 0,807$$

$$\psi = 0,98 \quad \varDelta_1 = 0,095 \quad \text{und} \quad \varrho = 0,95$$

gesetzt werden muß, zu

$$K_1 = \frac{0,1127 \cdot 0,99 \cdot 0,308 \cdot 144 \quad 180}{81 \cdot 67 \cdot 0,807 \cdot 0,95} = 0,22$$

Mithin wird unter Berücksichtigung des Wertes für v_e

$$\operatorname{tg}\, \alpha_1 = \frac{0,22 \cdot 9,9}{\sqrt{9,1}} = 0,716$$

daraus folgt $\alpha = 35^0\,40'$.

Auch hier zeigt sich wieder, bei Berücksichtigung, daß der Wert von $Q_1 = \frac{4}{3} Q$ ja nicht absolut genau eingehalten zu werden braucht, eine gute Übereinstimmung.

Bei normalem Wasserverbrauch von $Q = 3,475$ cbm ist auch die Saugrohrgeschwindigkeit entsprechend kleiner, man findet

$$c_s = \frac{3,475}{1,13} = 3,08$$

und daraus $\varDelta = 0,053$.

Mithin wird weiter unter Berücksichtigung des angegebenen Wertes für λ

$$\varepsilon = 0,84$$

Der beim normalen Betrieb vorhandene Leitrad-austrittswinkel bestimmt sich aus der angegebenen Gleichung 31, indem in die Konstante K die neuen Werte für $\mathit{\Delta}$ und ε eingeführt werden. Unter diesen Voraussetzungen wird $K = 0,157$ und daher

$$\operatorname{tg} \alpha = \frac{0,157 \cdot 9,9}{\sqrt{9,1}} = 0,513$$

daher $\underline{\alpha = 27^0}$

Da der Laufradeintrittswinkel mit $\beta = 60^0$ fest-gelegt wurde, ergibt sich daher nach Gleichung 17 (Seite 117) die Drehzahl

$$n = \frac{60\sqrt{0,84 \cdot 9,81 \cdot 9,1 \left[1 + \dfrac{0,513}{1,732}\right]}}{0,75 \, \pi \cdot 1,2} = 210$$

Bei der offiziellen Bremsung wurde die günstigste Drehzahl ebenfalls mit $n = 210$ festgestellt, wobei sich noch der beachtens-werte effektive Wirkungsgrad von $\eta = 0,79$ ergab.

Die Übereinstimmung ist, wie ersichtlich, eine recht befriedigende, und auch durch weitere Brems-proben (Vgl. Anm. [2]) Seite 257) nachgewiesen.

Wie aus dem ganzen Rechnungsgang vorher-geht, wurde die tatsächlich vorhandene Saugrohr-erweiterung nicht in Berücksichtigung gezogen. Da es dessenungeachtet möglich war, eine befriedigende Übereinstimmung der Rechnungsgrundlagen mit den durch Bremsung ermittelten Ergebnissen zu er-zielen, so ist dies nur möglich, wenn die erstere eine für praktische Zwecke im allgemeinen vernachlässig-bare Winkel- bzw. Drehzahländerung zur Folge hat.

L. Abbildungen ausgeführter Schaufelmodelle.

Die schon öfters erwähnte Tatsache, daß die projektivische Darstellung der Schaufelfläche in keiner Weise sichere Anhaltspunkte über den tatsächlichen Verlauf der Schaufelfläche im Raume ermöglicht, ist aus der bildlichen Wiedergabe einiger Schaufelmodelle, welche nach den mitgeteilten Schaufelplänen hergestellt wurden, zu ersehen. Das Auge des Ingenieurs, welcher gewohnt ist, mit der zeichnerischen Darstellung eines Gegenstandes eine unmittelbare räumliche Vorstellung zu verbinden, wird unwillkürlich verleitet, diesen Vorgang auch bei der Beurteilung eines Schaufelplanes anzuwenden, wobei es nun unmöglich ist, die durch das Umklappen der auf der räumlichen Schaufelfläche liegenden Punkte in die Bildebene (radiale Projektion) entstehenden Verzerrungen das Schaufelaufrisses in entsprechende Berücksichtigung zu ziehen.

Es wird daher, wie wohl jedem Schaufelkonstrukteur aus eigener Erfahrung bekannt, immer einer eingehenden Prüfung bedürfen, um die Formen des ausgeführten Schaufelmodelles aus der eigenen Konstruktionszeichnung wieder zu erkennen.

An der k. k. techn. Hochschule in Brünn wurde nun, dank dem freundlichen Entgegenkommen des dortigen Professors für Maschinenbau, Herrn Alfred Musil, dem Verfasser die Möglichkeit gegeben,

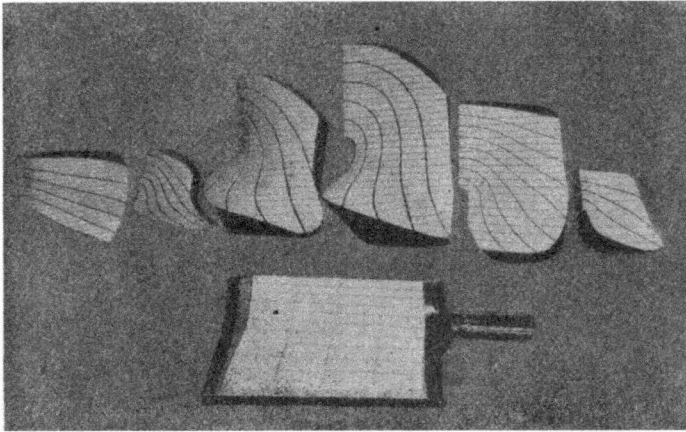

Fig. 41. Schaufelgruppe der Modellensammlung für Turbinenbau a. d. k. k. techn. Hochschule in Brünn.

nach dem geschilderten Verfahren Schaufelmodelle anfertigen zu lassen, welche in photographischer Wiedergabe hier eingefügt sind.

Um eine möglichst genaue Übereinstimmung der durch die Projektion bestimmten Schaufelfläche mit jener des Modelles zu erzielen, wurde dünnes Zinkblech nach den im Grundriß der einzelnen Schaufelzeichnungen ersichtlichten Schichtenlinien ausgeschnitten und die einzelnen Blechstücke entsprechend der Entfernung der horizontalen Schnitt-

ebenen durch eingesetzte Holzbrettchen unverrück-
bar fixiert.

Die entstehenden Zwischenräume wurden mit
Gips ausgegossen und auf der dadurch entstehenden

Fig. 42, ABC. Schnelläufer mit großem Wasserverbrauch.
(Eintrittskante als Raumkurve.)

stetigen Schaufelfläche die Wasserlinien mit schwarzer Farbe eingetragen. In den beigedruckten Figuren sind sowohl die die Schichtenlinien charakterisierenden Blechkanten als auch die auf dem

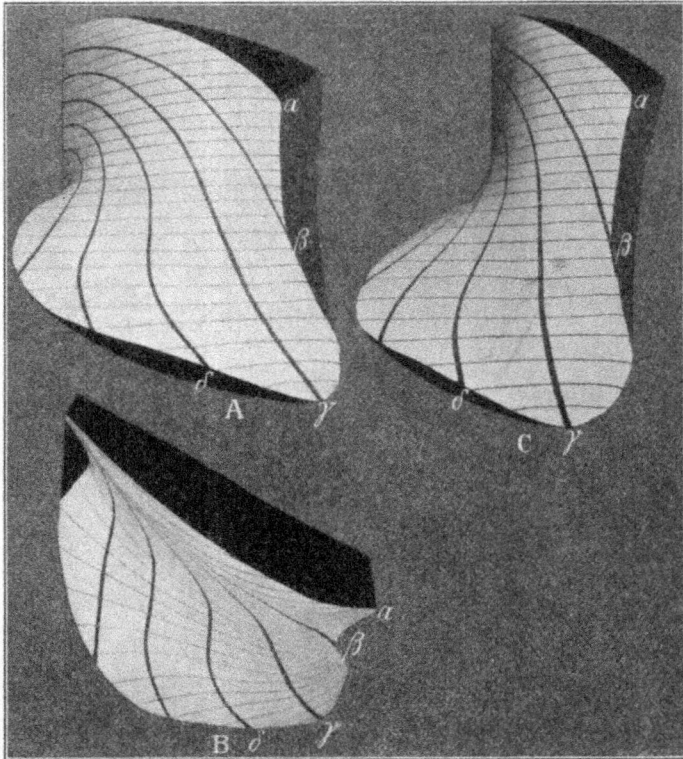

Fig. 43, ABC. Schnelläufer mit großem Wasserverbrauch.
(Eintrittskante als Gerade.)

Modelle in stärkerer schwarzer Farbe ausgezogenen
Wasserlinien erkenntlich.

Fig. 41 stellt eine Gruppe[1]) von Schaufelmodellen vor, von welchen die bemerkenswertesten eingehender besprochen werden sollen.

[1]) Der größte Teil der hier dargestellten Schaufelmodelle wurde vom
Assistenten der hiesigen technischen Hochschule, Herrn Ing. Carl Rochel,
mit größter Genauigkeit und Sorgfalt ausgeführt, weshalb ihm noch an dieser Stelle der besondere Dank des Verfassers ausgesprochen werden möge.

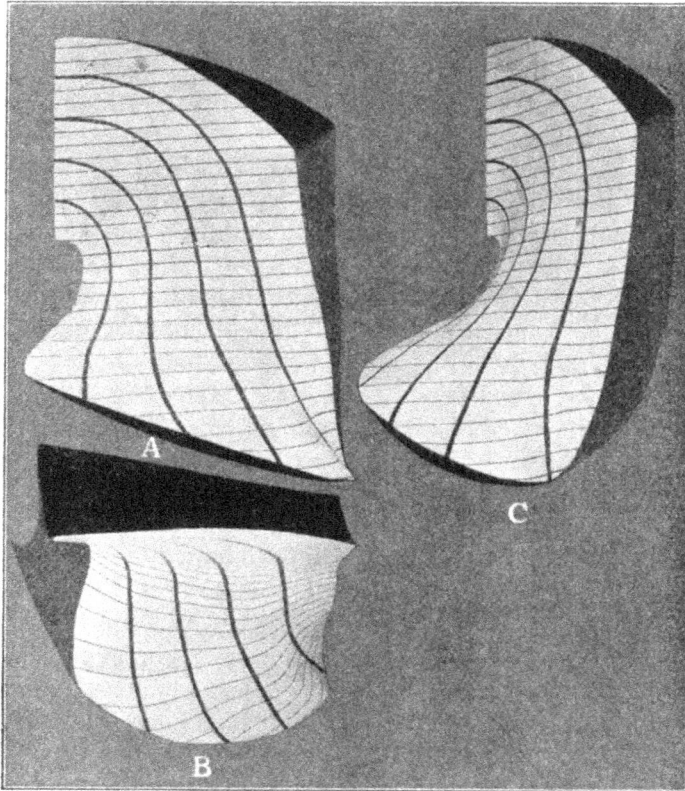

Fig. 44, ABC. Normalläufer mit großem Wasserverbrauch.

Die Figuren 42 und 43 geben Schaufelflächen von Schnelläufern wieder, wie dieselben durch Benützung des Grundrisses der Fig. 23 II (Tafel V) bzw. 24 II (Seite 169) erhalten wurden. Dabei entsprechen sowohl hier als auch in der Folge die mit „A" bezeichneten Abbildungen einer angenäherten vertikalen Projektion, die mit „B" bezeichneten einem angenäherten Grundriß, wogegen die mit „C" bezeichneten Abbildungen die Schaufelfläche von der Austrittskante aus gesehen vorstellen (angenäherter Kreuzriß).

Vor allem ist ohne weiteres zu ersehen, daß zwischen einer tatsächlichen „vertikalen Projektion" und dem „Aufriß" des Schaufelplanes eine unübersehbare Verschiedenheit herrscht, welche eben in der erwähnten radialen Projektion begründet ist. Die Ausbildung der Schaufeleintrittskante als Raumkurve und der dadurch ermöglichte sanfte Verlauf der Schaufelfläche kommt in den Abbildungen 42 *B* und *C* zum klaren Ausdruck. Ebenso ist leicht einzusehen, daß eine Verdrehung der Punkte γ und δ (Fig. 42 *A*) nach rückwärts, wie selbe bei der Ausbildung einer ebenen Austrittskante vorgenommen werden müßte, unabweislich zu sackartigen Vertiefungen der Schaufelfläche führen muß, weil ja in diesem Sonderfall behufs Aufrechterhaltung des geforderten Austrittswinkels die Einschaltung einer doppelt gekrümmten Flußlinie nicht zu umgehen ist. In welcher Weise aber dadurch die räumliche Krümmung der Schaufelfläche leidet, kann aus Fig. 53 Seite 296 entnommen werden.

Die im Grundriß bei β (Fig. 42 *B* und 43 *B*) vorhandene Einbiegung der Austrittskante und deren Bedeutung wurde schon auf Seite 179 Erwähnung getan. Hier sei noch bemerkt, daß dieselbe eine notwendige Folge des bei β vorhandenen großen Austrittswinkels und eine bei stark veränderlichen Austrittswinkeln nicht zu umgehende Bedingung des stetigen Verlaufes der Schaufelfläche vorstellt; daß dieselbe aber keinesfalls den stetigen und sanft gekrümmten Verlauf der Austrittskante im Raume beeinträchtigt, ist ebenfalls aus den Abbildungen zu entnehmen.

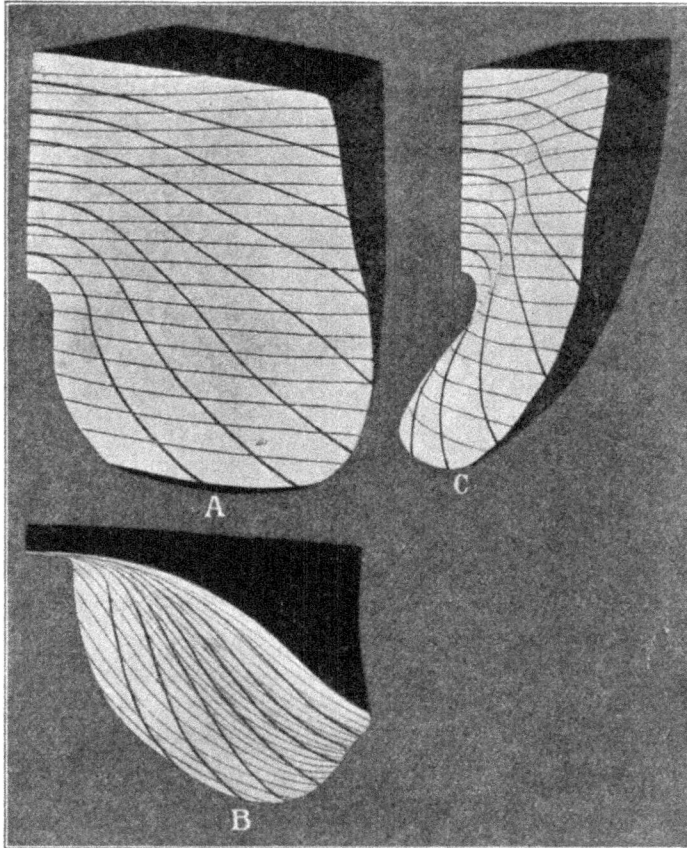

Fig. 45, ABC. Normalläufer mit kleinem Wasserverbrauch.

Die Fig. 44 *A*, *B* und *C* zeigen die in gleichen Lagen aufgenommenen Bilder eines Normalläufers mit großem Wasserverbrauch, wie sich derselbe nach dem Schaufelplane Fig. 29 I, II, III (Seite 200) darstellt.[1])

[1]) Der größeren Deutlichkeit halber wurden im Modelle nur fünf Fluß-linien eingezeichnet.

In seinem ganzen Aufbaue zeigt dieser große Ähnlichkeit mit dem Schnelläufer. Die sonst bei β (Fig. 42 B) auftretende Einbiegung der Austrittskante konnte hier wegen der geringeren Änderung der Austrittswinkel entfallen.

In den Figuren 45 A, B und C wurde die Schaufelfläche eines Normalläufers mit kleinem Wasserverbrauch zur Darstellung gebracht, wie diese aus dem Grundriß der Fig. 56, II (Tafel VII) gewonnen wurde.[1]) Die nicht unerhebliche Veränderung, welche die Schaufelfläche gegenüber den bisher besprochenen erlitten hat, ist größenteils auf die Einschnürung der äußeren Laufradbegrenzung ($D_s <$ D_1) zurückzuführen.

Noch auffallender ist die Veränderung der Schaufelfläche eines Langsamläufers, wie dieselbe durch die Figuren 46 A, B und C zur Darstellung gebracht wurde. Diese entspricht in ihrem Aufbaue dem Schaufelplane Fig. 39 II. Aus den Abbildungen ist zu entnehmen, daß in diesem Sonderfall die Ausbildung der Austrittskante die geringsten Schwierigkeiten bereitet und daß es hier ohne besondere Gefährdung der Stetigkeit der Schaufelfläche noch möglich wäre, die erstere als ebene Kurve auszubilden.

Erlaubt auch Grund und Aufriß des Schaufelplanes nicht, auf die räumliche Gestaltung der Schaufelfläche sichere Schlüsse zu ziehen, so bietet, wie gezeigt, hiezu das Winkelbild ein einfaches Mittel. Die beigedruckten Lichtbilder lassen deutlich den stetigen Verlauf der Schaufelfläche erkennen.

Der in der Abhandlung eingehaltene Vorgang, wissenschaftliche Ergebnisse mit den Bedürfnissen

---

[1]) Die Schaufelfläche wurde in diesem Falle mit Hilfe des Abbildes Vgl. Seite 284 u f.) entwickelt.

der Praxis in Einklang zu bringen, zeigt auffallend die großen Schwierigkeiten, welche mit der Ermittlung rationeller Schaufelformen verknüpft sind. Setzt schon, wie Prof. Escher[1]) richtig bemerkt, das Aufzeichnen von gewöhnlichen Francisturbinenlaufrädern

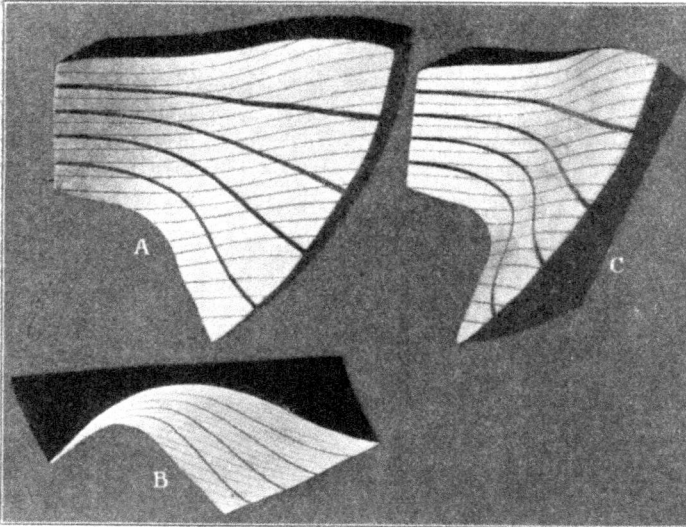

Fig. 46, ABC. Langsamläufer mit kleinem Wasserverbrauch.

eine gewisse technische und wissenschaftliche Schulung voraus, so ist dies noch in erhöhtem Maße bei Ermittlung des Schaufelplanes für Schnelläufer der Fall, wo der verwickelte Aufbau der Schaufelfläche sowohl an die wissenschaftliche Erkenntnis, als auch an die Raumvorstellung des Turbinen-Ingenieurs die höchsten Anforderungen stellt. Es ist daher begründet, die

[1] Schw. Bauztg. 1903, Heft 3 u. 4.

Ermittlung des Schaufelplanes, von dessen rationeller Ausgestaltung ja die Wirtschaftlichkeit der ganzen Anlage abhängig ist, einem nicht nur praktisch sondern auch wissenschaftlich gebildeten Turbineningenieur anzuvertrauen.[1])

---

[1]) Daß die praktische Erfahrung — und diese ist ja bei amerikanischen Turbinenbauern hauptsächlich maßgebend — zum Baue von Turbinenschaufeln allein nicht ausreicht, wird durch die von Prof. Pfarr veröffentlichten Bremsergebnisse einer New American Turbine (Z. d. V. d. Ing., Jahrgang 1902, (S. 845) sowie durch den Umstand, daß die bekannte Turbinenfirma Voith in Heidenheim im Jahre 1903 Turbinen für rund 8000 PS nach Amerika ablieferte, bestätigt (vgl. Z. d. V. d. Ing., Jahrgang 1903, S. 845).

M. Verschiedene in der Praxis gebräuchliche Schaufelkonstruktionen.

I. Bestimmung der Schaufelfläche aus den Projektionen der Flußlinien (Speidel und Wagenbach.)

Dieses Verfahren stellt die erste Lösung des Schaufelproblemes vor, welches eine weitgehende praktische Anwendung gefunden hat, ja man kann sagen, daß die Entwicklung des Francisturbinenbaues am europäischen Kontinent durch diese Veröffentlichung[1]) seinen Ausgangspunkt nahm. Es ist daher schon aus diesem Grunde eine nähere Besprechung desselben erforderlich. Prof. Budau (k. k. techn. Hochschule in Wien) gibt in klarer und übersichtlicher Weise den dabei einzuhaltenden Vorgang in seinen „Konstruktionsskizzen für den Bau der Wasserkraftmaschinen" an, welcher auch gegenüber der erwähnten Veröffentlichung einige Vereinfachungen aufweist. Es sei hier den Ausführungen Prof. Budaus gefolgt.

---

[1]) Speidel und Wagenbach: „Francisturbinenschaufelung". Z. d. V. d. Ing., Jahrg. 1899, S. 581.

Vorgang bei der Aufzeichnung.

Gegeben ist: der Laufraddurchmesser D_1, die Eintrittsbreite b_1, der Saugrohrdurchmesser D_s, der die Austrittsgeschwindigkeit c_2 bestimmt und daher mit dem Austrittsverlust in engem Zusammenhange steht. Es ist nämlich $Q = F_s \cdot c_s = \varphi \cdot c_2$, worin Q die Wassermenge, F_s die freie Querschnittsfläche des Saugrohres, c_s die Saugrohrgeschwindigkeit und φ einen Faktor bedeutet, der zwischen 0,8 und 0,9 angenommen werden kann. Meist wird $\dfrac{c_2^{\,2}}{2\,g} = 0{\cdot}03$ — 0,06 Hm als Austrittsverlust angenommen. Hm bedeutet das Motorgefälle. Außerdem sind noch bekannt: die Schaufelzahl z des Laufrades, somit deren Teilung $t = \dfrac{D_1\,\pi}{z}$, das Eintrittsgeschwindigkeitsdreieck, mithin auch die Eintrittswinkel δ_1 und β_1, ferner c_1, v_1, n. (c_1 absolute Eintrittsgeschwindigkeit, v_1 Umfangsgeschwindigkeit, n Tourenzahl.) Man kann somit die Erzeugenden AC und BD (Fig. 47, Taf. VI) der beiden Rotationsflächen, welche den Innenraum des Laufrades abgrenzen, in der Zeichnung annehmen (AB = Eintrittsbreite b_1), wobei natürlich die Abmessungen D_1 und D_s einzuhalten sind. Im Anschlusse daran ist es möglich, den Axialschnitt des Laufrades durch Annahme der Wandstärken und Einzeichnen der Nabe zu vervollständigen, so daß noch die Schaufelung zu ergänzen übrig bleibt. Man nimmt nun CD an. Diese Kurve, welche zweckdienlich als Parabel mit dem Scheitel in D gewählt wird und tunlichst so anzunehmen ist, daß sie AC und BD unter rechtem Winkel schneidet, stellt die Erzeugende der „mittleren Austrittsfläche" vor. Nun teilt man CD in eine Anzahl gleicher Teile, zum

Kaplan, Schaufellformen.

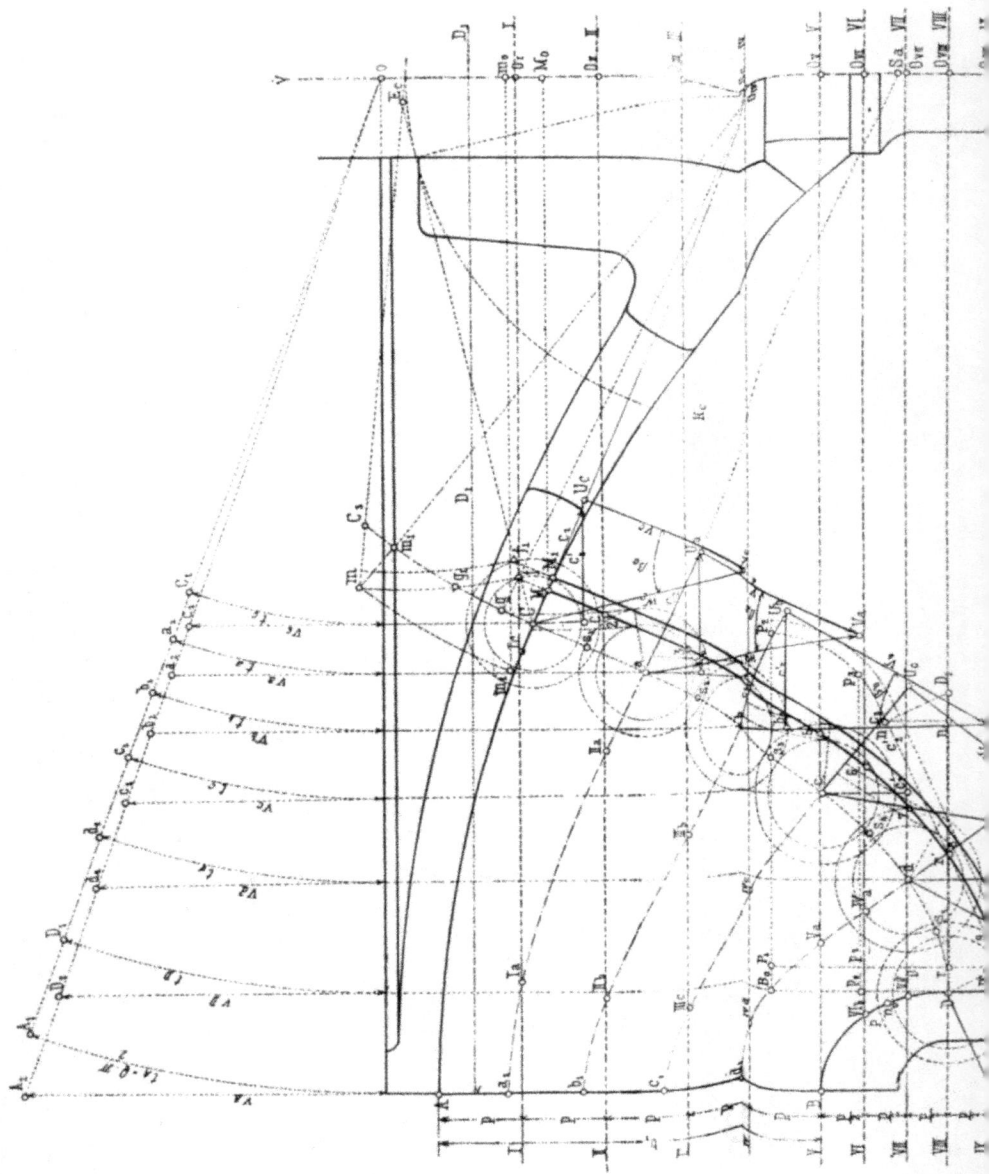

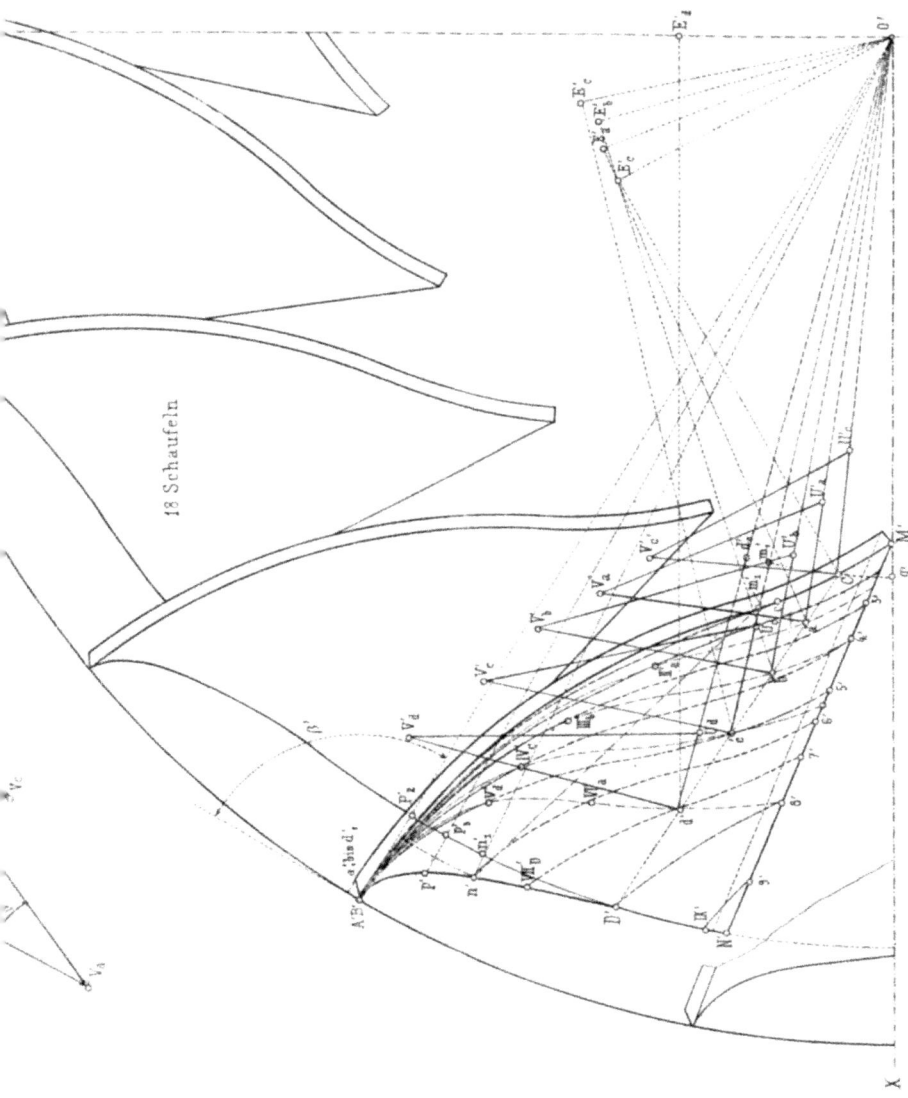

18 Schaufeln

Fig. 47. Schaufelplan eines Normalläufers mit kleinem Wasserverbrauch, dargestellt nach der Methode Speidel und Wagenbach.

Druck und Verlag von R. Oldenbourg. München u. Berlin.

Beispiel fünf. Die Schwerpunkte der dadurch entstehenden Bogen $\overset{\frown}{Ca}$, $\overset{\frown}{ab}$, $\overset{\frown}{bc}$, $\overset{\frown}{cd}$, $\overset{\frown}{dD}$ können ohne großen Fehler in der Mitte derselben, d. h. in s_1, s_2, s_3, s_4, s_5 angenommen werden. Sind nun r_1, r_2, r_3, r_4, r_5 die normalen Abstände der Halbierungspunkte s_1 bis s_5 von der Achse y, y', so ist nach der Guldinschen Regel die Austrittsfläche $F_3 = 2 \pi \ / b_2 \ (r_1 + r_2$

$+ r_3 + r_4 + r_5)$, wobei dann $\varDelta \ b_2 = \dfrac{b_2}{5}$ und $b_2 = \overset{\frown}{CD}$

ist. Bildet man nun $c_2 = \dfrac{Q}{F_3}$, so soll $c_3 = c_s$ sein. Weicht c_3 erheblich davon ab, so ist die Kurve $C D$ entsprechend zu verschieben, bis die obige Bedingung erfüllt wird. (Hiebei soll daran erinnert werden, daß die absolute Austrittsgeschwindigkeit c_2 normal zur Umfangsgeschwindigkeit oder so angenommen wird, daß das Austrittsdreieck in allen Punkten gleichschenklig ist und c_2 als Basis hat. Immer wird jedoch c_2 über den ganzen Querschnitt konstant vorausgesetzt). Nun teile man $A B$ in die gleiche Zahl von Teilen, in welche man $C D$ geteilt hat, in unserem Falle in fünf Teile. Diese Teile sollen jedoch nicht untereinander gleich sein, sondern ist für dieselben die Bedingung maßgebend: $x_1 : x_2 : x_3 : x_4 : x_5 = r_1 : r_2 : r_3$ $: r_4 : r_5$ und $x_1 + x_2 + x_3 + x_4 + x_5 = b_1$.

Hiebei ist $x_1 = A \ a_1$, $x_2 = a_1 \ b_1$, $x_3 = b_1 \ c_1$, $x_4 = c_1 \ d_1$, $x_5 = d_1 \ B$. Nun zieht man die Kurven $a_1 \ a$, $b_1 \ b$, $c_1 \ c$, $d_1 \ d$ so, daß sie $\overline{A B}$ und $\overset{\frown}{CD}$ tunlichst rechtwinkelig schneiden. Diese Kurve, welche Flußlinien genannt werden, sind als Erzeugende von Rotationsflächen zu betrachten, durch welche die Turbine in mehrere (hier fünf) Teilturbinen zerlegt wird. Diese Turbinen verarbeiten dann die Wassermengen: $Q_1 \cdot 2 \pi \ r_1 \ \varDelta \ b_2 \cdot c_3$, $Q_2 = 2 \pi \ r_2 \ \varDelta \ b_2 \cdot c_3$,

18*

$Q_3 \cdot 2\,\pi\,r_3\,\varDelta\,b_2 \cdot c_3,\ \ Q_4 = 2\,\pi\,r_4\,l\,b_2 \cdot c_3,\ \ Q_5 \cdot 2\,\pi$
$r_5\,\varDelta\,b_2 \cdot c_3$, woraus sich auch die Begründung für die
Teilung der Eintrittsbreite in fünf ungleiche Teile
ergibt, die sich wie die Austrittsradien verhalten. Die
Wassermengen stehen nämlich in dem gleichen Verhältnisse, da die Eintrittsverhältnisse über die ganze
Eintrittsbreite konstant sind. Allerdings ist hiebei
die Verengung des Austrittsquerschnittes durch die
Schaufel nur mit einem Mittelwert $\dfrac{a_2}{a_2 + s_2} = \varphi$ berücksichtigt.

Für die Konstruktion der Schaufel sind folgende
Gesichtspunkte von Bedeutung: Die Endelemente
der Schaufelflächen zweier aufeinanderfolgender Lauf-
radschaufeln sollen parallel, d. h. mit gleichbleibenden
Normalabständen verlaufen und eine solche Richtung
besitzen, daß die früher erwähnten Bedingungen in
Betreff der Größe und Richtung von c_2 eingehalten
werden. Man legt nun, um die Erfüllung dieser
Forderung zu ermöglichen, in den Punkten C, a, b,
c, d, D Tangenten an die Flußlinien. Diese sind als
Erzeugende einer Schar von Normalkegeln zu be-
trachten, deren Spitzen in der Achse $y\,y'$ liegen.
Man soll nun der Forderung Genüge leisten, daß die
Endelemente der Schaufeln von diesen Kegeln nach
Evolventen geschnitten werden, weil dann die erste
der obigen Bedingungen infolge der geometrischen
Eigenschaften dieser Kurven befriedigt und Kon-
traktion der Wasserstrahlen vermieden wird. Der
Vorgang ist folgender: Will man z. B. die Konstruk-
tion für den Kegel $C\,S_c$ durchführen, so zeichne
man die Abrollung des Berührungskreises, wobei die
Teilungen t für sämtliche Kreise C, a, b, ... D durch
eine über dem Laufrade ersichtliche Hilfskonstruktion

ermittelt werden können. $C\,C_3$ ist ein Bogen des abgerollten Berührungskreises und hat die Länge t_c. Man ziehe nun $\overline{V_c\,U_c}$, mache $\overline{C_c\,U_c} = c_2$, $\overline{V_c\,U_c} = v_c$, wobei $v_c = 2\,R_c\,\pi \cdot \dfrac{n}{60}$ oder $v_c = \dfrac{v_1 \cdot 2\,R_c}{D_1}$. $\varDelta\,C\,V_c$ U_c ist dann das um die Gerade $S_c\,.\,C$ in die Zeichenebene gedrehte Geschwindigkeitsdreieck für das in der Entfernung R_c von der Achse austretende Wasser, worin $C\,V_c$ der Größe und Richtung der relativen Austrittsgeschwindigkeit w_{2c} angibt. Nun zieht man $C\,E_c$ senkrecht zu $C_c\,U_c$ und hierauf tangierend den Kreis K_c, der seinen Mittelpunkt in S_c hat. Er ist der gesuchte Grundkreis der Evolventen für C, und diese haben dann die Eigenschaft, daß die Tangente der durch C hindurch gelegten Evolvente in C mit $\overline{C\,V_c}$ zusammenstimmt. Dadurch ist auch die zweite Bedingung guten Austrittes erfüllt.

Es ist ferner $\measuredangle\,\beta_c = \measuredangle\,C\,\overset{\curvearrowleft}{V_c}\,U_c$; $a_c = t_c\,\sin$ $\beta_c - s_2$; (s_2 Schaufeldicke am Austritt, meistens 6—10 mm). Da $\sin\beta_2 = \dfrac{c_2}{w_c}$, läßt sich a_c leicht rechnerisch oder graphisch bestimmen. Die Radien der um C beschriebenen kleinen Kreise sind $C\,f = \dfrac{a_c}{2}$, $C\,f_1 = \dfrac{a_c}{2} + s_2$. Ferner wird $C_3\,E_c$ als Tangente an den Kreis K gezogen. E_c kann nun als Mittelpunkt eines Kreises angesehen werden, der die auf f gehende Evolvente annähernd ersetzt (Radius $E_c\,f$). Ebenso ersetzt der durch f_1 gehende Kreisbogen mit dem Radius $E_c\,f_1$ die zweite der den Schaufelschnitt begrenzenden Evolventen. Die Evolventen reichen bis zum Schnitt mit $m\,E_c$. Die Punkte M und M_1 werden gefunden, indem man $S_c f = S_c M$, $S_c f = S_c M_1$ (beide Punkte auf $S_c C$) macht.

So wie vorstehend für den ersten Punkt C verfahren, verfährt man mit den übrigen Punkten a bis d. (Aufrollen der Kegel, Aufsuchen des Evolventengrundkreises). Im Punkte D tritt an Stelle des Kegels eine Zylinderfläche, die Evolventen werden Gerade. $D D_1 = t_D$; $\left(t_D = \dfrac{2 R_D \pi}{z_1} \right)$. Endpunkt der Geraden ist n ($D_1 n \perp q n$). Sonst ist der Vorgang der gleiche, wie bei den Kegeln. Dadurch bekommt man also N und N_1 analog wie früher M und M_1, nur gehen die Kreisbogen in horizontale Gerade über. Nachdem $M M_1$, $N N_1$ und die dazwischenliegenden Punkte bestimmt sind, verbindet man die zusammengehörigen Punkte und erhält die Kurven $M N$ und $M_1 N_1$. Diese sind als Erzeugende von Rotationsflächen zu betrachten, auf welchen die beiden Austrittskanten der Schaufel zu liegen kommen. Es wird ausdrücklich erwähnt, daß $M N$ und $M_1 N_1$ nicht mit den Kanten selbst identisch sind. Bevor der Grundriß zu zeichnen begonnen wird, ist an der äußeren Begrenzungsfläche der Schaufeln (Punkt D) folgende, später zu verwendende Hilfskonstruktion auszuführen. Man mache $\overparen{D B} = \overline{D B_0}$, ziehe $\overline{B_0 P_2}$ senkrecht $\overline{D B_0}$ und zeichne einen Kreisbogen $\overparen{n P_2}$, der $q n$ in n tangiert und $B_0 P_2$ unter dem $\sphericalangle \beta_1$ (hier 90^0 angenommen) schneidet. Dadurch bekommt man den Punkt P_2.

Der Grundriß der Schaufel wird in folgender Weise gefunden. M' wird auf $O' x$ so aufgetragen, daß $O' M'$ gleich dem Abstande $M M_0$ (Aufriß) ist. Durch M' geht nun die Projektion der betreffenden

Evolvente ($f\,m$). Dem Punkte g der Abrollung entspricht C' und dieser Punkt wird in folgender Weise gefunden: $\overline{O'\,g'} = O\,C_1$, $g'\,C' = g\,g_1$ gemacht, ergibt C'. m' ist der Endpunkt der Evolvente. Man macht $g'\,m_1' = g\,m_1$, zieht $O'\,m_1'$ und macht $O'\,m'$ $= m_0\,m_2$. Von m' führt man eine möglichst kurze, aber nicht allzu stark gekrümmte Kurve gegen den Umfangskreis vom Durchmesser D_1, so daß dieser unter β_1 von der Kurve geschnitten wird; dadurch ist die Schaufelform im wesentlichen festgelegt. Punkt A' stellt die Projektion der senkrechten Schaufelkante $A\,B$ vor ($A'\,B'$).

Die Punkte $p'\,n\,N'$ ergeben sich nun aus der früher angeführten Hilfskonstruktion.

$N'\,P_2' = P_1\,P_2$, wobei $O'\,P_2' = O'\,D' = O\,D_1$; ferner ist n' Endpunkt der Geraden, welche in der Abrollung $q\,n$ entspricht, und wird gefunden, indem man $D\,n_0 \quad n_1\,n$ macht. $O'\,n'$ wird gleich dem senkrechten Abstand des Punktes n_0 von $Y\,Y_1$ gemacht. Ferner ist $N'\,n_1' \quad r\,n_1$ zu machen. Auf gleiche Weise ist $D\,p = D\,p_0$, $N'\,p_2' = p_2\,p_3$, und der senkrechte Abstand des Punktes p von $Y\,Y'$ gibt dann $O'\,p'$ auf dem durch p_3' gezogenen Strahle. — Man überzeugt sich leicht, daß die Projektion der Evolvente, die Kurve $M'\,C'\,m'$ mit großer Annäherung durch eine Evolvente ersetzt wird, deren Grundkreis in folgender Weise gefunden wird: $C'\,U_c'$ ist der horizontalen Komponente von c_2 gleich zu machen. Wie diese aus c_2 für die einzelnen Punkte bestimmt wird, ist aus dem Aufriß zu ersehen. $C'\,V_c' = v_c$. $C'\,V_c'\,U_c'$ stellt dann die Horizontalprojektion des Eintrittsdreieckes für C' vor. Nun macht man $E_c'\,C'$ senkrecht auf $C\,V_c'$, fällt von O' die Normale auf $E_c'\,C'$ und hat in $O'\,E_c'$ den Radius des Grundkreises

der Evolvente, welche aber wieder durch einen Kreis
mit dem Halbmesser E_c' C' ersetzt wird. — Die
Punkte a' b' c' d' liegen auf der Verbindungsgeraden
C' D' so, daß o' $a' = o$ a_1 usw. ist.

Sie könnten auch durch Wiederholung der für C''
angegebenen Konstruktion gefunden werden. Ebenso
liegen alle Evolventenendpunkte auf m' n'. Die
Projektionen der durch die Punkte a' bis d' gehen-
den Evolventen werden wieder mit Zuhilfenahme der
Horizontalprojektion des Austrittsdreieckes durch
Evolventen bzw. Kreise ersetzt, die bis zum Schnitt
mit der strichpunktierten Geraden zu führen sind.
Von hier ab bis A' B' sind die Kurven nach dem
Gefühle zu verzeichnen, derart, daß sich eine regelmäßige Krümmung der Schaufelfläche ergibt. Man
betrachtet nämlich die Kurven A' M' a_1' a' usw.
als die Grundrißprojektionen der Schnittkurven der
Schaufelfläche (in unserem Fall der o b e r e n Schaufelfläche) mit Rotationsflächen, deren Erzeugende die
Flußlinien, also die Kurven A M, a_1 a usw. B N
sind. Natürlich könnte ein ähnliches Verfahren auch
auf die an M_1 N_1 sich anschließende untere Schaufelfläche Anwendung finden und ist bei kleinen Reak-
tionsgraden, also Rückschaufelung mit in der Mitte
stärkeren Schaufeln, auch auszuführen.

Um nun die räumlich in der Zeichnung festgelegte Schaufelform der Herstellung durch den
Modelltischler zugänglich zu machen, nimmt man im
Aufriß die Spuren I bis IX an, die horizontale Ebenen
darstellen und bestimmt die Schritte derselben mit
der Schaufelfläche (in der Zeichnung wieder nur die
obere Fläche berücksichtigt). Das geschieht mit Berücksichtigung des Umstandes, daß die Schnitte mit
den Flußlinien A' C', a' a_1' b' b_1', c' c_1', d' d_1', B' D' auf

Kreisen liegen müssen, die um O' mit Halbmessern beschrieben werden, welche aus dem Aufriß entnommen werden können, so z. B. bestimmt sich VI_d' dadurch, daß VI_d O_{VI} die Entfernung angibt, in welcher sich VI_d im Grundriß von O' befinden muß. Es ergibt sich daher dieser Punkt als Schnitt eines um O' mit VI_d O_{VI} als Halbmesser beschriebenen Kreises mit der Kurve d' d_1', die durch Verbindung der zusammengehörigen Punkte entstehenden Kurven finden dann zur Herstellung des sog. Schaufelklotzes in der Modelltischlerei Verwendung.

Der Hauptnachteil des angegebenen Verfahrens liegt in der Notwendigkeit, aus dem Verlaufe der Horizontalprojektion der Flußlinien auf ihre Krümmung im Raume schließen zu müssen. Sich dabei aber lediglich auf das „Gefühl" zu verlassen, macht schon bei Normalläufern die Ausbildung einer auch räumlich möglichst sanft gekrümmten Schaufelfläche fast unmöglich. Noch ungünstiger werden die Verhältnisse natürlich bei Schnell- und Langsamläufern, wo, wie gezeigt, die Beurteilung der Krümmung aus den Projektionen nicht einmal mehr eine rohe Schätzung genannt werden kann.

Der in den Werkstätten vielfach gebräuchliche Vorgang, die auftretenden scharfen Schaufelkrümmungen durch nachträgliches Behobeln des Modelles auszugleichen, ist mit dem Verzichte auf die mühsam berechneten Winkelverhältnisse und einer willkürlichen Wahl derselben gleichbedeutend.

Es ist daher begreiflich, daß bei der wachsenden Verbreitung der Schnelläufer, dessen Schaufelfläche einen ungleich verwickelteren Aufbau zeigt, Mittel und Wege gesucht werden mußten, um die Unsicherheit in der Formgebung der Schaufelfläche zu vermeiden.

Durch den von Ing. Baashuus eingeführten Begriff der Niveauflächen[1]) wurden auch der Bestimmung der Laufradaustrittswinkel feste Grenzen gezogen und die Schluckfähigkeit des Laufrades innerhalb der für praktische Zwecke genügenden Genauigkeit festgelegt. Prof. Escher war wohl der erste, der auf die Vorteile einer räumlich gekrümmten Austrittskante hinwies und nach diesen Grundsätzen ein Laufrad entwarf.[2]) Im übrigen behielt jedoch sowohl Baashuus als auch Escher den von Speidel und Wagenbach angegebenen Vorgang der Bestimmung der Flußlinien und Schaufelschnitte bei.

II. Bestimmung der Schaufelfläche mit Hilfe von Kegelschnitten (Gelpke).

Das von Ing. Gelpke angegebene Verfahren,[3]) welches hier in seinem Wesen angegeben werden soll, stützt sich auf den auch vom Verfasser benützten Begriff der Niveauflächen, doch zieht Gelpke im allgemeinen die rechnerische Ermittlung der Austrittsverhältnisse einer zeichnerischen Behandlung vor. Zur Festlegung von Schaufelkrümmungen legt Gelpke Kegelflächen, deren Spitzen sich in der Laufradaxe befinden (z. B K_δ Fig. 35, Seite 220). Breitet man dieselbe (z. B. K_δ) in die Bildebene aus, so lassen sich sanft verlaufende Kurven derart einzeichnen, daß diese, auf eine entsprechend gestimmte Schablone übertragen, ein Maß zur Beurteilung der Krümmung

[1]) Z. d. V. d. Ing., Jahrg. 1901, Seite 1602.
[2]) Schweiz. Bauztg. 1903, Heft 3 und 4.
[3]) Turbinen- und Turbinenanlagen von Ing. V. Gelpke 1906, Verlag von J. Springer in Berlin.

der Schaufelfläche auf der in Betracht gezogenenen räumlichen Kegelfläche ergeben. Das geschilderte Verfahren ist für mehrere Punkte der Ein- und Austrittskante zu wiederholen.

Dabei ist jedoch zu beachten, daß die infolge der geneigten Lage der Kegelflächen in bezug auf die Laufradaxe auftretenden Winkelverzerrungen in der Abwicklung berücksichtigt werden müssen.[1])

Das hier geschilderte Verfahren stellt insofern eine Annäherung an den in diesem Buche ausführlich wiedergegebenen Vorgang vor, als die Beurteilung der Schaufelkrümmungen aus den Projektionen der Flußlinien endgiltig verlassen, und an dessen Stelle durch Kegelschnitte die Krümmungs- und Winkelverhältnisse der Schaufel beurteilt werden. Dabei ist jedoch zu berücksichtigen, daß die tatsächlichen Wasserbahnen im allgemeinen nicht auf Kegelflächen liegen, weshalb das angegebene Verfahren keinen Aufschluß über die räumliche Krümmung der Flußlinien, sowie auch jener der Schaufelflächen in bezug auf die letzteren geben kann.

Aus diesen Gründen sieht auch Gelpke von einer räumlichen Krümmung der Austrittskante ab und legt diese entweder in eine Radialebene, oder in einer zu dieser geneigten Vertikalebene, wodurch jedoch die rationelle Ausbildung der Schaufelfläche insbesondere bei hohen Schnelläufern gefährdet erscheint. (Vgl. demgegenüber die räumliche Krümmung der Austrittskante der mit relativ gutem Nutzeffekt arbeitenden Francisoberschnelläufer von Briegleb Hansen in Gotha, Seite 317, Fig. 64.)

---

[1]) Vgl. Gelpke, Seite 83.

III. Bestimmung der Schaufelfläche mit Hilfe des Abbildes (Kaplan).

Während das von G e l p k e angegebene Verfahren sich begnügt, Form und Krümmung der Schaufelfläche durch Schnitte von Kegelflächen festzulegen, wird dieselbe nach einem vom Verfasser angegebenen Verfahren durch Ausbreitung einer beliebig großen Schar von Kegelflächen erhalten, in welche die Flußlinien eingezeichnet und hernach in dem Raume übertragen werden.

Da dieses Verfahren in der Praxis Anwendung gefunden und sich innerhalb der später festzulegenden Grenzen gut bewährt hat, so soll dasselbe näher erörtert werden, wobei hier im wesentlichen der in der Z. f. d. ges. Turbw. (Jahrg. 1905, Heft 8 u. 9) angegebene Vorgang wiedergegeben werden soll.

Denkt man sich die einzelnen Wasserfäden $a\alpha$, $b\beta$, $c\gamma$ ... (Fig. 35, Seite 220) um die geometrische Achse der Schaufel rotierend, so ist klar, daß die Wasserfäden im Raume auf diesen entstehenden Rotationsflächen (Flußflächen) liegen müssen. Wenn es daher gelingt, die letzteren in eine Ebene auszubreiten, so können die Wasserfäden dann im ausgebreiteten Zustand mit möglichst sanfter Krümmung eingetragen und durch Zusammenklappen des Rotationskörpers wieder in ihre räumliche Lage gebracht werden.

Dieser Vorgang läßt sich mit beliebiger Genauigkeit wie folgt durchführen:

Ist beispielsweise die Kurve abc (Fig. 48) die Erzeugende der durch Drehung um zz entstehenden Rotationsfläche, so lassen sich beliebig viele Tangentialkegel an dieselbe legen.

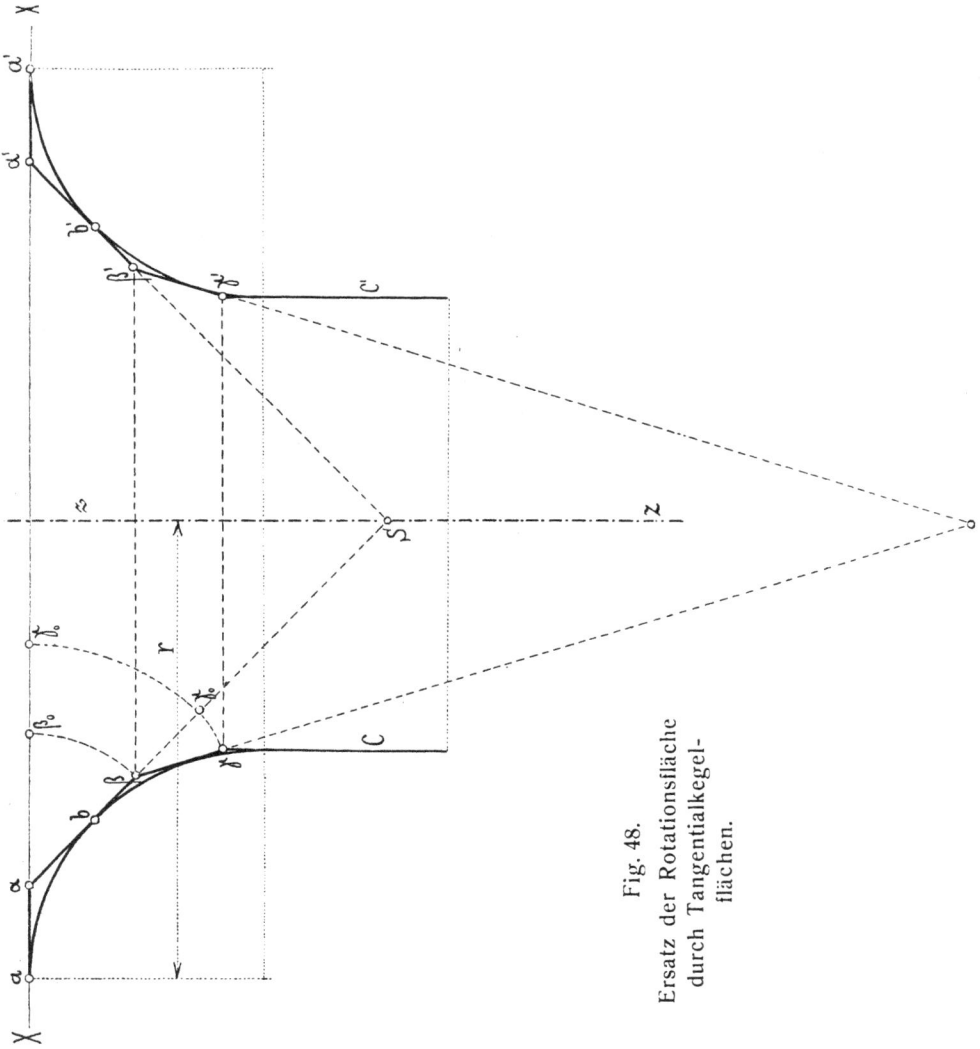

Fig. 48.
Ersatz der Rotationsfläche
durch Tangentialkegel-
flächen.

Jeder Tangentialkegel ist abwickelbar und die entstehende Abwicklungsfläche wird bei unendlicher Kegelzahl sich nur um unendlich wenig höherer Ordnung von der abgewickelten Rotationsfläche unterscheiden. Um die Wasserfäden in ihrer richtigen Lage zeichnen zu können, ist es notwendig, alle Kegel in ihrer Abwicklung richtig zusammengesetzt in der Zeichenebene auszubreiten. Das geschieht am einfachsten dadurch, daß man sich die Kegel längs der Erzeugenden $\alpha' \beta' \gamma'$ usw. aufgeschnitten und in die an $a\alpha$, $\alpha\beta$, $\beta\gamma$ . . . befindlichen Tangentialebenen der Kegel ausgebreitet denkt. Dreht man nun alle Tangentialebenen in die Ebene XX (senkrecht zur Zeichenebene) hinein, so wird sich im Grundriß obiger Vorgang durch Fig. 49 darstellen lassen.

Bei der in Fig. 48 gewählten Erzeugenden geht der erste Tangentialkegel in eine Kreisfläche vom Radius r über. Der zweite Tangentialkegel, dessen Spitze in S (Fig. 48) liegt, wird im ausgebreiteten Zustand nach dem früher Erwähnten um das Stück $a\alpha = a_0\alpha_0$ verschoben, in Fig. 49 eingezeichnet. Der Punkt β und mit ihm der durch diesen gezeichnete Parallelkreis wird sich in der Abwicklung (Fig. 49) als ein um das Stück $\alpha\beta = \alpha_0\beta_0$ verschobener zum vorigen Kreise konzentrischer Kreis darstellen. Dieses angegebene Verfahren kann nun beliebig oft wiederholt werden.

Dabei ist jetzt ersichtlich, daß bei endlicher Kegelzahl die einzelnen abgewickelten Kegelmäntel, bei der hier gewählten Form der Erzeugenden des Rotationskörpers, sich stellenweise überdecken (in Fig. 49 durch Schraffierung angedeutet).

Nun ist aber leicht einzusehen, daß diese Überdeckungen um so geringer werden, je größer die

Anzahl der Tangentialkegel gewählt wird. In dem gleichen Maße wird sich aber dann auch die Länge des in Fig. 48 gezeichneten Polygonalzuges $a\alpha\beta\gamma\ldots$ der Erzeugenden $abc\ldots$ nähern, so daß schließlich bei unendlich großer Tangentialkegelzahl nicht nur

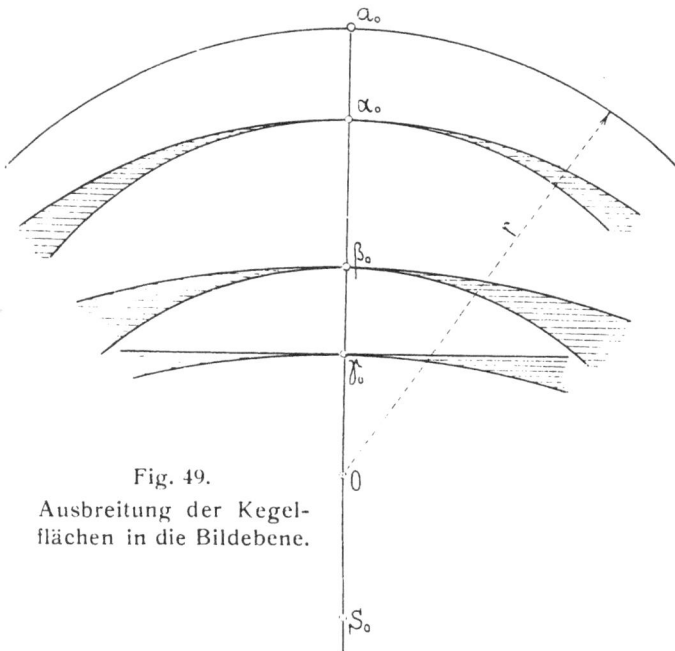

Fig. 49.
Ausbreitung der Kegel-
flächen in die Bildebene.

die einzelnen Überdeckungen unendlich klein werden, sondern sich auch der Poygonalzug nur um unendlich wenig von der Erzeugenden unterscheiden wird.

Nichts hindert nun, eine unendlich große Tangentialkegelschar tatsächlich vorauszusetzen und die dazu gehörigen Kegelmäntel in der oben geschilderten Weise in die Bildebene ausgebreitet zu denken.

Zeichnet man sich dann auf diesen ausgebreiteten
Kegeln den Verlauf der Wasserfäden, und zwar so,
daß diese bei möglichster Stetigkeit die sanfteste
Krümmung aufweisen, so kann durch punktweises
Zurückführen derselben im Raum die günstigste
Krümmung der räumlichen Wasserfäden und mithin
jene der Schaufel ermittelt werden.

Dabei ist aber stillschweigend vorausgesetzt, daß
die erste Krümmung der Wasserlinien in der abgewickelten Lage (dafür sei von nun an kurzweg der
Ausdruck „Abbild" gesetzt) auch bei der Zurückführung im Raume erhalten bleibt. Dies ist aber im
allgemeinen, wie sich auch analytisch zeigen läßt,
nicht der Fall. Die Änderung der ersten Krümmung
ist aber sehr gering und wird verschwindend klein,
wenn das Abbild im Verhältnis zum Durchmesser
der Tangentialkegel klein ist, wie dies ja auch bei
Francisturbinen tatsächlich der Fall ist.

Ferner darf nicht übersehen werden, daß selbst
bei unendlich kleiner Überdeckung der einzelnen
Kegelflächen eine unendliche Summe derselben eine
endliche Größe vorstellt, um welchen Betrag dann
der im Abbilde gezeichnete Wasserfaden gegenüber
dem räumlichen verkürzt erscheint. Diese Verkürzungen nehmen in dem Maße zu, als man sich von
der unverkürzt gegebenen Erzeugenden $a_0 b_0 c_0 \ldots$
nach rechts oder links entfernt. Genaue Messungen
der Länge des Wasserfadens im Abbild mit jener im
Raume an ausgeführten Modellen ergaben aber, daß,
besonders bei Laufrädern mit $D_s < D_1$, diese Unterschiede verschwindend klein sind, was im Hinblick
auf die schon erwähnte relative Kleinheit der Abbilder im Verhältnis zum Laufraddurchmesser erklärlich erscheint.

Wie Fig. 35 erkennen läßt, liegen die einzelnen Wasserfäden im Raume tatsächlich auch auf solchen Rotations-(Fluß-)flächen, welche durch die Meridiane $a\alpha$, $b\beta$, $c\gamma$ ... $i\mu$ (in die Bildebene geklappte Wasserfäden) bestimmt sind, weshalb auch hier die Konstruktion des Abbildes in der oben erläuterten Weise möglich ist.

Denkt man sich daher das angegebene Verfahren etwa für die Flußfläche $a\alpha$ durchgeführt, so würde

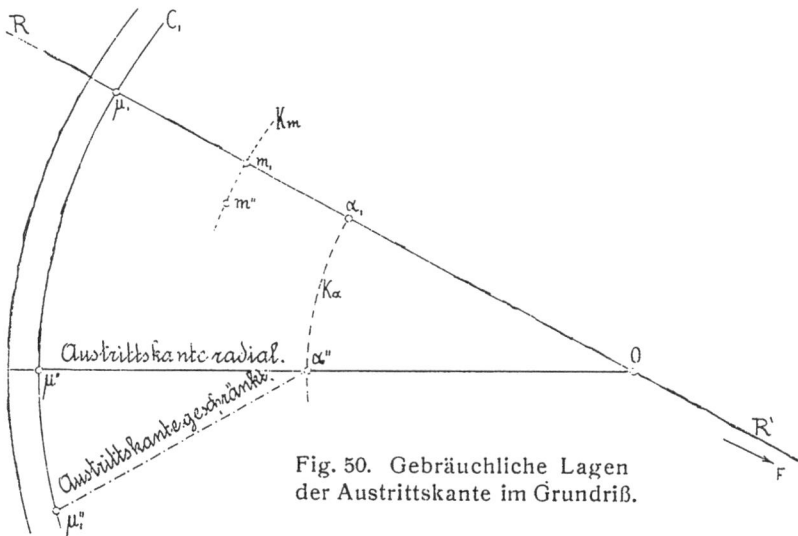

Fig. 50. Gebräuchliche Lagen der Austrittskante im Grundriß.

das Abbild des Wasserfadens $am\alpha$ (Fig. 35) in die Ebene aP und jenes der Flußfläche $b\beta$ in die Ebene bQ zu liegen kommen.

Es erscheint nun vorteilhaft, die einzelnen Ebenen aP, bQ, cT ... so aufeinander zu legen, daß sich die in dieselben hineingedrehten Meridiane $a\alpha$, $b\beta$, $c\gamma$ ... decken und ihre Endpunkte abc... zusammen-

fallen. Wie später gezeigt wird, ist es so auf einfache Weise möglich, einen Schluß auf die Formgebung und Lage der Austrittskante im Grundriß zu
ziehen.

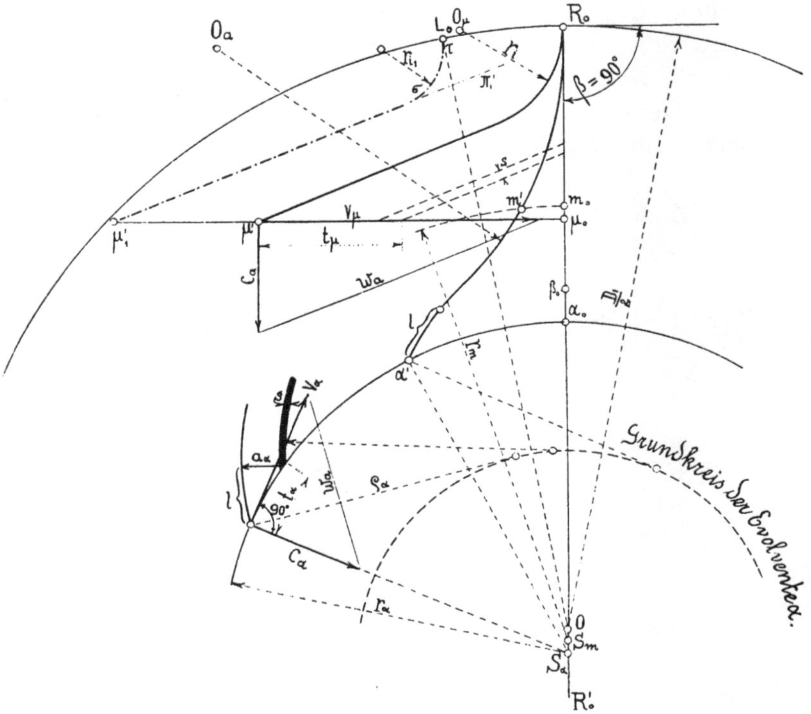

Fig. 51. Entwurf des Abbildes.

Legt man daher im Grundriß durch die Eintrittskante und durch die Achse des Laufrades eine Vertikalebene RR_1 (in Hinkunft kurz Richtebene genannt) (Fig. 50) und denkt sich alle Tangentialkegel
längs den sich in OF projizierenden Erzeugenden
aufgeschnitten und die aufgerollten Kegelmäntel in

besprochenen Weise in die Zeichenebene gelegt, so müssen im Abbild die in der Ebene OR liegenden Meridiane $a\alpha$, $b\beta$ ... bis $i\mu$ (Fig. 35) von einem beliebigen Punkte R_0 (Fig. 51) rektifiziert aufgetragen werden.

Es ist also aus Fig. 35 und 51 $R_0\alpha_0 = \overset{\frown}{a\alpha}$; $R_0\beta_0 = \overset{\frown}{\beta b}$ usw.

Zieht man sich den Tangentialkegel in α (Fig. 35) und beschreibt in Fig. 51 mit $r_a = (\alpha S_\alpha)$ durch α_0 aus S_α einen Kreisbogen, so muß in diesem die Austrittskante liegen und außerdem der Wasserfaden aus bekannten Gründen nach einer bestimmten Evolvente gekrümmt sein.

Aus der Zeichnung (Fig. 51) ist ferner ersichtlich, wie durch Auftragen des dem Punkte α entsprechenden v_α und c_α der Grundkreis der Evolvente gefunden wird.

Um die zeitraubende Berechnung der Werte für v und t zu vermeiden, ist eine graphische Bestimmung derselben von Vorteil, welche aus Fig. 52 wohl ohne weitere Erklärung verständlich ist.

Zweckentsprechend erscheint es, sich die Evolvente vorderhand an einer beliebigen freien Stelle zu verzeichnen und durch Auftragen der Teilung die symmetrische Evolvente der Nachbarschaufel sowie deren Schaufelstärke aufzuzeichnen, um sich über die erforderliche Länge (l) derselben im klaren zu sein.

Der Einfachheit halber werde für die weitere Formgebung des Abbildes eine Kurve konstanter Krümmung, also ein Kreisbogen, gewählt. Sein Halbmesser ist aber, einen stetigen Anschluß an die Evolvente vorausgesetzt, keineswegs mehr beliebig groß zu machen, sondern seine richtigste Größe und Lage am einfachsten durch Probieren am Zeichentisch festzulegen und zwar derart, daß sich das als Fortsetzung desselben notwendige Evolventenstück von der Länge l durch einen stetigen Übergang an den Kreisbogen anschmiegt.

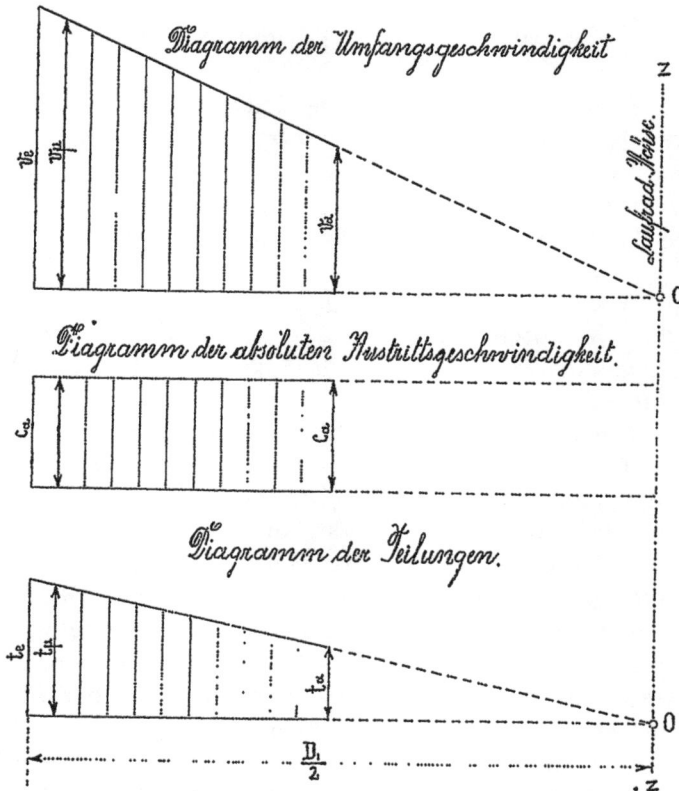

Fig. 52.

Wird, was hier vorerst vorausgesetzt sein soll, der Laufradwinkel $\beta = 90^0$ gewählt, so muß der eingeschaltete Kreisbogen außerdem noch den abgewickelten Meridian bzw. die Richtebene $R_0\,\alpha_0$ tangieren.

Ist nun auf diese Weise der innerste Wasserfaden $R_0\,a'$ in befriedigender Weise festgelegt, so muß nun daran geschritten werden, den weiteren Verlauf der Austrittskante im Grundriß zu bestimmen.

Fast ausschließlich wird derzeit die Austrittskante entweder als in einer durch die Laufradachse oder zu ihr parallelen Ebene liegend angenommen. Sie projiziert sich daher im Grundriß als eine radiale oder eine um die Turbinenachse geschränkte Gerade.

Die Benutzung des Abbildes lehrt nun, daß durch diese willkürliche Annahme die Bedingung des stetigen und sanften Verlaufes der Wasserfäden keineswegs erfüllbar ist, wenn nicht auch im Aufriß auf die Lage und Formgebung der Austrittskante Rücksicht genommen wird.

Ist nun die letztere, wie vorerst vorausgesetzt werden soll, im Aufriß als unveränderlich gegeben anzusehen, so können die oben aufgestellten Bedingungen der richtigen Schaufelkrümmung durch Benutzung des Abbildes eingehalten werden. Wird dann noch die Bedingung gestellt, daß die Austrittskante in einer Radialebene liegen soll, sich also im Grundriß als eine radiale Gerade projiziert, so ist nur in den seltensten Fällen eine rationelle Schaufelform möglich.

Um das Gesagte aus dem Abbilde zu erkennen, ist es nur notwendig, den Punkt a' (Fig. 51) in den Grundriß zurückzuklappen, was durch Abwickeln des Bogens $a_0\,a'$ auf den zugehörigen Basiskreis des Kegels K_a (Fig. 35 und 50) geschieht.

Die erhaltene radiale Gerade $a''\,a''\,0$ gibt in a'' den Endpunkt der Horizontalprojektion des Wasserfadens $i\,u$ an. Wird daher umgekehrt das Bogenstück $a''\,a_1$ auf den zugehörigen Zylindermantel C_1 im Ab-

bilde aufgewickelt, also $u_1 u'' = u_0 u'$ gemacht (Fig. 50
und 51), so stellt u' das Ende der äußeren Schaufelbegrenzung dar. Konstruiert man sich wie früher aus
v_μ und c_a die Richtung des Wasserfadens im Abbilde.
so geht die Evolvente aus bekannten Gründen in die
Gerade über.

Hat man sich wie früher die erforderliche Länge
derselben bestimmt und den Übergang in die Eintrittskante durch einen Kreisbogen festgelegt, so kann
daran geschritten werden, auch die Zwischenwasser-
fäden im Abbilde festzulegen.

Man wird aber bald finden, daß sich unter der
gemachten Voraussetzung einer radialen Austrittskante ein allseits befriedigender Verlauf der Wasserfäden nicht erzielen läßt.

Außerdem führt diese Konstruktion zu der unan-
genehmen Tatsache, daß wegen des nach außen hin
abnehmenden Schaufelwinkels bei möglichst sanft und
stetig verlaufenden Kurven ein Schneiden derselben
im Abbilde notwendig erscheint, was nebst Unklarheiten
in zeichnerischer Hinsicht eine Wölbung der Schaufel
gegen die Richtebene $R R'$ hin erfordert.

Diesem Übelstande kann nun teilweise dadurch
begegnet werden, daß die Austrittskante schräg angenommen wird. (In Fig. 50 strichpunktiert angedeutet
und mit $a'' u_1''$ bezeichnet). Dadurch rückt aber im
Abbild der Punkt u' nach u_1'. In den meisten Fällen
ist aber die aus früheren Gründen erörterte Schrägstellung der Austrittskante so bedeutend, daß es nicht
möglich erscheint, nach Eintragung der richtigen
Längen und Winkelverhältnisse der Graden u_1' x_1'
einen entsprechenden rechtwinkligen Anschluß an R_0
durch einen Kreisbogen zu ermöglichen.

Allerdings könnte auch die Austrittskante im Aufriß geändert werden, und es ist leicht einzusehen, daß durch eine Tieferlegung des Punktes u ein entsprechender Anschluß des äußeren Wasserfadens an die Eintrittskante erzielt werden könnte; doch würde dadurch das Laufrad verhältnismäßig hoch werden, was aus praktischen Gründen unrationell bezeichnet werden muß.

Nichts hindert aber, die jetzt fast ausschließlich in eine Vertikalebene gelegte Schaufeleintrittskante geneigt zu stellen. Der dadurch erzielte Vorteil wird sofort aus dem Abbilde ersichtlich. Die bei vertikal gestellter Eintrittskante im Abbilde in einem Punkte R_0 (Fig. 51) zusammenlaufenden Wasserfäden werden sich bei entsprechender Schrägstellung derselben auf der aus der Kantenneigung bestimmten Strecke $R_0 L_0$ verteilen.

Dadurch erscheint es nun auch ermöglicht, die Gerade $u_1'\ x_1'$ durch einen Übergangsbogen $\sigma\ r$ mit der Eintrittskante stetig zu verbinden, wodurch ein stoßfreier Wassereintritt gesichert erscheint.

In Fig. 53 ist das Abbild einer Turbinenschaufel für 1000 mm Laufraddurchmesser aus dem Aufriß Fig. 56 I (Tafel VII) entwickelt worden, bei welcher aus den besprochenen Gründen die Eintrittskante behufs sanfter Krümmung der Wasserfäden, im Verhältnis 1 : 2 geneigt, angenommen wurde. Der Verlauf des äußersten Wasserfadens $i\,u$, läßt erkennen, daß durch dieses Mittel immerhin noch eine ziemlich befriedigende Krümmung der äußeren Schaufelbegrenzung ermöglicht wird. Die strichliert eingezeichnete Fortsetzung des Wasserfadens $i\,u$ zeigt ferner, daß eine Vertikalstellung der Eintrittskante nur eine höchst unrationelle Krümmung der äußeren Wasserfäden zur Folge hätte.

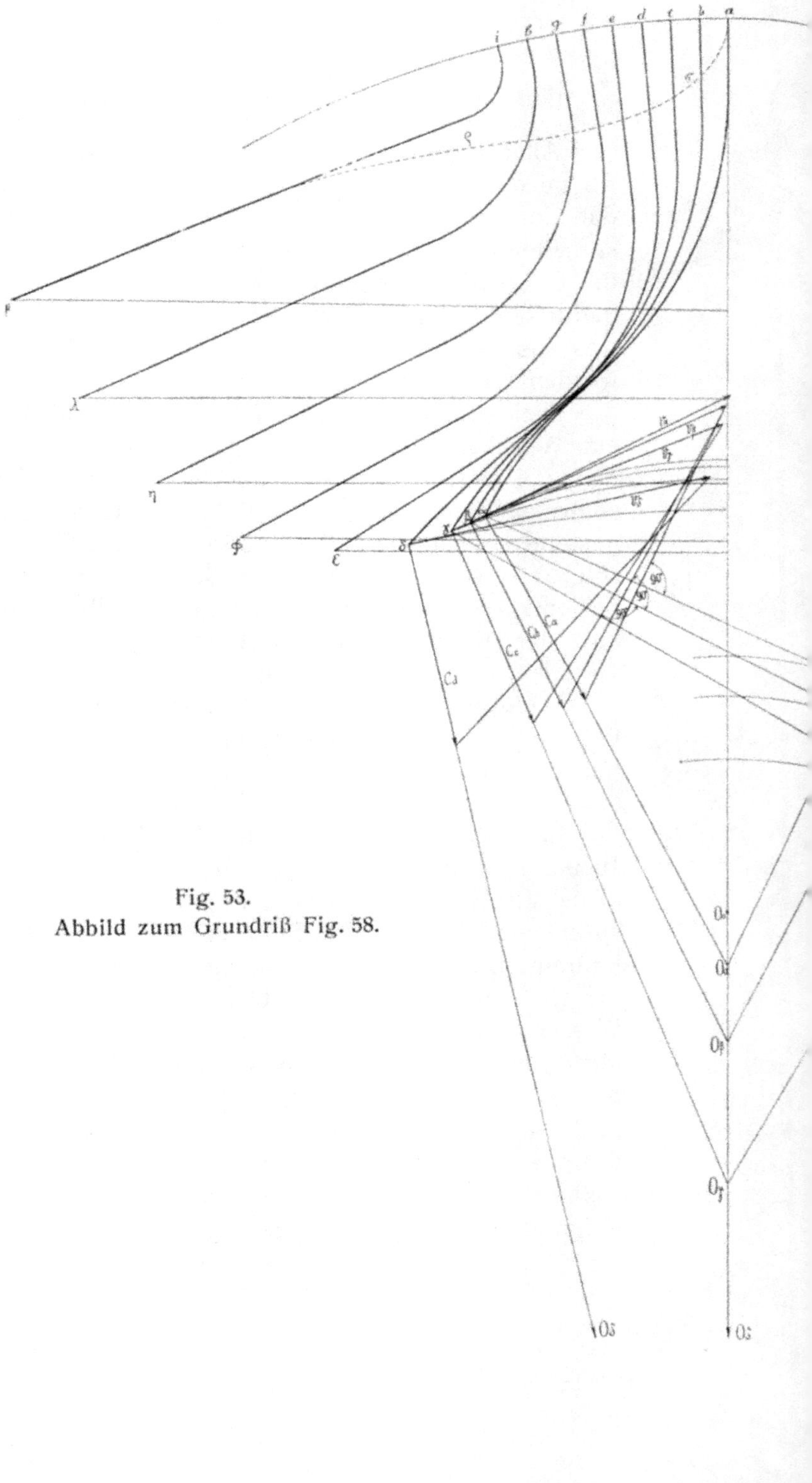

Fig. 53.
Abbild zum Grundriß Fig. 58.

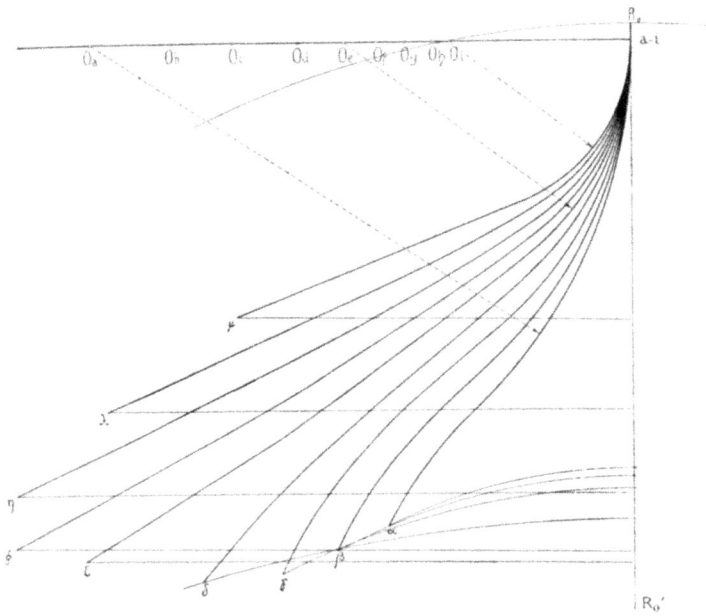

Fig. 54. Abbild zum Grundriß Fig. 56 II (Tafel VII).

Fig. 55. Abbild zum Grundriß Fig. 57.

Um nämlich einen stoßfreien Eintritt des Wassers zu
ermöglichen, müßte die doppelt gekrümmte Kurve $\varrho\,\sigma$
eingeschaltet werden (Fig. 53). Letztere macht aber
nicht nur eine Verengung des Durchflußquerschnittes
möglich, sondern bewirkt auch, daß die Längen der
einzelnen Wasserfäden bedeutend von einander abweichen. Legt man auf die Beibehaltung der ebenen
Austrittskante Wert, so gibt auch das Tieferlegen der
Austrittskante im Aufriß (in Fig. 35 strichpunktiert
eingezeichnet) ein Mittel an die Hand, um eine rationelle Wasserführung zu ermöglichen. Dadurch
rückt auch Punkt u_0 bezw. u' im Abbild (Fig. 51)
tiefer und ein sanfter Übergang an Punkt R_0 erscheint
daher leichter ermöglicht. Immerhin hat dieses Verfahren den schon erwähnten Nachteil zur Folge, daß
das Laufrad übermäßig hoch wird.

Da aber in praktischer Hinsicht kein Grund vorliegt, die Austrittskante als ebene Kurve auszubilden,
sondern durch diese Annahme, wie oben gezeigt, vielmehr eine Einschränkung der rationellen Durchbildung
der Turbinenschaufelung resultiert, so empfiehlt es
sich, davon ganz abzusehen und an deren Stelle eine
räumliche Kurve zu setzen, deren Verlauf sich in
einfacher Weise aus dem Abbilde bestimmen läßt.
Dadurch ist es nun auch ermöglicht, weitere Bedingungen einzuführen, welche einer rationellen Schaufelung dienlich sind.

So kann beispielsweise die Bedingung aufgestellt
werden, daß die Wasserfäden untereinander gleiche
Länge besitzen sollen. Weiter kann verlangt werden,
daß auch die Schichtenlinien eine sanfte Krümmung
aufweisen sollen, wodurch eine Regelmäßigkeit der
Schaufel in zwei verschiedenen Richtungen gewährleistet erscheint.

I.

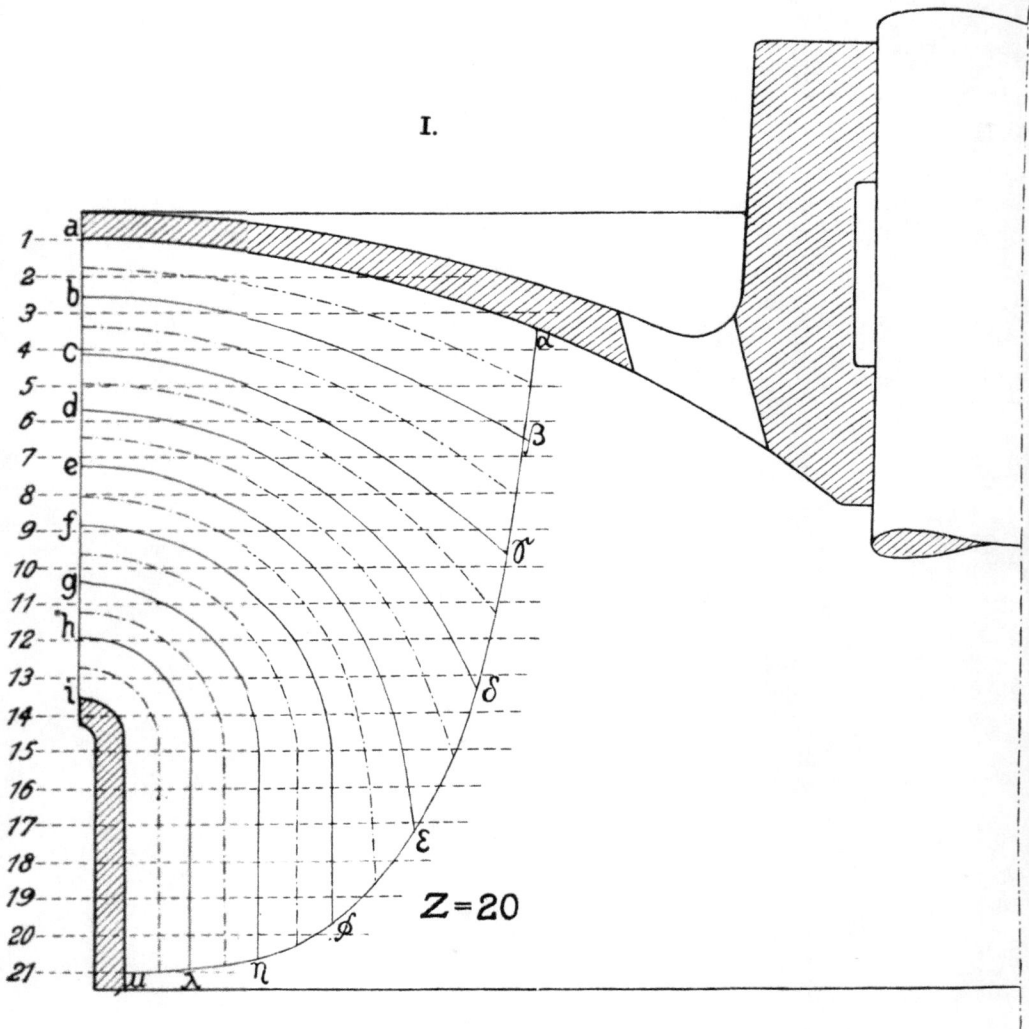

Fig. 56, I u. II. Schaufelfläche eines Normalläufers mit kleinem

Druck und Verlag von

II.

a-i

μ

λ

η

α
4

β
8

γ
12

δ

16

ε
18

20 ϕ

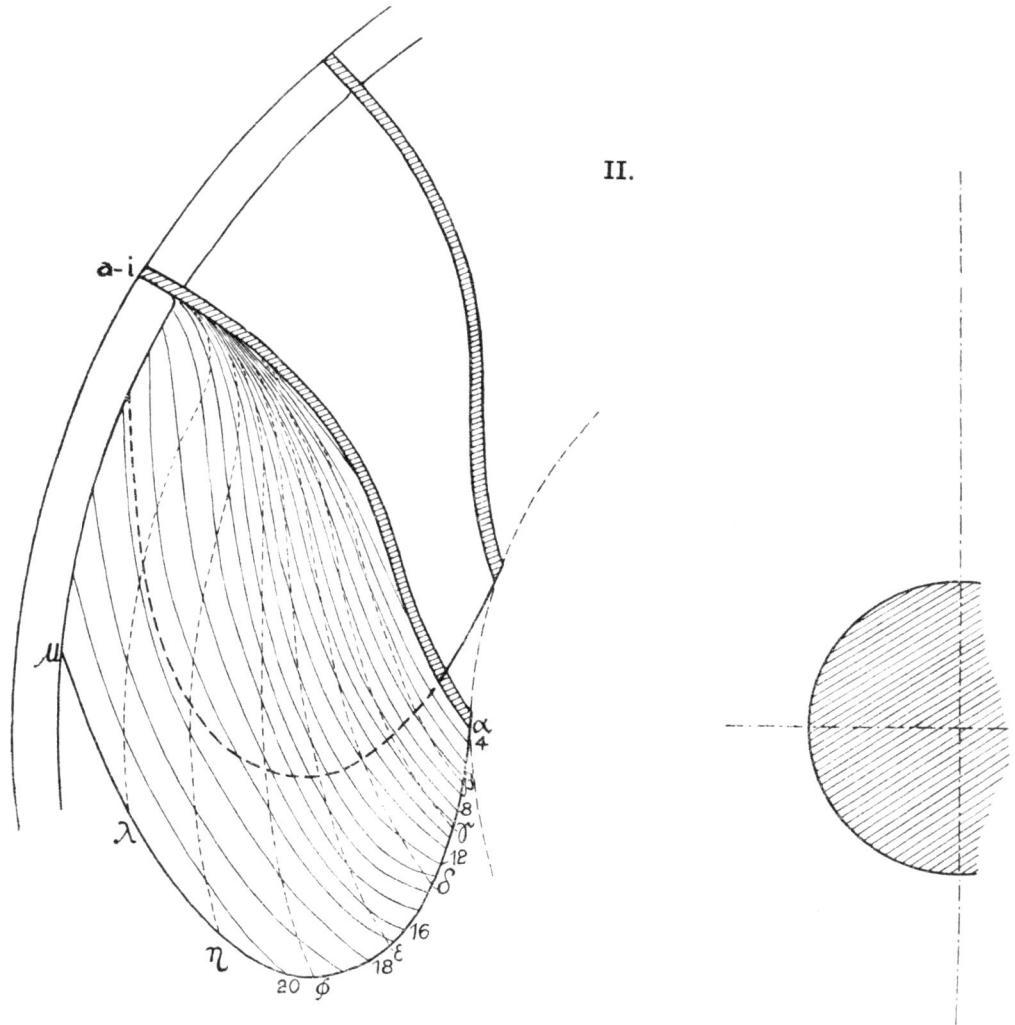

rauch, entworfen mit Hilfe des Abbildes Fig. 54 (Seite 297).

München u. Berlin.

Endlich kann auch verlangt werden, daß die Schaufel bei sanfter Krümmung der Wasserfäden möglichst kurz ausgeführt werden soll.

Unterzieht man vorderhand jene Schaufel einer näheren Betrachtung, bei welcher sowohl ein sanfter Verlauf der Wasserfäden, wie auch der Schichtenlinien stattfinden soll, so wird das letztere offenbar dann eintreten, wenn der Abstand und die Richtung der einzelnen Wasserfäden von einander im Abbild einen regelmäßigen Verlauf zeigen.

Hat man daher die günstigste Krümmung der inneren und äußersten Schaufelbegrenzung im Abbilde festgelegt, so hat man nur die übrigen Wasserfäden so auszuteilen, daß ein stetiger Übergang sowohl der Richtung wie auch der Entfernung nach zwischen den einzelnen eingeschalteten Wasserfäden im Abbilde stattfindet. In Fig. 54 ist das Abbild für eine Turbinenschaufel mit 1000 mm Laufraddurchmesser entsprechend dem Aufriß in Fig. 56 I, Tafel VII, gezeichnet, welches den stetigen Übergang der einzelnen Wasserfäden erkennen läßt. Wie schon eingangs erwähnt, erscheint es vorteilhaft, sich auf einer beliebigen Stelle des abgewickelten Kegels bzw. Zylinderkreises die demselben zugehörige Evolvente bzw. Gerade festzulegen und durch Auftragung der Teilung und Wandstärke die Länge der jeweilig notwendigen Evolvente bzw. Geraden festzulegen.

Fig. 55 läßt ein Abbild erkennen, bei welchem bei sanfter Krümmung der Wasserfäden eine möglichst kurze Schaufel erzielt wird; dasselbe ist gleich dem früheren aus dem Aufriß Fig. 56 I abgeleitet. Dabei ist zu bemerken, daß die dortselbst ersichtliche mehrfache Deckung der Wasserfäden im Abbilde nicht immer auch eine solche im Grundriß hervorruft. Der

Grund dieser Erscheinung liegt darin, daß ja die Wasserfäden auf Kegel verschiedener Größe aufgewickelt werden müssen.

Was nun die Konstruktion einer Schaufel anbelangt, bei welcher die Wasserfäden im Raume untereinander gleiche Länge besitzen, so ist zu bemerken, daß streng genommen dies bei der Abwicklung nicht mehr zutrifft, da die schon eingangs erwähnte Summe aller Überdeckungen eine endliche Größe vorstellt, um welche die räumliche Kurve eben länger ausfällt.

Der Unterschied ist aber relativ so gering, daß er im Hinblick auf die Unsicherheit in der Wahl und Form der die räumlichen Wasserfäden bestimmenden Rotationsflächen (Flußflächen) vernachlässigt werden kann.

Mißt man nun die Längen der im Abbilde Fig. 55 gezeichneten Wasserfäden, so findet man für dieselben verhältnismäßig geringe Längenunterschiede, weshalb auf ein den oben angeführten Bedingungen konstruiertes Abbild verzichtet werden kann.

Die im Abbild erscheinenden Wasserlinien könnten nun ohne weiteres dazu verwendet werden, um durch Übertragung auf eine Schablone und Biegung der letzteren auf den entsprechenden Rotationskörper die Form und Krümmung der Schaufel festzulegen. Des Vergleiches halber mit den bis jetzt gebräuchlichen Darstellungen werde aber davon abgesehen und zu dem bisher üblichen Verfahren gegriffen, nach welchem durch Horizontalschnitte die Schichtenlinien erhalten werden, welch letztere die zur Anfertigung des Schaufelprofils notwendigen Holzbrettchen begrenzen.

In Fig. 35, Seite 220, ist durch $H H'$ eine solche Horizontalebene charakterisiert. Um nun den Schnitt des Wasserfadens $a\,a$ mit der Ebene $H H'$ im Grundriß darzustellen, denkt man sich die letztere als Basisebene jenes Tangentialkegels, der den in die Bildebene zurückgeklappten Wasserfaden $a\,\alpha$ im Punkte m tangiert. Zeichnet man sich daher (beispielsweise für den Punkt m) den Basiskreis im Grundriß (Fig 50, K_m), so braucht im Abbild Fig. 51 nur der den Punkt m tangierende Kegel K_m an der richtigen Stelle ausgebreitet zu werden. Trägt man daher $\overset{\frown}{a\,m}$ (Fig. 35) von R_0 aus auf der Richtebene $R_0\,R_0{}'$ auf (Fig. 51, Punkt m_0) und beschreibt mit der Länge der Erzeugenden des Tangentialkegels K_m, als Halbmesser (r_m) durch m_0 einen Kreisbogen, dessen Mittelpunkt (S_m) in $R_0\,R_0{}'$ liegt, so gibt $\overset{\frown}{m'\,m_0}$ die Entfernung des Punkes m von der Richtebene an. Überträgt man letztere im Grundriß — macht also $\overset{\frown}{m'\,m_0} = m_1\,m''$, so ist Punkt m'' die Horizontalprojektion des Schnittes des Wasserfadens $a\,\alpha$ mit der Ebene $H\,H'$.

Zieht man sich nun in bestimmten Abständen zu $H\,H_1$ Parallelebenen und wendet das geschilderte Verfahren für jeden Schnittpunkt der Wasserlinie mit den Ebenen an, so gibt eine entsprechende Verbindung der einzelnen Schnittpunkte den Verlauf der Niveaulinien im Grundriß an.

Das hier angedeutete Verfahren wurde bei der Konstruktion der Schaufelfläche für eine Francisturbine mit 1000 mm Laufraddurchmesser (Fig. 56, Tafel VII) eingehalten. Dabei wurden zur schnelleren Bestimmung der Schnittpunkte die in die Bildebenen geklappten Wasserfäden $a\,\alpha$, $b\,\beta$ ... mit einer gleichen Teilung versehen, die auch auf die Gerade $R_0\,R_0$ (Fig. 53, 54 und 55) übertragen wurde.

Der Austrittsbogen wurde so gewählt, daß bei einer angenommenen absoluten Austrittsgeschwindig-

keit von 1,16 m (bei der Gefällshöhe $H = 1$ m) eine
Wassermenge von $Q = 800$ Sekundenliter durch das
Laufrad fließt. Ferner wurden bei unverändert ge-
lassener Form der Austrittskante im Aufriß aus den
besprochenen drei Abbildern die entsprechenden
Schaufelgrundrisse bestimmt.

Fig. 56 II (Tafel VII) zeigt nun den dem Abbilde
(Fig. 54) entsprechenden Grundriß. Wie ersichtlich,
zeigen tatsächlich die Schichtenlinien den geforderten
regelmäßigen Verlauf. Die Horizontalprojektion der
Austrittskante, welche durch Zurückführung der im
Abbild Fig. 54) mit $\alpha \beta \gamma \ldots \mu$ bezeichneten Schaufelendpunkte eindeutig bestimmt ist, konnte deshalb auch
keine Gerade mehr sein, um so weniger, als dadurch
auch eine sanfte Krümmung der Wasserfäden im
Raume unmöglich würde. Die Horizontalprojektionen
der letzteren, welche durch die strichlierten Linien
angedeutet sind, werden zur Bestimmung des Grundrisses nicht benötigt und wurden nur zur vergleichen-
den Übersicht eingezeichnet.

Fig. 57 zeigt den Grundriß einer Schaufel, bei
welcher, entsprechend dem Abbilde Fig. 55, die Wasserwege möglichst kurz gehalten wurden.

Ein Vergleich der beiden Grundrisse läßt sofort
erkennen, daß die Krümmung der Niveaulinien bei
dem letzteren keinesfalls die gleichen Regelmäßigkeiten
aufweist, als jene, bei welchen dieselbe als Forderung
bei der Konstruktion des Abbildes aufgestellt wurde.
Außerdem wird die Schaufel nach oben hin sehr steil,
dementsprechend aber kurz, wie es die Bedingung
verlangt.

Von Interesse ist der Verlauf der strichliert eingezeichneten Wasserfäden. Dieser gibt zugleich auch
den deutlichsten Beweis, daß aus den Horizontal-

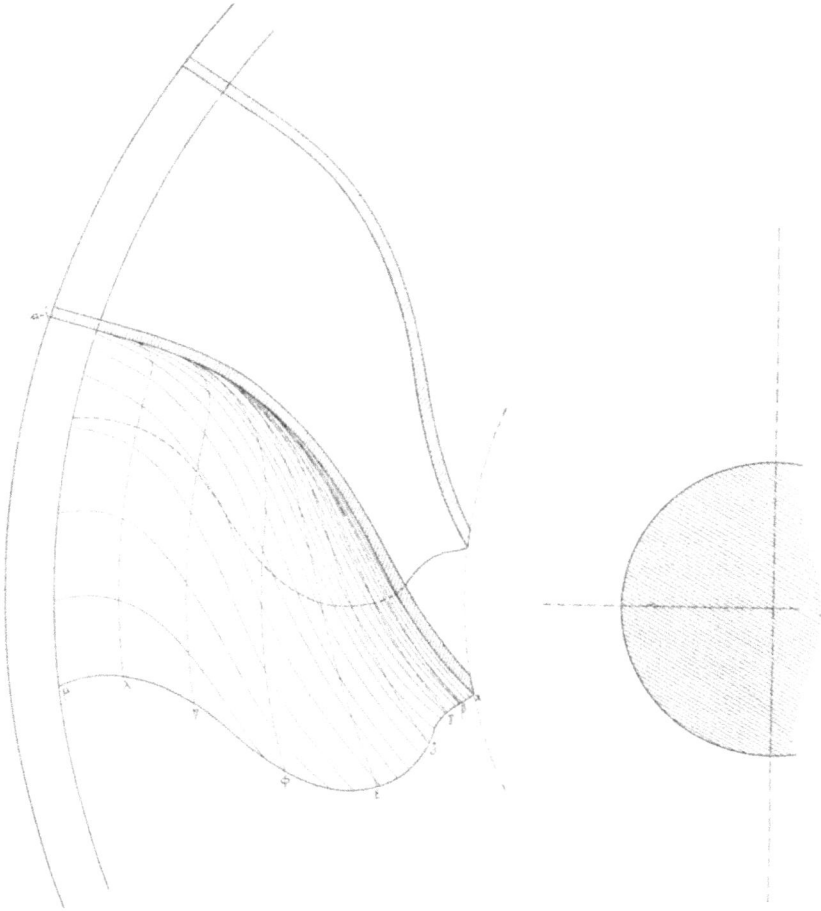

Fig. 57. Grundriß zu Fig. 56, I mit der Bedingung möglichst
kurzer Schaufeln.

projektionen derselben nie auf den Verlauf der
Krümmung der Wasserfäden im Raume geschlossen
werden darf. So ist beispielsweise $i\mu$ bzw. $h\lambda$ in

der Nähe der Eintrittskante im Grundriß sehr scharf
gekrümmt, während die Krümmung im Raume, wie
aus dem Abbild (Fig. 55) ersichtlich, einen äußerst
sanften Verlauf zeigt. Es würde daher auch umgekehrt eine beliebig sanft angenommene Krümmung
der Wasserfäden im Grundriß keineswegs einen sanften
Übergang in die das Schaufelende bzw. den Wasseraustritt bestimmenden gesetzmäßigen Linien (Evolventen bzw. Geraden) gewährleisten.

Schließlich ist noch in Fig. 58, Seite 305, der
Grundriß einer Schaufel dargestellt, bei welcher wieder
Form und Größe im Aufriß, den früher besprochenen
Schaufeln gleich, die Austrittskante dagegen im Grundriß als Gerade angenommen wurde; Schichtenlinien
und Evolventen wurden nach dem gleichen Verfahren
aus dem Abbild Fig. 53 entwickelt. Auch hier sind
die Wasserfäden, wie aus dem Abbild ersichtlich, von
annähernd der gleichen Länge, doch läßt ein Vergleich
derselben mit jenen der früher besprochenen Schaufel
sofort erkennen, daß, trotz der im letzteren Falle
erheblich größeren Länge der Wasserfäden, eine
bei weitem ungünstigere Krümmung derselben vorhanden ist.

Es soll nicht unerwähnt bleiben, daß das über
die Unzulässigkeit der Beurteilung der Krümmung
der Wasserfäden Gesagte hier in besonders deutlicher
Weise zum Ausdruck gelangt. Vergleicht man beispielsweise die Horizontalprojektion der Krümmung
des Wasserfadens $h\lambda$ in Fig. 58 mit jener der besprochenen Schaufel (Fig. 57), so zeigt die erstere
gegenüber der letzteren einen viel sanfteren Verlauf.
Vergleicht man dagegen die Wasserfäden in den entsprechenden Abbildern, so findet gerade das Gegenteil statt, und da, wie eingangs erwähnt, nur die

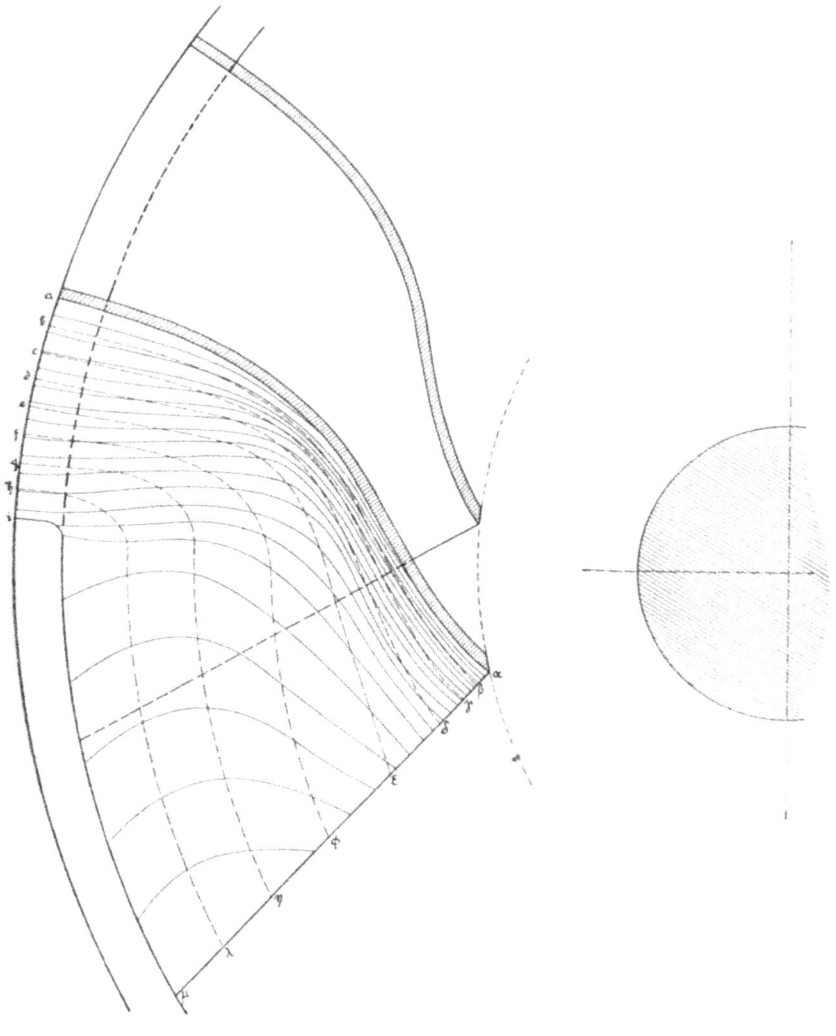

Fig. 58. Grundriß zu Fig. 56, I (Tafel VII). (Eintrittskante geneigt, Austrittskante als ebene Kurve ausgebildet.)

Krümmung der Wasserfäden im Abbild einen Schluß
auf jene im Raume zuläßt, so kann mit Hilfe der
letzteren eine rationelle Schaufelform festgelegt werden.

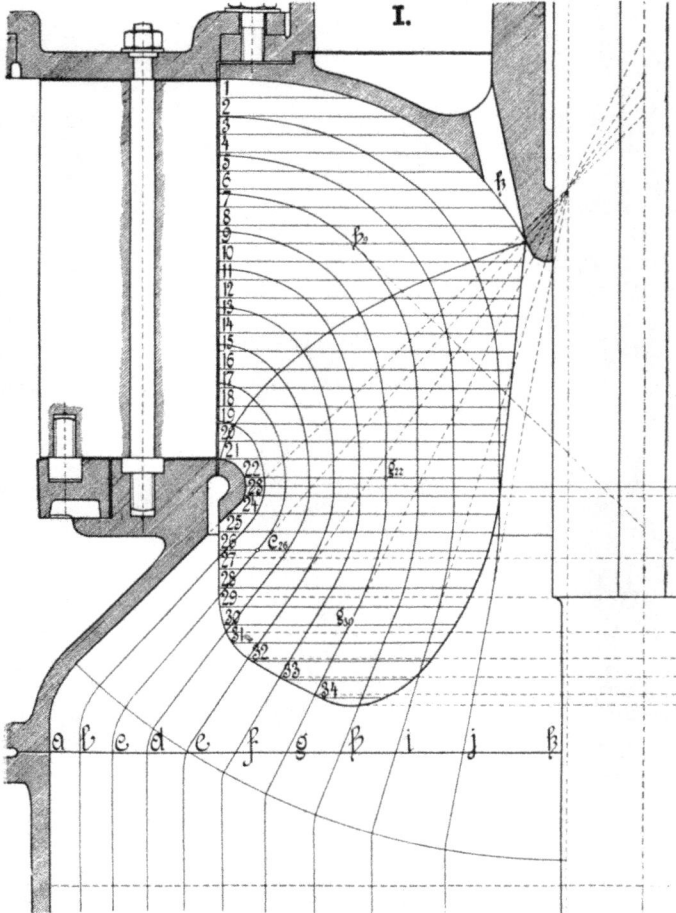

Fig. 59, I. Ermittlung des Schaufelplanes eines Schnelläufers
mit Hilfe des Abbildes.

Das hier geschilderte Verfahren könnte nun auch bei den übrigen Laufradgruppen sinngemäße Anwendung finden. Jedoch ist zu berücksichtigen, daß,

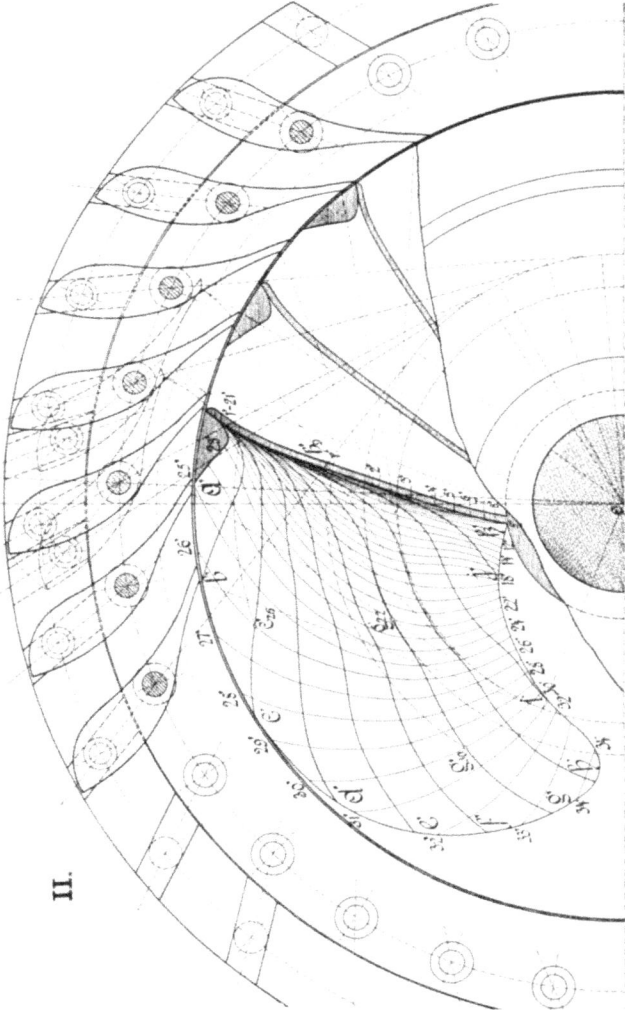

Fig. 59, II. Ermittlung des Schaufelplanes eines Schnelläufers mit Hilfe des Abbildes.

wie schon erwähnt, die Ungenauigkeiten der Abwicklung in dem Maße zunehmen, als sich die Flußlinien von der unverkürzt gebliebenen Meridianlinie
nach rechts oder nach links entfernen. Es ist daher

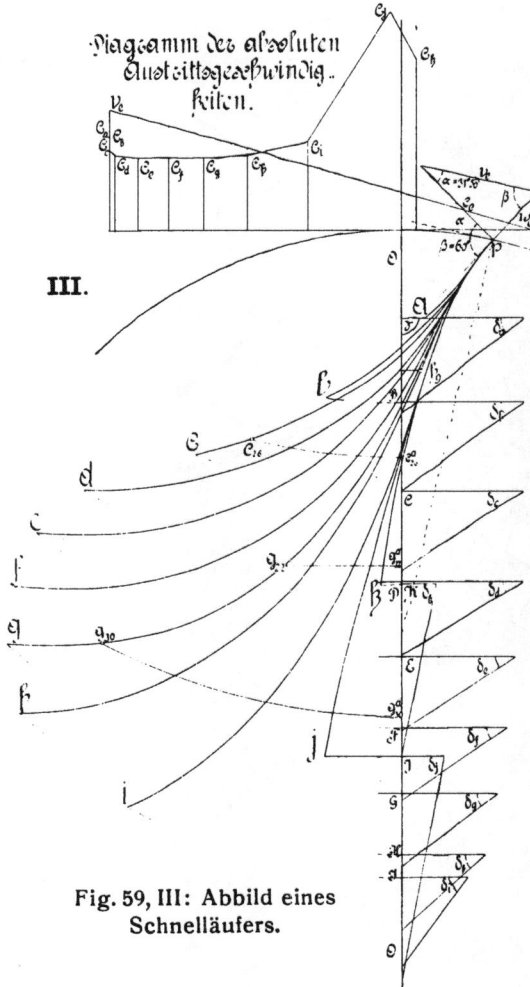

Fig. 59, III: Abbild eines
Schnelläufers.

klar, daß der Anwendbarkeit dieses Verfahrens Grenzen gezogen sind, welche mit Rücksichtnahme auf das oben Gesagte festgelegt sind.

In Fig. 59 (I, II, III) wurde nun der Schaufelplan eines Schnelläufers mit Hilfe des Abbildes (Fig. III) nach den erwähnten Verfahren entwickelt.

Ein Vergleich der in den Fig. 53, 54 und 55 dargestellten Abbilder zeigt vor allem die bemerkenswerte Tatsache, daß durch die den Schnelläufern eigentümliche äußere Laufradbegrenzung auch die Tangentialkegelspitzen andere Lagen aufweisen können wie jene einer normalen Schaufelfläche. Eine Folge davon ist, daß die auf den Fluß- bzw. Kegelflächen (a, b, c bis i Fig. 59,I) liegenden Evolventen in der Abwicklung Fig. III die entgegengesetzte Krümmung aufweisen als jene Wasserlinie, welche von der Flußfläche k in das Abbild abgewickelt wurde. Es bringt daher das letztere den verwickelten Aufbau einer Schaufelfläche für Schnelläufer in übersichtlicher Weise zum Ausdruck.

Bei der in Fig. 59,I gewählten Form des Schaufelaufrisses ist ein großer Teil der Flußflächen als Zylinderflächen ausgebildet; dies hat zur Folge, daß im Grundriß die Wasserlinien a', b' bis k' als mehrfach gekrümmte Kurven erscheinen müssen. Trotz des starken Anwachsens der absoluten Austrittsgeschwindigkeit gegen die Laufradachse hin, zeigen doch die im Grundriß eingezeichneten Schichtenlinien (1', 2' bis 34') den geforderten regelmäßigen Verlauf, was hauptsächlich dem Umstande zuzuschreiben ist, daß durch den groß gewählten Laufradeintrittswinkel ($\beta = 60^0$) eine harmonische Verteilung der Flußlinien im Abbilde ermöglicht wurde.

Der für einen Laufraddurchmesser von $D_1 =$ 1000 mm gezeichnete Schnelläufer weist bei 1 m Ge-

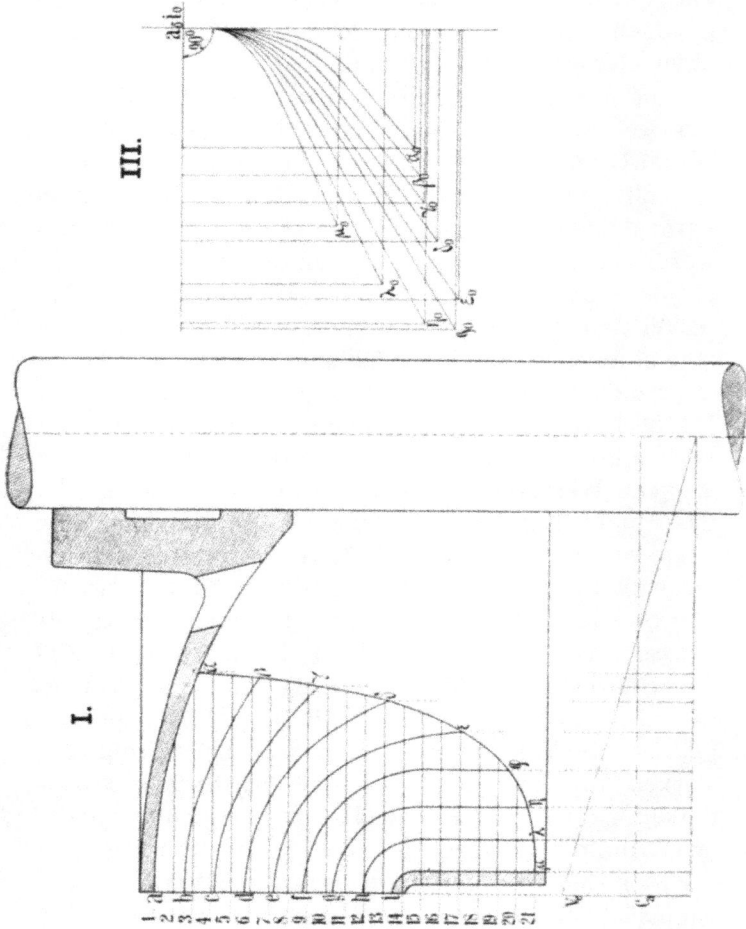

fälle eine Drehzahl von $n = 62$ auf. Dies ist im Hinblick auf die in den Figuren 23 und 24 erreichten Drehzahlen ($n = 77$) ein verhältnismäßig geringer Wert. Die

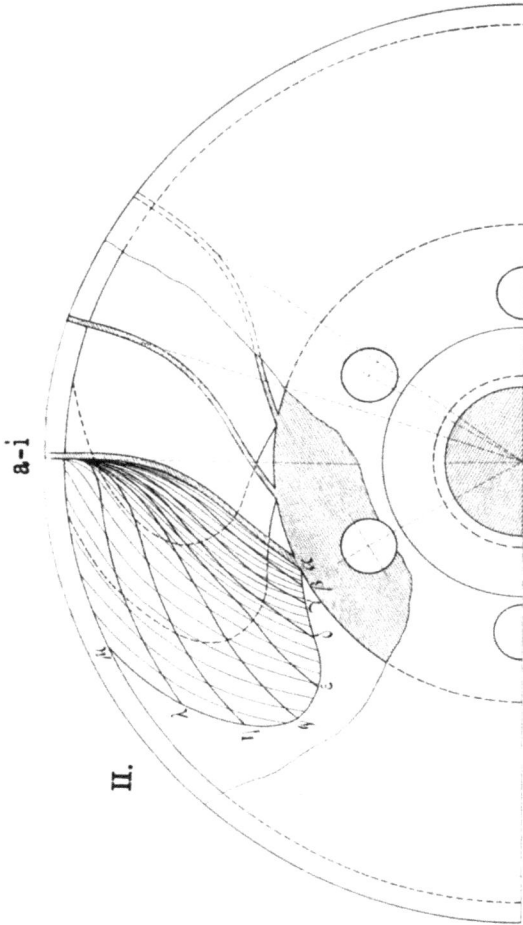

Fig. 60. Normalläufer mit kleinem Wasserverbrauch, entworfen mit Hilfe des Winkelbildes Fig. III.

Ursache dieser Drehzahlverminderung liegt in der groß gewählten Einlaufbreite, welche aber absichtlich gewählt wurde, um den bisher in der Literatur unberücksichtigt gelassenen Einfluß derselben zur Anschauung zu bringen.[1])

Vergleicht man die mit Hilfe des Winkelbildes gewonnene Schaufelfläche mit jener des Abbildes, so läßt sich die Tatsache feststellen, daß bei letzterem Verfahren die Ausbildung der Schaufelenden noch nach Evolventen erfolgte, wodurch, wie in den geometrischen Grundlagen (vgl. Seite 177 u. f.) erörtert, die Äquidistanz der Schaufelendflächen nur angenähert gewahrt bleibt. Doch würde dieser Umstand immerhin kein anderes Darstellungsverfahren der Schaufelfläche erforderlich machen, falls die charakteristischen Eigenschaften der verschiedenen Laufradgruppen dies nicht verlangen würden. Stark geneigte Eintrittswinkel haben jedoch verhältnismäßig lange Schaufelflächen zur Folge, wodurch, wie schon erwähnt, die Genauigkeit der zeichnerischen Darstellung leidet.

Ein weiterer für die Bedürfnisse der Praxis nicht zu verkennender Nachteil liegt in der schwierigen und zeitraubenden zeichnerischen Darstellung des Abbildes. Ist schon die Ermittlung der abgewickelten Wasserlinien durch den Umstand erschwert, daß zu diesem Behufe das Aufzeichnen einer Schar von Evolventen notwendig ist, so erfordert die nachherige Übertragung des Abbildes in den Grundriß die Konstruktion von Kreisbögen, deren Halbmesser gegen den zylindrischen Teil der Flußflächen hin so groß

---

[1]) Allerdings ist auch die Vergrößerung des Winkels β sowie die größer gewählte Saugrohrerweiterung auf die Drehzahl nicht ohne Einfluß. Würde man aber dem durch Fig. 59 dargestellten Schnelläufer bei sonst gleichen, aus den Fig. 24 und 25 ersichtlichen Bestimmungsgrößen $\left(\beta = 50^0, \gamma = \frac{10}{13}\right)$ die in Fig. 59 gewählte Einlaufbreite $B \backsim \frac{D_1}{2}$ zugrunde legen, so wäre $n = 64$. Durch Verkleinerung der Einlaufbreite von $\frac{D_1}{2}$ auf $\frac{D_1}{4}$ wird demnach die Drehzahl um rund 20 v. H. erhöht.

wird, daß ihre Darstellung mit großen praktischen Schwierigkeiten verknüpft ist.[1])

Des besseren Vergleiches halber wurde schließlich aus dem Aufriß der Fig. 56, I (Tafel VII) bzw. 60, I (Seite 310) mit Hilfe des Winkelbildes (Fig. 60, III) der Grundriß (Fig. 60, II) entworfen.

Trotz der Verschiedenheit der Wege, welche bei beiden Verfahren eingeschlagen wurden, zeigt dennoch der Vergleich des Grundrisses der Figuren 56, II und 60, II eine solch vollkommene Übereinstimmung der Fluß- und Schichtenlinien sowie der Austrittskante, daß daraus eine Kontrolle über die Richtigkeit der beiden Verfahren innerhalb des für das Abbild angegebenen Verwendungsgebietes abgeleitet werden kann.

---

[1]) Nach angestellten Beobachtungen des Verfassers ist zur Bestimmung des Schaufelplanes mit Hilfe des Winkelbildes nur rund der vierte Teil der nach diesem Verfahren benötigten Arbeitszeit erforderlich.

N. Abbildungen ausgeführter Laufräder, nebst Angaben aus der Praxis.

Die in diesem Abschnitt zur Darstellung gelangenden Abbildungen dürften dem Anfänger vielleicht als überflüssig erscheinen; dem erfahrenen Praktiker bieten jedoch gerade diese eine Fundgrube von Belehrung und Anregung. Ist doch gewissermaßen das vollendete Laufrad die Resultierende einer Schar von Geisteskräften, deren Größe und Richtung aus der Betrachtung der Laufradeinzelheiten unschwer entnommen werden kann. Es bildet daher jede Laufradphotographie ein Schaubild über den Stand der Schaufelkonstruktionen der einzelnen Firmen.

Fig. 61. Langsamläufer.

Bei der Neuheit der in diesem Buche niedergelegten Ergebnisse ist es wohl erklärlich, daß sich
in der Praxis noch vielfach Schaufelkonstruktionen
vorfinden, deren Ausführungsformen mit den hier
niedergelegten Grundlagen nicht in Übereinstimmung
stehen.   Immerhin kann schon heute festgestellt
werden, daß die neuesten Laufradkonstruktionen,

Fig. 62. Normalläufer.

welche teils durch langwierige Versuche, teils auf
Grund wissenschaftlicher Überlegung entstanden sind,
jene Merkmale aufweisen, welche in dieser Abhandlung ausführlich besprochen wurden.

Bei der nun folgenden Wiedergabe der Abbildungen
sind die angeführten Firmen der Übersichtlichkeit
halber in alphabetischer Reihenfolge aufgezählt.

Briegleb, Hansen & Co. in Gotha.

Diese bekannte Turbinenfirma, welche sich in letzterer Zeit durch Veröffentlichung wissenschaftlich praktischer Versuche auf dem Gebiete der schnell laufenden Turbinen große Verdienste erworben hat[1]), nimmt auch auf dem Weltmarkte eine hervorragende Stelle ein.

Fig. 63. Schnelläufer.

Briegleb-Hansen baut seit dem Jahre 1867 Turbinen und die Zahl der bis jetzt gebauten Anlagen beträgt 2717. Im Jahre 1906 wurden bei obiger Firma 233 Turbinen bestellt.

Was nun den Bau der Laufräder anbelangt, so hat sich die letztere nach langwierigen Versuchen ein Berechnungsschema zugrunde gelegt, dessen

[1]) Neuere Schnelläuferturbinen von V. Graf und D. Thoma. Z. d. V. D. Ing., Jahrg. 1907, Seite 1005—1014.

wesentlichste Ergebnisse hier mitgeteilt werden sollen.

Bedeutet D_1 den Laufraddurchmesser und werden alle Bestimmungsgrößen auf $H = 1$ m Gefälle bezogen, so können die Mittelwerte für Q, n und η aus Zahlentafel XIII entnommen werden.

Fig. 64. Dr.-Ing. Camerers Ober-Schnelläufer.

Zahlentafel XIII.

Laufradgruppe	Langsamläufer Serie I	Normalläufer Serie C	Schnelläufer Serie F
$Q =$	$0,633\,D_1^2$	$1,13\,D_1^2$	$1,9\,D_1^2$
$n =$	$\dfrac{58}{D_1}$	$\dfrac{60}{D_1}$	$\dfrac{62}{D_1}$
$\eta =$	$0,86$	$0,84$	$0,805$

Die hier angegebenen Wirkungsgrade beziehen sich auf normale Beaufschlagung. Die Laufräder

sind jedoch so bemessen, daß sie bei ganz geöffnetem Leitapparat noch um 10 v. H. der in der
Zahlentafel angegebenen Wassermenge überlastet

Fig. 65. Lauf- und Leitrad eines Normalläufers.

werden können. Außerdem beziehen sich die hier
angegebenen Wirkungsgrade auf kleine Versuchs-
turbinen von 400—600 mm Laufraddurchmesser. Bei
größeren Ausführungen liegen die Wirkungsgrade

etwas höher. In den Fig. 61—67 sind die verschiedenen Ausführungsformen der Laufräder dieser **Firma** dargestellt. Fig. 61 stellt einen Langsamläufer **vor,** welcher an der Einschnürung des Laufraddurchmessers

Fig. 66. Zwillings-Oberschnelläuferturbine.

auf den kleineren Saugrohrdurchmesser leicht erkenntlich ist.

Fig. 62 zeigt einen Normalläufer, bei welchem Laufrad und Saugrohrdurchmesser nahezu zusammenfallen. Fig. 63 bringt einen Schnelläufer zur Darstellung, bei welchem die Austrittskante noch als ebene Kurve erscheint. Von besonderem Interesse

Fig. 67. Vierlings-Schnelläuferturbine.

ist jedoch Fig. 64, welche einen sog. Ober-Schnelläufer darstellt, wie derselbe nach den An-

gaben von Prof. Dr.-Ing. Camerer zur Ausführung
gelangt. Derselbe hat seine jetzige Gestalt durch
langwierige und mühevolle Versuche erhalten, und
es ist sicherlich nicht ohne Interesse, zu ersehen,
daß diese neueste Errungenschaft auf dem Gebiete
des Schnelläuferbaues eine räumlich gekrümmte
Austrittskante, von der gleichen Beschaffenheit be-

Fig. 68. Normalläufer und Peltonrad.

sitzt, wie diese in vorliegender Abhandlung ausführlich besprochen und begründet wurde. Die Fig. 65,
66 und 67 stellen den Einbau des Laufrades einer
vertikalen (Fig. 65), einer Zwillings- (Fig. 66) bzw.
einer Vierlingsturbine (Fig. 67) dar.

Eisenwerke Blansko (Mähren).

Durch Fig. 68 sind zwei von dieser Firma gebaute
Normalläufer mit kleinem Wasserverbrauche für eine
Zwillingsturbine sowie ein Peltonrad dargestellt.

Kaplan, Schaufelformen.   21

Die Hauptabmessungen der Laufräder sind:

$D_1 = 1000$ mm $B = 185$ mm

$D_s = 935$ „ $\alpha = 30^0$

$z = 18$ $\beta = 90^0$

Fig. 69 zeigt einen Schnelläufer, bei welchem besonders der kleine Laufradeintrittswinkel ($\beta = 48^0$)

Fig. 69. Schnelläufer.

bemerkenswert ist. Die weiteren Abmessungen sind:

$D_1 = 1700$ mm $D_s = 2150$ mm $B = 496$ mm

$\alpha = 30^0$ $\beta = 48^0$ $z = 20$

Auch in Fig. 70 ist das große Rad als Schnellläufer mit folgenden Bestimmungsgrößen ausgebildet:

$D_1 = 2300$ mm $D_s = 2500$ mm $B = 550$ mm

$\alpha = 35^0$ $\beta = 48^0$ $z = 28$

Hier ist gleichfalls der äußerst klein gewählte Laufradwinkel β bemerkenswert. Es dürften daher

Fig. 70. Schnelläufer.

wohl die Eisenwerke Blansko die ersten gewesen
sein, die solch kleine Eintrittswinkel praktisch mit
Erfolg zur Anwendung brachten. Die durch diese
kleinen Winkel bedingten starken Schaufelkrümmungen
dürften zum Teil durch entsprechende Schrägstellung
der Eintrittskante behoben worden sein. Die Austrittskante ist hier noch als ebene Kurve ausgebildet.

Recht originell ist die Danebenstellung des kleinsten
Laufrades. Dasselbe ist als Normalläufer mit kleinem
Wasserverbrauch ausgebildet und weist folgende Ab-
messungen auf:

$$D_1 = 250 \text{ mm} \qquad D_s = 220 \text{ mm} \qquad B = 44 \text{ mm}$$
$$\alpha = 24^0 \qquad \beta = 90^0 \qquad z = 8$$

Escher, Wyß & Co. in Zürich.

Diese bekannte Schweizer Firma sandte drei Abbildungen, von welchen Fig. 71 einen Blick in die
Montierungswerkstätte vermittelt. Vorne sieht man
einige Laufräder, welche für „La Maquinista" in Barce-
lona bestimmt sind.

Fig. 72 stellt ein Laufrad mit besonders großen
Abmessungen dar, u. zwar:

$$D_1 = 3200 \text{ mm} \qquad Q = 12 \text{ cbm} \qquad H = 1,8 \text{ m}$$
$$n = 28 \qquad N_{\text{eff.}} = 220 \text{ PS}$$

Fig. 73 zeigt einen hochwertigen Schnelläufer
mit großem Wasserverbrauch, dessen Abmessungen
aus folgenden Angaben zu entnehmen sind:

$$D_1 = 2100 \text{ mm} \qquad B = 900 \text{ mm}$$
$$Q = 20 \text{ cbm} \qquad H = 5 \text{ m}$$
$$n = 71,5 \qquad N_{\text{eff.}} = 1000 \text{ PS}$$

Die Firma Escher-Wyß baut ihre Laufräder in
acht Serien. Zahlentafel XIV gibt ein Bild der wichtigsten Bestimmungsgrößen, auf 1 m Gefälle und 1 m
Laufraddurchmesser bezogen.

Fig. 71. Blick in die Montierungshalle.

Zahlentafel XIV.

Serie	I	II	III	IV	V	VI	VII	VIII
$Q_{,,}$	0,25	0,5	0,75	1	1,25	1,5	1,75	2
$N_{,,}$	2,66	5,4	8,2	10,8	13,33	15,8	18,2	20,53
$n_{,,}$	47	50	53	56	59	62	65	68
η	0,80	0,81	0,82	0,81	0,80	0,79	0,78	0,77

Fig. 72. Schnelläufer.

Für einen beliebigen Laufraddurchmesser D_1 und beliebige Gefällshöhe H bestimmt sich die wirkliche

Fig. 73. Schnelläufer.

Wassermenge Q, Leistung N bzw. Drehzahl n zu:

$$Q = Q_{,,} D_1^2 \sqrt{H} \qquad N = N_{,,} D_1^2 H \sqrt{H}$$

$$n = n_{,,} \frac{\sqrt{H}}{D_1}$$

Ganz & Co., Budapest.

Auch diese bekannte Firma ist bei dem allgemeinen Wettbewerbe um den Bau von Schnelläufern nicht zurück geblieben; sie hat im Gegenteil, die meisten anderen Firmen — wie die späteren Angaben zeigen werden — im Baue von hochwertigen Schnell-läufern überflügelt. In dem Gruppenbilde Fig. 74 ist das erste und zweite Rad von links gesehen als Langsamläufer mit einem Laufraddurchmesser von $D_1 = 900$ mm ausgebildet; die sekundlich verbrauchte Wassermenge beträgt:

$$Q = 0,144 \, \sqrt{H} \text{ bzw. } Q = 0,368 \, \sqrt{H}$$

und die Drehzahl ist mit $n = 54 \, \sqrt{H}$ bzw. $n = 60 \, \sqrt{H}$ angegeben.

Das letzte Rad von rechts gesehen und das rück-wärtige Rad sind zwei hochwertige Schnelläufer mit einem Laufraddurchmesser von $D_1 = 900$ bzw. 1150 mm und einem Wasserverbrauch von:

$$Q = 0,855 \, \sqrt{H} \text{ bzw. } 1,7 \, \sqrt{H};$$

die entsprechenden Drehzahlen sind:

$$n = 70 \, \sqrt{H} \text{ bzw. } 61 \, \sqrt{H}.$$

Rechnet man die letztere auf 1 m Gefälle und 1 m Laufraddurchmesser um, so erhält man $n_1 = 70$,

ein Wert, der die Ausführungen der meisten anderen
Firmen nicht unwesentlich übertrifft. Fig. 75 stellt
einen weiteren hochwertigen Schnelläufer vor, bei
welchem eine ganz erhebliche Laufraderweiterung

Fig. 75. Schnelläufer.

vorgenommen wurde. Die Austrittskante wurde
zwar noch als ebene Kurve ausgebildet, dafür aber
ist die Eintrittskante in der richtigen Weise in die
Schräglage gebracht.

Leobersdorfer Maschinenfabrik in Leobersdorf.

Diese Firma beschäftigte sich schon sehr frühzeitig mit dem Baue von Schnelläufern. Schon zurzeit, als in Amerika die ersten Schnelläuferkonstruktionen auftauchten, weilte der damalige Ingenieur und

Fig. 76. Schnelläufer.

jetzige Direktorstellvertreter dieser Firma, F. Fähndrich, in Amerika, um diese neuen Laufradkonstruktionen zu studieren. Nach Leobersdorf zurückgekehrt,
wurde sofort mit dem Baue derselben begonnen, und
es entstand eine Type (Fig. 76), welche ihre amerikanische Herkunft wohl nicht verleugnete. Sie hatte
die ursprüngliche Löffelform. Die Austrittskante war
als ebene Kurve, die Eintrittskante als Zylindererzeugende ausgebildet. Daß die Erfahrungen, welche

man mit diesen amerikanischen Konstruktionen machte,
keine besonders günstigen waren, lag hauptsächlich
in den mehrfach räumlich gekrümmten Zellenwänder
des Laufrades, welche eine geordnete Wasserführung
ganz unmöglich machten.

Fig. 77. Schnelläufer.

Später ging man dann zur Konstruktion der
Schnelläufer nach dem von Gelpke angegebenen
Verfahren über (vgl. Seite 282 u. f.).

Erst in der neuesten Zeit wurde auch dieses Verfahren verlassen und durch Dr. Baudisch, Ingenieur
der Leobersdorfer Maschinenfabrik, Laufräder gebaut,
deren Konstruktion sich nahezu vollkommen an die
in diesem Buche niedergelegten Grundlagen anlehnt.
In Fig. 77 ist ein Laufrad dargestellt, bei welchem
die Eintrittskante noch als Zylindererzeugende, die
Austrittskante jedoch schon als Raumkurve ausge-

bildet wurde. Dasselbe besitzt folgende Bestimmungsgrößen:

$$D_1 = 1500 \text{ mm} \quad D_s = 1980 \text{ mm} \quad B = 590 \text{ mm}$$

und ist für $H = 2$ m und $Q = 5$ cbm gebaut.

Fig. 78. Schnelläufer neuester Ausführungsform.

Die allerneueste Ausführung, welche durch Fig. 78
dargestellt ist, schließt sich in jeder Hinsicht an die
in diesem Buche niedergelegten Grundlagen an. Man

Fig. 79 Laufradgruppe.

sieht nicht nur die Austrittskante, sondern auch die Eintrittskante nach gesetzmäßig verlaufenden Raumkurven ausgebildet.

Fig. 79 zeigt eine Laufradgruppe, aus welcher die verschiedenen Laufradtypen leicht erkenntlich sind.

Fig. 80. Langsamläufer.

Fig. 80 stellt schließlich einen hochwertigen Langsamläufer dar, dessen Bestimmungsgrößen von der Firma wie folgt angegeben werden:

$D_1 = 1000$ mm $B = 74$ mm $D_s = 800$ mm

$Q = 2,6$ cbm $H = 94,5$ mm $N_{\text{eff}} = 2500$ PS

Interessant ist die geringe Einlaufbreite ($u \sim 1/_{14}$).

Maschinenfabrik Geißlingen.

In Fig. 81 ist ein großes Etagen-Francisturbinen-laufrad dieser Firma dargestellt, welches insbesondere für wechselnde Wassermengen zu empfehlen ist. Fig. 82 zeigt einen Normalläufer, bei welchem Laufrad und Saugrohrdurchmesser nur wenig voneinander ver-schieden sind.

Fig. 81. Francis-Etagen-Schnelläufer.

Piccard und Pictet in Genf.

Fig. 83 zeigt ein Etagen-Francisturbinenlaufrad mit folgenden Bestimmungsgrößen:

$$H = 10-13 \text{ m} \qquad n = 120 \qquad N_{\text{eff.}} = 2250 \text{ PS.}$$

Die Firma Piccard & Pictet ist auch bekannt durch ihre elastisch federnde Leitschaufelregulierung.[1])

---

[1]) Eine nähere Beschreibung derselben findet sich in der Zeitschr. f. d. ges. Turbinenw., Jahrg. 1907, Heft 9, Seite 139.

Rüsch-Ganahl in Dornbirn.

Von dieser bekannten Firma, welche besonders
in letzterer Zeit große Anlagen geschaffen und solche
in Ausführung hat, zeigen Fig. 84 und 85 einen Schnell-

Fig. 82. Normalläufer.

läufer von besonders sorgfältiger Ausführung. Die
Hauptabmessungen desselben sind:

$D_1 = 700$ mm $D_s = 925$ mm $B = 305$ mm

$H = 2,5$ m $Q = 1,5$ cbm $n = 132$

Derselbe wurde im Elektrizitätswerke Steinach am Brenner eingebaut und nach halbjährigem Betriebe einer genauen Bremsung unterzogen, deren Hauptergebnisse aus Zahlentafel XV zu ersehen sind.

Fig. 83. Francis-Etagen-Laufrad.

Zahlentafel XV.

Beaufschlagung	η eff.	n
voll	0,81	134
$^3/_4$	0,80	133
$^1/_2$	0,75	132

Die hier praktisch gefundene Tatsache, daß die günstigste Drehzahl bei geringerer Beaufschlagung

Fig. 84. Schnelläufer.

Fig. 85. Schnellläufer.

etwas sinkt, steht mit der auf theoretischem Wege
gewonnenen Erkenntnis (vgl. Zahlentafel III, Seite 131)
in vollem Einklange.

Fig. 86. Schnelläufer.

Die erzielten Wirkungsgrade können in jeder
Hinsicht als befriedigend angesehen werden und sind
wohl auch zum Teil auf die vorzügliche Werkstätten-
ausführung zurückzuführen. Die grundsätzliche Anordnung und Ausbildung der Schaufelfläche ähnelt
den Ausführungen von Briegleb - Hansen in Gotha
(vgl. Fig. 63.).

J. M. Voith in Heidenheim.

Diese weltbekannte Firma, deren Erzeugnisse bis nach Amerika versendet werden, übermittelt zwei Laufradphotographien, von welchen die eine (Fig. 86) einen Schnelläufer mit folgenden Bestimmungsgrößen vorstellt:

$$Q = 9,54 \text{ cbm} \qquad D_1 = 2400 \text{ mm}$$
$$H = 1,823 \text{ m} \qquad D_s = 2770 \text{ mm}$$
$$n = 33,8 \qquad B = 750 \text{ mm}$$
$$N_{\text{eff.}} = 232 \text{ PS}$$

Fig. 87. Lauf- und Leitrad eines Schnelläufers.

Dieser Schnelläufer wurde für J. W. Scheidt in Kettwig a. d. Ruhr geliefert und ergab bei einer offiziellen Bremsung folgende Wirkungsgrade:

Zahlentafel XVI.

Beaufschlagung	$\eta_{eff.}$
voll	0,837
$^3{}_4$	0,89
$^1/_2$	77,3

Fig. 87 stellt einen höheren Schnelläufer mit folgenden Abmessungen dar:

$D_1 = 1400$ mm $Q = 7$ cbm
$D_s = 2000$ mm $H = 4,5$ m
$B = 575$ mm $n = 93,8$

J. M. Voith in St. Pölten.

Die Firma J. M. Voith in Heidenheim begann schon im Jahre 1870 Turbinen nach Österreich zu liefern; die Einfuhr nahm stetig zu, und wurden bis zum Jahre 1906 bereits 384 Turbinen mit einer Gesamtleistung von 52795 PS nach Österreich versendet. Dieser für die österreichischen Industrieverhältnisse interessante Tatbestand veranlaßte die genannte Firma, vor einigen Jahren in St. Pölten (Niederösterreich) eine Schwesterfabrik zu errichten.

Die Zahl der im Jahre 1906 von beiden Fabriken nach Österreich gelieferten Turbinen betrug 368 Stück mit einer Gesamtleistung von 164650 PS.

Die Laufradkonstruktionen der St. Pöltener Fabrik lehnen sich naturgemäß an jene der Stammfabrik Heidenheim an.

In Fig. 88 ist eine Laufradgruppe von Schnell-, Normal- und Langsamläufern dargestellt.

Fig. 89 gibt einen Blick in die Montierungswerkstätte, in welcher einige ansehnliche Schnell-

Fig. 88. Laufradgruppe.

Fig. 89. Blick in die Montierungshalle.

läufer ersichtlich sind. Fig. 90 zeigt drei Laufradtypen, und zwar rechts vorne einen Langsamläufer,
rückwärts einen Normalläufer und links einen

Fig. 90. Laufradgruppe.

Schnelläufer, dessen Schaufeln Löffelform besitzen,
wie diese durch Fig. 91 noch deutlicher zum Ausdruck gelangen.

Die hier wiedergegebenen Abbildungen, welche
gerade von den hervorragendsten Firmen stammen
und dem Verfasser in dankenswerter Weise zur Veröffentlichung überlassen wurden, dürften genügen,
um den Turbineningenieur über den derzeitigen
Stand der Praxis auf dem Gebiete der Laufrad- und
Laufradschaufel-Konstruktionen der Francisturbinen
zu unterrichten.

Wie auf keinem Gebiete des Maschinenbaues, wurde gerade auf diesem innerhalb weniger Jahre eine staunenswerte Menge geistiger Energie aufgestapelt — ein treffendes Bild deutschen Wissens und deutscher Arbeit, welches seine ausländische Abstammung wohl nur mehr durch den Namen verrät;

Fig. 91. Schnelläufer.

und doch lassen die verschiedenartigen Ausführungsformen dieser Laufräder die Tatsache erkennen, daß der Entwicklungsgang derselben noch lange nicht als abgeschlossen zu betrachten ist und daß nur durch fortgesetztes einmütiges Zusammenwirken von Theorie und Praxis ein weiterer Fortschritt auf diesem schwierigsten Teile des Turbinenbaues erwartet werden kann.

Verlag von R. Oldenbourg in München und Berlin.

Neue Theorie

und

Berechnung der Kreiselräder

Wasser- und Dampfturbinen, Schleuderpumpen und -Gebläse, Turbokompressoren, Schraubengebläse und Schiffspropeller

Von

Dr. Hans Lorenz, Dipl.-Ingenieur

Professor der Mechanik an der Technischen Hochschule zu Danzig

Mit 67 Textabbildungen.   In Leinwand geb. Preis M. 8.—.

Einige Urteile der Presse:

. . . Ganz abgesehen hiervon, bedeuten die Untersuchungen des Verfassers einen hervorragenden Fortschritt gegenüber dem bis jetzt ziemlich planlos unsicheren Konstruieren, und es wäre mit Freuden zu begrüßen, wenn einflußreiche Ingenieure zu einer Anwendung der interessanten Theorie bereit wären. *(Schiffbau.)*

. . . Die neue Theorie liefert im Gegensatz zu der älteren nicht nur die Profilgestaltung der Räder für praktisch vorkommende Fälle, sondern läßt auch alle Bemühungen nach verwickelten Schaufel-Konstruktionen als überflüssig erscheinen. Es ist zweifellos, daß dieses auf streng wissenschaftlicher Grundlage aufgebaute Werk in vielen Punkten das Mittel an die Hand gibt, schneller und sicherer zum Ziele zu gelangen und daß es in den Fachkreisen gebührende Beachtung finden wird.

(Zeitschrift für Werkzeugmaschinen und Werkzeuge.)

Der durch seine zahlreichen literarischen Arbeiten auf diesem Gebiet bekannte Verfasser gibt mit dem vorliegenden Werke eine genaue Begründung der Theorie der Kreiselräder, die sich durch Klarheit der Darstellung und kritische Schärfe auszeichnet. . . . Das Werk enthält eine Fülle von Belehrung und Anregung.

(Zeitschrift für Dampfkessel und Maschinenbetrieb.)

Zu beziehen durch jede Buchhandlung.

Verlag von R. Oldenbourg in München und Berlin.

ILLUSTRIERTE TECHNISCHE WÖRTERBÜCHER IN SECHS SPRACHEN

(Deutsch - Englisch - Französisch - Russisch - Italienisch - Spanisch.)

Herausgegeben von den
Ingenieuren **Kurt Deinhardt** und **Alfred Schlomann**.

Die „Illustrierten Technischen Wörterbücher" haben sich
zur Aufgabe gestellt,

sämtliche Gebiete der Technik
in einzelnen Bänden nach einem neuen System

(Fachgruppenbearbeitung
unter Zuhilfenahme der Abbildung, der Formel, des Symbols)

zu behandeln.

Jeder Band umfaßt **ein Spezialgebiet** und ist **einzeln käuflich.**

Alle sechs Sprachen sind nebeneinander angeordnet.

Bis jetzt ist erschienen

Band I:

Die Maschinenelemente
und die gebräuchlichsten Werkzeuge.

Bearbeitet unter redaktioneller Mitwirkung von

Dipl.-Ing. P. Stülpnagel.

Zweiter unveränderter Abdruck. (11.—18. Tausend.)
Mit 823 Abbildungen und zahlreichen Formeln.
In Leinwand gebunden Preis M. 5.—.

INHALTS-ÜBERSICHT.

Illustrierte Technische Wörterbücher in sechs Sprachen

Herausgegeben von den Ingenieuren Kurt Deinhardt und Alfred Schlomann

Vor Kurzem erschien

Band II:

DIE ELEKTROTECHNIK.

Unter redaktioneller Mitwirkung von

Ingenieur **C. Kinzbrunner.**

Der Band enthält etwa 15 000 Worte in jeder Sprache, nahezu 4 000 Abbildungen und zahlreiche Formeln.

In Leinwand gebunden Preis **M. 25.--**.

„Die Elektrotechnik" ist von den Herausgebern in der Weise angeordnet, daß zunächst die Entstehung des Stromes sowohl in den chemischen Stromquellen wie in den Maschinen, die Verteilung und Messung des Stromes, sodann die Fortleitung und die Anwendung desselben behandelt worden sind. Einen besonders starken Raum nimmt auch die Schwachstromtechnik in den Kapiteln Telegraphie, drahtlose Telegraphie und Elektromedizin ein. Die Elektrochemie ist soweit bearbeitet worden, wie sie für den Elektrotechniker hauptsächlich in Frage kommt. Ein großer Teil der theoretischen Elektrochemie ist bei den Primär- und Sekundärbahnen auffindbar.

Die Starkstrom- und Schwachstromtechnik dürfte in der Ausführlichkeit, wie es in dem zweiten Bande der „I. T. W." — Die Elektrotechnik — geschehen ist, bisher nirgends lexikalisch behandelt sein. Daß dies von den Herausgebern bewerkstelligt werden konnte, hat seine Ursache lediglich in der von ihnen angewandten Methode (Skizze und Fachgruppenbearbeitung), die an sich schon eine erschöpfende und gründliche Bearbeitung bedingt.

Inhaltsverzeichnis.

Im Jahre 1908 werden erscheinen:

Band III: Dampfkessel, Dampfmaschinen und Dampfturbinen. — Band IV: **Verbrennungsmaschinen** (Explosionsmotoren). — Band V: **Automobile.** — Band VI: **Eisenbahnen und Eisenbahnmaschinenbau.**

Illustrierte Technische Wörterbücher in sechs Sprachen

Herausgegeben von den Ingenieuren Kurt Deinhardt und Alfred Schlomann

Einige Urteile der Presse

... Das Werk, welches die Verfasser unternommen haben, ist ein sehr verdienstvolles; denn der Ingenieur, der heutzutage genötigt ist, auch die ausländische Literatur zu bearbeiten, kämpft immer wieder mit den Schwierigkeiten, die durch das Fehlen eines zuverlässigen Wörterbuches bedingt sind.... *(Elektrotechnische Zeitschrift, 1906, Heft 22.)*

... Dieser Band bietet den besten Beweis, daß die neue Anordnung nicht nur für das rasche Auffinden irgend eines gesuchten Wortes von Wert ist, sondern insbesondere auch unschätzbare Vorteile bietet, wenn unter mehreren, einander sehr ähnlichen Fachausdrücken ein spezieller technischer Begriff in der fremden Sprache festgelegt werden soll. *(Zeitschrift d. österr. Ing.- u. Architekten-Vereines, 1906, Nr. 28.)*

... Mit diesem Werke wird endlich das so lang ersehnte, praktisch verwendbare technische Wörterbuch zur Wirklichkeit. ... *(Schweiz. Elektrot. Zeitschr., 1906, Nr. 24.)*

... Die Deinhardt-Schlomannschen technischen Wörterbücher bieten dem Ingenieur ein vortreffliches Hilfsmittel zum Verständnis der technischen Bezeichnungen in den sechs wichtigsten Kultursprachen. *(Glasers Annalen für Gewerbe und Bauwesen, 1906, Nr. 694.)*

... Die Anlage dieses Wörterbuches ist ausgezeichnet. *(Zentralblatt d. Bauverwaltg., 1906, Nr. 39.)*

... Das vorliegende Werk verdient eine begeisterte Aufnahme in technischen Kreisen, welche mit dem Auslande zu tun haben, und darf wohl als ein wichtiger Faktor zur Hebung unseres internationalen Verkehrs betrachtet werden. *(Wochenschrift d. Architekten-Ver. zu Berlin, 1906, Nr. 22.)*

Sollten, was ja nach dem ersten Bande anzunehmen ist, die folgenden gleichwertig sein, dann ist es unzweifelhaft, daß mit diesen Wörterbüchern ein deutsches Werk von fundamentaler Bedeutung für die Technik geschaffen wird. Der Druck, die Skizzen und die Ausstattung sind tadellos. *(Österreich. Polyt. Zeitschrift, 3. Jahrg., Nr. 7.)*

... Dieses einzig in seiner Art dastehende Werk dürfte eine schon lange empfundene Lücke auf dem Sprachengebiet des Ingenieurs ausfüllen. *(Prakt. Maschinenkonstrukteur, 1906, Nr. 21.)*

R. OLDENBOURG, Verlagsbuchhandlung, München u. Berlin W.10

in Gemeinschaft mit Archibald Constable & Co., Ltd., London; Mc. Graw Publishing Co., New-York; H. Dunod und E. Pinat, Paris; K. L. Ricker, St. Petersburg; Ulrico Hoepli, Mailand; Bailly-Baillière é Hijos, Madrid.